# 昆虫食と文明

## 昆虫の新たな役割を考える

デイビッド・ウォルトナー＝テーブズ〔著〕

片岡夏実〔訳〕

築地書館

EAT the BEETLES!
AN EXPLORANTION OF OUR CONFLICTED
by David Waltner-Toews


First published by ECW press
this edition published by arrangement with ECW Press through
Tuttle-Mori Agency, Inc., Tokyo.

Japanese translation by Natsumi Kataoka
Published in Japan by Tsukiji-Shokan Publishing co.,Ltd.Tokyo

目次

## 第2部　YESTERDAY AND TODAY――昆虫と現代世界の起源



## 第3部　I ONCE HAD A BUG――人間はいかに昆虫を創造したか

## 第6部 REVOLUTION 1——昆虫を食べるために考えること

# 序章　昆虫食に何ができる？——CRICKET TO RIDE

ツツガムシを見たことある？

## 美食の街・パリで昆虫食を考える

トロントからパリまでの大西洋を越えるフライトのせいで、脚は痛み、頭はまだふらふらしていた。これまで多くの人がそうしてきたように、私はこの光の都に料理を目当てに来ていた。そして大方の人とは違って、私は虫を求めて来た。

私はバティニョール通りを進み、コーランクール通りの坂を上った。この街路はモンマルトルで曲がり、サクレ・クール寺院と、その付属のナイトクラブ街（おあつらえ向きに懺悔《ざんげ》の場に隣接している）の近くを通る。数軒の店で、私のカナダなまりのフランス語で道を尋ねると、さらに丘を上ってから階段を下り、ラマルク通りを渡ってまた階段を下り、ダーウィン通りを渡ってフォンテーヌ・デュ・ビュ通りの砂利道の坂を下るようにと教えられた。一九世紀の偉大な進化生物学者二人の亡霊を通り過ぎたことに、何か意味があったのかもしれないが、私はそれを見落としてしまった。私は、ウィリアム・バロウズの幻想小説『裸のランチ』から名前を取ったパブを探すのに忙しかった。

ル・フェスタン・ヌは二〇一三年、ウェブニュース『ビジネス・インサイダー』に「パリ一八区の最先端の店」と描写された、パリで初めてメニューに昆虫を取り入れたレストランだ。ほぼ同じころ、このレストランは「ファイン・ダイニング・ラバーズ」というウェブサイトでも取り上げられた。このサイトは昆虫食をフランスの「上昇中の流行」と表現し、ＢＢＣは、高級フランス料理店のメニューに昆虫が載ったことを報じた。とはいえ、奇妙な食べ物の流行と麻薬に触発された小説をものともせず、一見普通の、どちらかといえば正気の男が、パリに飛んでパブで虫を食うものだろうか？

二〇一三年、国連食糧農業機関（ＦＡＯ）は *Edible Insects: Future Prospects for Food and Feed Security*（『食用昆虫類：未来の食糧と飼料への展望』）を発表した。この国連報告書によれば「昆虫は少なくとも二〇億人の伝統食の一部を構成する。一九〇〇種以上が食糧として利用されていると伝えられる」[*1]。私はさほど関心を持たなかった。なるほど、昆虫を食べる人たちもいるなあ、とは思った。環境的政治的惨事がいくつも転がっている世界にあって、なんでこの珍しい料理を気にしなきゃならないのか？　その後、二〇一四年三月、国境なき獣医師団カナダは「ラオスおよびカンボジアにおける生活と食料安全保障改善」に関する大規模なプログラムのもと、小規模なコオロギの養殖事業を開始した。私は懐疑的だった。コオロギは、獣医学の対象となる「動物」と呼ぶにふさわしいのか？　昆虫はおおかた害虫か保菌者ではないのか？　安全地帯から一歩踏み出して調べてみると、報告書、ブログ、動画、書籍、論文の奔流に押し流された。どうやら二

○一四年は、昆虫食《エントモファジー》——愛好家は虫食い《インセクト・イーティング》と呼んでいる——の世界的転換点だったようだ。
　二〇一四年五月、FAO報告書の筆頭筆者であるアーノルド・ファン・ハウスは、昆虫は急増する世界の人口を養えるかを話し合う国際会議を計画した。大西洋を渡ったアメリカでは、昆虫食愛好家のブロガーで『ガール・ミーツ・バグ』という昆虫と旅の番組の司会者、ダニエラ・マーティンが『私が虫を食べるわけ』を出版した。マーティンは、ウェブサイトで自分が「ミツバチ、コオロギ、ゴキブリ、ハエの幼虫、ワックスワーム〔訳註：ハチノスツヅリガの幼虫〕、ミールワーム〔訳註：ゴミムシダマシの幼虫〕、カイコ、スズメガの幼虫、バンブーワーム、バッタ、ナナフシ、キリギリス、サソリ、ウデムシ、カタツムリ、カメムシ、タランチュラ、セミ、ハキリアリ、アリの蛹《さなぎ》、糞虫、シロアリ、ハチ、蜂の子[*2]、チョウの幼虫、トンボ、水棲昆虫」を食べたと公表した。うわぁ。私は手を胸に当てながら思った。本当に？　食べていないもののほうが少ないんじゃないのか？

　普段は平穏な農業と食料の風景に、驚くべき主張が渦巻いた。昆虫は他のどの家畜より高タンパクで、不飽和（つまり、よい）脂肪酸を多く含み、鉄や亜鉛のような「造血」ミネラルが豊富なのだそうだ。家畜に比べて生産に伴って発生する温室効果ガス、必要な土地と水、全般的な資源使用量も少なくて済む——残飯で育つものもいるのだから。養殖に必要な物的インフラも最低限で、世界の貧しい地域に住む零細農民世帯の収入を増やし、栄養状況を改善する。熱帯の農村地域の女性は、健康（鉄とカルシウムの摂取量増加）と経済的安定[*3]により、特に利益を得られると、老舗雑誌『エコノミスト』の記者は述べている。

　さらにこれは、よくある「貧しい人たちを助けましょう」的な無駄な事業とは違うことに私は気づいた。二〇一五年五月、ブリティッシュコロンビア州ラングレーのエンテラ社で、トラックが野菜くずを投げ下ろしているところを私は見た。それはハエの幼虫の餌になって、濃縮タンパク質に変わり、次に養殖サーモンやニワトリの餌になる――従来使用されてきた魚粉とダイズ粉（いずれも環境への悪影響が指摘されている）に替えて。[*4] オンタリオ州ピーターボロ郊外の丘陵地にあるエントモ社[*5]は、養鶏場を環境に優しい家族経営の農場に転換し、ローストコオロギとミールワーム、プロテインパウダー（粉末にしたコオロギ）を人間の食用に製造していた。ステンレス製の焼き釜の脇に立って、私は彼らが作るモロッコ風スパイス味のローストコオロギを試食した。

多彩な技術的領域のもう一つの端にいるのは、フランスのアントワーヌ・ユベールだ。二〇一五年に『MITテクノロジーレビュー』が「三五歳未満のイノベーター」の一人に選んだユベールは、ヨーロッパ昆虫生産者協会の会長でインセクト（Ynsect）という企業の最高経営責任者（CEO）だ。ユベールは、昆虫を生理活性作用と栄養のある高品質な製品として利用するために、バイオテクノロジー的手法を支持している。彼の観点では、このハイテクな昆虫の利用法は、世界の農業を変革する「破壊的技術」だという。ハーバード・ビジネス・スクールのクレイトン・M・クリステンセン教授が考案した破壊的技術という用語は、「確立された技術だけでなく所与の市場のルールやビジネスモデル、そしてしばしばビジネスと社会全体まで根底から変えうる技術」と定義されている。[*6]

こうしたことがどのような結果を生んだのか？

*The Insect Cookbook: Food for a Sustainable Planet*（『昆虫料理の本』）のまえがきに収録されているインタビューで、元国連事務総長コフィ・アナンは、昆虫が食料として国際的に流通し、経済的に重要で環境的に持続可能な栄養と食料安全保障が全世界の地域社会に提供される世界を想像している。

さて、ル・フェスタン・ヌでつまみを味見する前から、私の頭は混乱していた。自分が食べ物について、飼料について、農業について知っていると思っていたあらゆることを、まわりじゅうで虫が変えていたのだ。どうしてこんなことを見過ごしていたのだろう？

ル・フェスタン・ヌは幅わずか二〜三メートルの、黒っぽく古びた板張りの店で、暗い戸口の窓ガラスには手書きのビラがテープで貼りつけられていた。外の歩道に置かれた二脚の低い腰かけには男女が座り、ガラスにもたれてビールをちびちびやりながら、暖かくぼんやりした遅い午後の陽光に包まれて静かに話していた。両側の店は金属のシャッターが下りていた。店内では、逆J型のバーカウンターが小さな部屋の奥を占めている。その向こうで、ほの暗い戸口越しに、十数人の客が折りたたみ椅子に座ってビールを呑みながら、フランス語字幕つきの『ロマンシング・ストーン：秘宝の谷』を観ていた。マイケル・ダグラスとキャスリーン・ターナーの若いこと！（ダニー・デヴィートはちっとも変わらない）

バーテンダーのアレックス・カブロルは、その微苦笑めいた表情、黒くウェーブした髪、穴の開いたぼろぼろの麦わら中折れ帽で、一九六七年の「モーターサイクル・ソング」を歌っていたアーロ・ガスリーを思い起こさせた。私が昆虫を注文すると、彼はメニューボードを指して、どれにしますかと尋ねた。

「全部」。自分がモンティパイソンに登場するクレオソート氏〔訳註：レストランで嘔吐しながら食べ続け、最後に破裂してしまう超肥満体の人物〕の虫食い版みたいに思われなければいいがと思いながら、私は言った。「昆虫食には二つの道がある」と、ル・フェスタン・ヌのシェフ、エリー・ダビロンは、前述のBBCの報道で述べている。「アグロインダストリー（農業資源を基にした工業）は昆虫をかき混ぜてタンパク質粉末にしてしまうだろう。私は昆虫が、実在する丸ごとの動物だという認識を保ちたい」。実在する丸ごとの動物。

私は想像しようとしたが、それはまずい手だという結論に達した。覚悟を決め、注文し、食べろ。私は自分に言い聞かせた。そいつはただの食べ物だ。

　多くのパリジャンにとって八月はバカンスの季節なので、ダビロンは不在で厨房の在庫が十分でないとアレックスは説明した。メニューにある六種の昆虫のうち、五種しか食べられなかった。タガメは在庫が切れていた。アレックスが店の看板のクラフトビールを注いでくれた。私はそれに口をつけながら、イモムシやコオロギは食べても大丈夫だと自分の脳を納得させられるだろうかといぶかった。

　私はアレックスに、虫の産地を聞いた。一部は東南アジア産――アレックスは新たにメニューに載せる虫を探しに翌日カンボジアに発つ予定だった――だが、コオロギとミールワームは、フランスの養殖販売業者ディミニ・クリケットから仕入れているとのことだった。まず思ったのは、その名前はディズニーアニメの『ピノキオ』に出てくる言葉を話す虫、ジミニー・クリケットを連想させる、かわいすぎるものだということだ。カルロ・コッローディの原作では、主人公の若い乱暴者の木偶《でく》人形が、いらだって発作的に木槌を投げつけ、コオロギを殺してしまうことを、私は思い出した。ディズニー版では、このコオロギはひょうきんで賢い道連れで、殺してやりたくなるほどうっとうしい奴ではなかったようだ。だがジミニー・クリケットを食べたいだろうか？　ディズニー世界のモラルでは、コオロギを食べるのはバンビを食べるくらい悪いことではなかろうか？　あとでわかったのだが、この養殖業者の社名は農場設立者の一人の姓をもとにしたもので、このことは文化を超えたブランディングの危険について教訓を与えている。

　二〇分ほどして、アレックスはタパスのような小さな皿を五つ運んできた。昆虫はそれぞれイチジク、ドライトマト、レーズン、刻んだドライ・トロピカルフルーツを添えて巧みに並べられていた。私はビールを

ヤシオオオサゾウムシの幼虫

飲み干して、目の前のごちそうを検分した。バッファローワーム、コオロギ、大型のバッタ、小さな黒アリ、くちばしのある太ったイモムシ。最後のやつはヤシゾウムシの幼虫だとあとで判明した。

私はもう一杯ビールを注文し、それからひと口ひと口意識して味わい、すべて食べつくした。コオロギとバッタはサクサクして癖がなかった。アリは酸っぱく刺激的だった。ヤシゾウムシは干しイチジクに似て嚙みごたえがある。世界中の居酒屋メニューにならって、料理はどちらかといえば脂っこかった。ピッチャー二、三杯のクラフトビールがあり、友人たちと一緒なら、こういう虫も悪くなさそうだ。だがこれが世界の食料安全保障の未来なのだろうか?

その後、観光客でごった返すモンマルトル界隈の通りや路地をぶらつきながら、私はご機嫌だった。私はパリのパブで虫に挑戦しながら、巨大なゴキブリの幻覚にさいなまれることなく切り抜けることができたのだ。このパブの名前を聞いてからというもの、デイビッド・クローネンバーグが脚色した『裸のランチ』に出てくる人間サイズのゴキブリのイメージを、頭から追い出せなかった。なぜ自分は昆虫を食べることを変なこと、気持ちの悪いこととさえ思うのだろう？　パブで虫を食べることと、鶏手羽のフライを食べることの違いは何が作るだろう？　ビールと勇気と、昆虫を食べる未来への嫌悪感の入り混じったものなのだろうか？　それとも昆虫を食べることは「虫食い《バグ・イーティング》」の不安な冒険から、中立的で無色透明な「エントモファジー」（昆虫食推進者の多くが使う用語）へと変わるのだろうか？

## 食文化と利益の壁

ル・フェスタン・ヌを訪れてから一週間と経たないうちに、私はラオス人民民主共和国の首都ビエンチャンで、国境なき獣医師団コオロギ養殖プロジェクト主任のトーマス・ウェイゲルとのんびりした夕刻を過ごしていた。私たちはジョッキからビア・ラオをちびちびと呑み、炒めてニンニクとコブミカンで味付けした大皿のコオロギを分け合った。幅の広い引き戸の敷居と、通りへ延びるコンクリートのパティオにばらばらに置かれたテーブルのラオス人たちを、私はパブの入り口近くに座って見ていた。レジカウンターの上のテレビでは、タイ人の歌手が不安定なメロディを高らかに歌っていた。歌詞の字幕が画面いっぱいに踊っている。ほろ酔い気分でご機嫌な二〇代のグループがいくつか、哀しみと失恋の歌をひどい調子はずれで、一緒になって楽しそうに歌っていた。トーマスと私が揚げたコオロギをつまんでいることを、誰も不審に思わなかった。これは挑戦ではなかった。越えねばならない嫌悪感などはなかった。ビエンチャンでは、これが普通なのだ。だが、世界的にはどうだろう？

二〇一五年から一六年にかけての調査のあいだ、ブリティッシュコロンビア、オンタリオ、フランス、イングランド、ラオス、オーストラリア、日本の昆虫養殖場、パブ、レストランを訪問し、日本では実際に昆虫を採集し、数百におよぶ書籍、化学論文、新聞記事を読んで、私は考え始めた。われわれは「新たな常態《ニュー・ノーマル》」へと入ろうとしているのではないだろうか――そうだとすれば、それはどのようなものなのだろうか。北米、ヨーロッパ、東南アジア、アフリカの家族経営の農家と採集民を結ぶフェアトレードのネットワークが――コフィ・アナンが想像したように――できるのだろうか？　われわれは機会に応じてトビバッタやセミにがっついたり、季節に応じてシロアリやハチやバッタを捕ったりするようになるのだろうか？　近所の食料品店へ行くと、一〇〇種類のポテトチップスやコーンチップスの隣に、バーベキュー味のコオロギの袋があるのだろうか？　使ってはいけない昆虫はあるのか？　あるとすれば、それはなぜか？　フードシステムの中で昆虫はどう扱われるのか？　ミツバチ[*7]のようにゆるくか、それともカイコやコオロギのように集約的にか？　大部分の昆虫は粉末にして、飼料のエネルギーとタンパク成分やフィットネス愛好家向けの栄養補助食品として使われるのだろうか？

旅先でわかったのは、食料や飼料としての昆虫の世界はディナープレートに盛りつけられた虫以上に複雑で、面白く、不穏なものだということだ。かの有名な生物学者J・B・S・ホールデンの名言を言い換えれば、昆虫食はわれわれの想像以上に複雑で奇妙というだけではない。それはわれわれが想像できる以上に複雑で奇妙なのだ。[*8]

オランダ、ワーゲニンゲン大学の熱帯昆虫学教授だったアーノルド・ファン・ハウスは、退任の挨拶をこう締めくくった。「昆虫を旧来の食肉に代えて食料と飼料として利用することの利益は計り知れない。昆虫には農業および食品・飼料産業において新しい部門となる大きな可能性がある」[*9]。ファン・ハウスとその同僚の言葉を聞くと、人類が昆虫を食べるうえで最大の難題は、かたくななまでに保守的なヨーロッパと北米の消費者と、規制の枠組みや通商協定が時代遅れだったりもともとなかったりすることの組み合わせだと考えるかもしれない。これらはたしかに考慮すべきものだが、状況をもっと注意深く見れば、この話の構造を見直す理由がわかるはずだ。二〇一三年のＦＡＯ報告書の要旨は、次のように主張している。昆虫食の「きわめて大きな可能性」は、他のタンパク源と比較した環境への影響のみならず、昆虫の栄養価のさらなる研究と十分な情報収集がなければ現実のものとなり得ない。ファン・ハウスはこう述べている。「昆虫の採集および養殖がもたらしうる社会経済的利益の分類と強化が、特に社会の最貧層の食料安全保障を拡大するために必要とされる[*10]」

昆虫食の習慣がない文化で育った者にとって、過去二、三〇年間の昆虫食普及に向けたエネルギーは、農場から食卓までのフードチェーンのうち、食卓の側に多くが注がれてきた。提唱者は繰り返しある疑問に立ち戻る。どうしてみんな昆虫を食べないんだ？　彼らはこう言いたいのだ。どうしてヨーロッパ系の人たちは昆虫を食べないんだ？

虫を食品とすることを嫌悪する文化的な根っこを掘り起こして断ち切り、昆虫を献立に取り入れるように人々を説得することは、この側面では、広報活動だ。それは消費者動向の調査ともっともらしい宣伝広告を兼ねたものとして行なわれ、中には昆虫を食べない人たちは環境に配慮していないことをほのめかす、一種の倫理的脅迫に近いものもある。

## 持続可能な生産性

この複雑な問題のもう一つの側面は、サプライサイド・サステイナビリティと呼ばれているもの、つまりどれだけの食料を地球は持続可能なやり方で生産できるかだ。これはまた別の疑問を生む。その昆虫は人間の食料と家畜の飼料、どちらに利用される予定なのか？　それは天然なのか養殖なのか？　天然ものだとすれば、人間による採集はその昆虫が自然界で持つ機能をあやうくしないか？　環境についての議論、特にヨーロッパと北アメリカでのものは、昆虫を養殖することが前提となっている。この養殖場は、たとえばインセクト社がフランスで開発しているような、コンピューター管理されたハイテク研究所になるのか、それとももっと伝統的な、たとえばカナダのエントモ社のような家族経営の農場になるのか？　前世紀に気づいたように、農業の方法はすべてが同じように環境に優しく、持続可能なわけではない。

こうした疑問が現実にどのような意味を持つのか、他の家畜の飼育について考えてみるとよくわかるだろう。

私たちは、ウシ、ニワトリ、ブタが食料供給のために適した動物だという考えを、先祖から受け継いだ。みんな知っているなじみの動物たちだ。フランス王アンリ四世は一六〇〇年頃、毎週日曜にはすべての農民の鍋に鶏肉が入るよう希望すると宣言した。以来、ヨーロッパと北アメリカのニワトリ（とブタとウシ）の育成は、安価な肉をすべての鍋に、できれば毎日入れるという目標をひたすら目指すようになった。一見したところこの目標は、世界の食料安全保障を拡大したいという昆虫食推進者の夢と、さほど違いはないように思われる。だが一〇〇年前、われわれが農業システムと食料システムを設計している途中だったころ、私たちは生態系と社会の複雑さ、エネルギーと栄養の循環、一度に一つの目標に集中することで起きる予期せぬ影響をあまり理解していなかった。振り返ってみれば、ニワトリ、ウシ、あるいはブタをすべての鍋にもたらそうとするわれわれのやり方は無謀であり、環境破壊、気候変動、疾病、貧富や性や民族的背景や政治権力に根ざした不平等に無頓着だった。われわれの農業食料システムは科学と技術を、偏見を克服し新たな知識を身につける方法としてでなく、アグロインダストリーという要塞の壁を守るために使って、伝統的な父権――これは単なる比喩ではない――を強化した。だてに「バイオセキュリティ」と呼ばれているわけではない。

われわれが作りあげた家畜育成法は、大量の水と栄養をある生態系から奪い、別の生態系に水質汚染の原因となる畜糞の山を積み上げている。激しい下痢と腎疾患を引き起こす毒素を作る大腸菌株は、ハンバーガーから最初に見つかったが、現在では農業食料システムの至るところに現れる。有害な窒素化合物は水路に漏れ出して地下水層にしみ込むので、集約的な農業が行なわれている地域の多くでは、飲料水が不足している。現在のニワトリの飼育法は、サルモネラ菌やカンピロバクターのような食品由来の細菌の世界的流行を引き起こしている。イギリスでは、家禽《かきん》の死骸によるカンピロバクター汚染のレベルがきわめて高いため、二〇一五年に英国食品基準庁は消費者に対して、生の鶏肉は洗わず、そのまま完全に火を通すことを勧告した。洗えば細菌を台所にまき散らす結果になる懸念があるからだ。そしてもちろん、鳥インフルエンザと季節性インフルエンザの流行があり、年間数十万人が感染するが、これは水鳥からブタ、ニワトリ、人間にウイルスが移動した結果だ。これらは食料を生産、分配するうえでよかれと思って行なった制度改革が引き起こした、予期せぬ結果だ。

最近まで、われわれの進化上の、あるいは歴史的な祖先の選択を疑問視する者は、ほとんどいなかった。起こったことは起こったことだ。あるものはあるものだ。今、歴史上初めてわれわれは、もしあるとすれば、食卓に載せたい六本脚の小さな家畜（養殖昆虫をこの別名で呼ぶことがある）を、情報に基づいて検討のうえで選べるようになったのだ。虫をメニューに載せようと思ったら、私たちにはこれまでなかった歴史から学ぶという機会がある。私たちは昆虫を採集するか養殖するか、養殖するとすればどこでどのようにして育てるかを選ぶことができる。世界を変える農業革命に行きあたりばったりに突入した祖先とは違い、われわれには一世紀におよぶ徹底した科学的・経済的・文化的な研究がある。農場は必ずしも大きくなくていい。すべての食料が全世界に行きわたり、豊富で、広く好まれる必要はない。

食べることはある意味、人間と環境のあいだの性行為に相当する。環境は――動物性、植物性、ミネラル食品の形で――われわれの体内に入り込み、形を変えてわれわれの血となり肉となる。自分の食べたものが自分になるのだ。だから張り切って台所に行って落ち着いてしまう前に、こういった虫についてもう少しよく知っておいたほうがいい。それは何者なのか？　私たちの家にやってくる前はどうしていたのか？　遠くから来たのか？　人道的に育てられたのか？　見たとたん気持ちが悪くなったとしたら、それはなぜか？　それは毒があるかもしれない食品に対する、進化の過程に深く結びついた反応なのか、特定の生態系における欠如の副産物なのか、それとも社会集団の内と外を区別する単なる手段なのか？　また、もしそれが後天的なものであるなら、工業型農業のＣＥＯたちが自分たちの利権を守るためか、競争を避けるためか、それともっと深い倫理問題が関係しているのか？

昆虫食を取り巻く問題には技術的・科学的なものもあれば、文化的・倫理的なものもあり、人によってはスピリチュアルと呼ぶものもある。さらに、おそらくもっとも難しいもの、つまり組織的・法的・行政的問題がある。一九八〇年代初め、私はオンタリオ州一帯で一〇〇戸の酪農家と共に働いていた。この中には牛乳を有機農産物として売りたがっている者たちがいた。消費者はそれを求めており、農家は有機農法による牛乳の大量生産が可能だと、彼らは言ったが、各国政府が今日、食料・飼料としての昆虫をどのように管理したらいいかよくわかっていないらしいのと同じように、多様性よりも大規模な規格化に合わせて設計された既成の構造に、どのように有機農産物をはめ込めばいいのか、誰もはっきりとはわかっていなかった。農家は法的に公認された認証制度を必要としていた。また、有機牛乳専用の加工工場も必要だった。食料品店がこの製品を売るとすれば、安定した供給を求める。これもまた「大規模化するか、退場するか」という事例なのだろうか？　やがてオンタリオ州の生産者は、家族経営農家の協力体制を作り出し、他の酪農家や政府とは規制の枠組みを築き上げるために、加工業者とは生産物をウシから消費者まで届けるメカニズムを作るために協働して、規模の経済の問題を解決した。今では、オンタリオ州の食料品店に行けば、彼らの牛乳とチーズを、他の食品と同じように買うことができる。ぼんやりとした周縁から食料システムの主流へと移るにつれて、昆虫生産者にも似たようなことが起きるのだろうか？

本書の中で、私はこうしたことすべて、またそれ以外にも、数多くの疑問を投げかけるつもりだ。コオロギやミールワームを食卓に載せることを考えるとき、それを持続可能なタンパク源としてだけ捉えてほしくない。ショックを受け、動揺し、驚いてほしい。自分たちは何者で、どのような資格と生物学的・社会的契約を引き継ぐのかに疑問を持ってもらいたい。食卓の虫がわれわれを、不快にも、落ち着いた気分にもさせてくれることを願いたい。

ダニエラ・マーティンの著書『私が虫を食べるわけ』が昆虫食のカップリングパーティーのガイドブックだとすれば、本書は親父さんの本棚にある説教臭いデートマニュアルだと思えばいい。私のことは、九〇年代の映画『アップルゲイツ』〔訳註：環境破壊を阻止すべく、巨大な昆虫が人間社会に潜入するＳＦコメディ〕に登場するアップルゲイツ氏だとでも思ってくれればいい。どこにでもいる郊外の父親に化けたカマキリで、戸口で待ち構えていてこう尋ねるのだ。「で、お前が結婚したいと言うこの男は誰なんだね？」

昆虫食によって、われわれは代わり映えのしないことを効率よくやるのでなく、もっと有意義なことをするために、疑問を呈する機会を持つことになる。このチャンスをふいにするのはもったいない。

第１部

# MEET THE BEETLES!
# 昆虫食へようこそ

さて、昆虫を食べるとしよう。

でも、どれを食べる？　その名前は？　どのくらいの数がいて、どうしてそんなに多いのか？

それを食べることは、一部の人が言うように、栄養の面で本当にいいのか？　昆虫食は地球に優しいのか？

昆虫を食べることは、ディストピアから「オブ・ラ・ディ、オブ・ラ・ダ」の天国へと逃走する、最後にして最善の道なのか？

探索を始めるとしよう。

# 第1章　昆虫を名づける——I CALL YOUR NAME

君に会っていたのだとしたら
ぼくは君の名を聞きそびれたのだ。

## 食用昆虫の名前

アラン・イェンと私はオーストラリアのメルボルンにある友人宅のテラスで、愉快な夏の晩酌を楽しんでいた。アランはオーストラリアの生物学者で、数十年来昆虫の、またヒトと昆虫の関係について研究している。私が書いている本について話すと、アランは、タイトルは『イート・ザ・ビートルズ』にしてはどうかと提案した。私は食用甲虫についてしか書けないのか？　それ以外の昆虫はどうなるんだ？

実際、なぜ甲虫なのだろう？　白状すると、それはちょっとした冗談から始まって、ビートルズが含まれるこうした駄洒落が、私はおかしくてたまらなくなった。いいマーケティングだ。心の中で、私は回りくどい正当化まで思いついた。ビートルズはポピュラー音楽におけるカンブリア爆発だ。困難に満ちた暗闇でのスタートから、彼らの音楽はわずか数年で進化して、レディ・マドンナとウクライナの少女たち、解放の神学とヒューマニズムと無神論、カトリック、ヒンドゥー教、共産主義、起業家精神を呼び覚ました。彼らはロック、ブルース、フォーク、クラシック、エレキとアコースティックのミックスを、ロックビデオができるずっと前にロックビデオのコラージュのような映画を、大オーケストラと観客の距離が近い五重奏を、電子音楽、ピアノ、弦楽器を、刺激と甘さと感傷と、その他甲虫目の熱狂的バンドに期待されうるありとあらゆる音楽的有機体をもたらした。だからこの本は、一九八二年の映画『コンプリート・ビートルズ』を軽装本にしたみたいな、肩のこらない軽い話だ。たぶん肉なしマンデーの翌日の昆チューズデー、昆虫スナックを好きなだけ食べながら読むのにちょうどいいだろう（サー・ポール、聞いてる？）。

もっともこうしたことはいずれも後付けの理屈で、この本は科学書だ。タイトル〔訳註：原著タイトル *EAT the BEETLES!* ビートルズのアルバム『ミート・ザ・ビートルズ』との語呂合わせになっている〕が単なる語呂合わせの宣伝文句ではなく、この文章の中での探求を手短に表現したものであることを、どうすれば説明できるだろう？

二〇一三年のFAOの報告書に記載された既知の食べられる昆虫一九〇〇種は、可能性のある昆虫食の選択肢の中では、クレーム・ブリュレの皮にすぎない。昆虫の膨大な多様性を考えれば、試してみる余地はほとんど無限に思える。そうするといくつかの疑問が湧く。昆虫の種はいくつあるのか？　それらは何という名前なのか？　すべての種を合わせると地球上の昆虫の数はいくつなのか？

昆虫を食べるのであれば、その素性、生息地、食べられるまでどのように生活しているのかを知る必要がある。食べられる昆虫を探すのに具体的な名前を挙げないのは、「哺乳類は食べられます」と言っているようなものだ。そこにはサイ、パンダ、トラ、オランウータン、イヌ、ネコ、ネズミ、人間の赤ん坊、サルが、ウシやヒツジやブタと一緒に含まれているのだ。もちろん、食べようと思えば食べられる。だが人間には、栄養価や食べ物の好き嫌いとはほとんど関係なく、その中のあるものを食べないい重要な理由もある。同じことが昆虫にも言える。そして、あとで見るように、これは昆虫食の未来に重大な意味を持つのだ。

人間が周囲の世界につける名前は、世界の見方を反映する。経済は世界を「持てるもの」と「持たざるもの」に分断する。冷戦のあいだ、世界は政治的に第一世界（西欧、アメリカ、その同盟国）、第二世界（ソ連、中国、その同盟国）、第三世界（非同盟諸国、多くは開発途上国）に分けられていた。世界を分割するもう一つの方法は、昆虫食の伝統を持つ文化（虫食文化圏）と持たない文化（非虫食文化圏）に分けるものだ。この世界の分け方は、必ずしも政治的および経済的境界線と一致するわけではないが、二一世紀の昆虫食推進者が直面する主要な課題の一部を理解するうえで役に立つ。一般に、ほとんどの虫食文化圏は東南アジア、サハラ《サブサハラ》以南のアフリカのような熱帯または亜熱帯に存在し、非虫食文化圏はヨーロッパ、ロシア、北アメリカ北部のような温帯にある。

先住民、都会の消費者、農民、科学者が自然物をどのように分類するかは、それぞれのグループが周囲の世界をどう認識し、それとどう関わるかの反映だ。昆虫はたとえば、害虫、食物、薬などに分けられ、それぞれに下位集団が作られる。このような分類はその虫に固有のものではなく、それがわれわれの生活の中で果たすと考えられる役割に固有のものだ。この細部――悪魔が宿る、と言われるところ――は、文化的にもエコロジー的にも弾力性のある昆虫食の定義に関わっている。細部は圧倒的なものでもある（少なくとも私にとっては）が、それはたぶん、ミック・ジャガーやジョン・ミルトンとは違って、私が悪魔に共感したことがあまりないからだろう。

昆虫食者は食用の種や段階（たとえば幼虫か成虫か）を見分け、分類し、潜在的に有毒な種でさえ昆虫料

乾燥されたモパネワーム

理として適切に処理するのに長けていると言う向きもあるだろう。昆虫食者の知識と分類法はたしかに重要な情報を彼らにもたらす。しかしそれはそれで特有の問題ももたらす。

ある種の昆虫は管を刺して汁を吸い、またあるものはあごで噛む。あるものは飛び、あるものは這ったり跳ねたりするだけだ。ある種は不完全変態し、子どもは親を小さくしたような形をしている（たとえばコオロギがそうだ）。またあるものは、チョウや蛾のように完全変態する。この場合、イモムシだった子どもは成長して別種と見まがう姿になる。そのためところによっては、住民は食用の幼虫を名前で識別できるが、同じ昆虫の成虫はできないことがある。

アフリカ南部で、モパネの木（*Colophospermum mopane*）を餌とすることからモパネキャタピラーとかモパネワームと呼ばれている、太ったソーセージのようなヤママユガの一種（*Gonim-*

*brasia belina*）の幼虫は、成虫の蛾とは似ても似つかない。アラン・イェンは、オーストラリア先住民の言語は同じ種に異なる名前を与えていることがあり、そのような名前は一貫して同じように英語へ翻訳されているとは限らないことを示している。非昆虫食者の科学者は、ウィチェッティ・グラブ（*Endoxyla leucomochla*）という一つの種を確認している。これはボクトウガの一種の幼虫で、アカキア・ケンペアナ（ウィチェッティ・ブッシュ）の根に棲む。少なくとも二つの先住民集団が、この幼虫に対して別々の二名法による名前を使っている。名前の前半はそれが食用であるという事実を表し、名前の後半はイモムシが通常餌とする植物だ。反対に、とイェンは書いている。「オーストラリア中央部の先住民は、少なくとも二四の異なる種類の食用イモムシを植物から見分けることができ、そのほとんどは別個の科学的種であるようだ[*11]」

対照的に非昆虫食者は、普通は昆虫が食べられるかどうかで分類することはない。たとえばミールワームがそう名づけられたのは、食事《ミール》にちょうどいいと思う人がいたからではなく、昔から人間が食べるために取っておきたい穀物の粉末（つまり食事）の中に棲んでいた——そして食べていた——からだ。

非昆虫食者にとって、名前の違いは、科学的な規則と科学界内部のさまざまなサブカルチャーの両方を反映したものだ。そのようなわけでポピュレーション、アッセンブリッジ、コミュニティ、ギルド、スウォームといった用語が、バッタの大群を表すものとして使われてきた。昆虫学者のジェフリー・ロックウッドは、絶対的に正確な用語はないと述べている。しかしこれは、何でもありということではない。ロックウッドはこう主張する。「ある用語が研究者の概念的枠組みを正確に反映しており、この見方を効果的に他人に伝えているのであれば、その用語は正確である[*12]」

彼は疑いもなく正しい。だがこの矛盾が、昆虫食の推進者にとっての難問を生む。非昆虫食者の学名と昆虫食者の名前のどちらを使うか？　私たちは食べられるものを手っ取り早く見つけたいが、学名は、新しい種を同定し文化の垣根を越えて意思を疎通する機会を拡大するかもしれない。

現在多くの人が科学と思っているものは、一七世紀にヨーロッパの非昆虫食者から出現したものだ。生物学者はこの伝統の一翼を担い、生物をドメイン、界、門、綱、目《もく》、科、属、種の序列に従って分類している。[*13] 節足動物（門）は動物界の一員で、真核生物ドメイン（または帝国）に含まれる。硬いキチン質の外骨格、節に分かれた身体、関節のある脚、開放血管系の循環器を持つ節足動物は、地球上でもっとも数が多く多様な動物だ。彼らはおそらく、陸に上がって植物のための下地を作った最初の多細胞生物だ。昆虫——昆虫綱の一員——は節足動物だが、すべての節足動物が昆虫であるわけではない。六脚類（昆虫と二、三の小さなグループが属する亜門）以外にも、甲殻類（エビ、カニ、ロブスター）、鋏角《きょうかく》類（クモ、サソリ）、多足類（ヤスデ、ムカデ、コムカデ）などが節足動物に含まれる。人間はこのすべてを食べてきたが、本書は昆虫についての本なので、それ以外の親戚については、昆虫食を語るうえで重要性があるときだけ触れることにする。

すると、ヨーロッパイエコオロギ（*Acheta domesticus*）はこのようなことになる。

・真核生物ドメイン（膜で区切られた細胞核を持つ）
・動物界
・節足動物門
・六脚亜門
・昆虫綱

・直翅目（バッタ、コオロギ、キリギリスなど）
（キリギリス亜目）
（コオロギ下目）
・コオロギ科
（コオロギ亜科）
・ヨーロッパイエコオロギ属
・ヨーロッパイエコオロギ種

ヨーロッパイエコオロギについては、余分な「亜」や「下」があるにしても、このように簡単そうだ。だが一般的に言って、昆虫を名づけ、数えること――この二つの行為は近い関係がある、というのは同定できないものを数えるのは難しいからだ――は、科学者にとっても見かけよりはるかに複雑だ。ある分類では昆虫によっては科の上に上科があり、また最新の遺伝子研究で昆虫の分類法は変わっている。したがって学名は完璧ではない。しかしそれは出発点だ。

## 昆虫とは何か――語源と分類法

節足動物や昆虫という用語は、ヨーロッパの非昆虫食科学より前からある。大プリニウスは、ローマの博物学者にして軍司令官だった、一世紀の人物だ。軍事指導者らしい大胆なやり方で、プリニウスはすべての生き物を記述しようとした。彼は自然界について非常に多くの言説を残し、そのあるものは正しく、あるものはまるっきり間違っていた（たとえばイモムシはダイコンの葉の露から生じるという報告など）。その遺産の一つとして、プリニウスはわれわれにインセクトゥム（insectum）という言葉を残した。「切れ込みのある、あるいは分割された身体を持つ」または「部分に区切られた」という意味だ。プリニウスの語は実際はギリシャ語のエントモン（entomon）の翻訳だった。これはその数百年前にアリストテレスが、例の節のある小さな動物たちを分類するのに使った言葉で、ここからエントモロジー（entmology、昆虫学）が、さらに最近になってエントモファジー（entomophagy、昆虫食）が派生した。

私たちはみんな、さまざまな形で、しばしば精神的にも肉体的にも区切られているが、節足動物では体節（頭部、胸部、腹部）が他の動物種よりははっきりしていて、明確に分化している。現生の節足動物——動物界で最大の門——は、昆虫の他にクモ綱（クモ、マダニ、ダニ）、多足類（ヤスデ、ムカデ、コムカデ）、甲殻類（カニ、ザリガニ、フジツボ、オキアミ）を含む。節足動物はすべて外骨格と関節のある付属肢を持つ。付属肢は全部が脚なのではない。だが、脚フェチの人は夏の数カ月、街角にたたずんで飛んでいく虫を眺めていても悪くはない。

昆虫綱は約三〇の目を含む。「約」と言ったのは、本書を書くための調査をしているあいだに数が変わったからだ。この目には鞘翅目《しょうしもく》（糞虫やコロラドハムシのような甲虫）、半翅目（カメムシ、セミ、トコジラミ）、直翅目（バッタ、コオロギ）、双翅目（ハエ、蚊）、膜翅目（ハチ、アリ）、隠翅目（ノミ）、鱗翅目（チョウ、蛾）などがある。科学が発達してより完全な情報——たとえばゲノムについての——が得られれば、昆虫に対する理解を単純明快にできるのではと思う向きもあるだろう。ところがそうではないのだ。ペニスの一部の構造に基づいた甲虫の一種の分類に関する二〇一四年のとある科学記事には、"A Preliminary Phylogenetic Analysis of the New World Helopini (Coleoptera, Tenebrionidae, Tenebrionirae) Indicates the Need for Profound Rearrangements of the Classification"（「新世界ゴミムシダマシ Coleoptera, Tenebrionidae, Tenebrioninae の予備的系統解析が示す分類の根本的再整理の必要性」）という題がつけられていた。[*14] 著者は通常の目、属、種について述べるだけでなく、属、系統群、また——分野を確実に網羅するためだけに——多系統性、多分岐、側系統（遺伝的に特定された先祖と子孫の変種をもとにした分類）にも触れている。

昆虫は記述された現生種すべての八〇パーセント以上を占める。その中でも四つの目が幅を利かせている。鞘翅目、双翅目、膜翅目、鱗翅目だ。名前がついている昆虫の種は約一〇〇万種だが、さらに一〇〇万種——もしかすると数百万種——が発見と命名を待っていると推定する研究者もいる。反対に、すでに名づけられているものの中に、同じ種の変種がいる可能性もある。もう少しわかりやすく言おう。魚類は約二万種、爬虫《はちゅう》類は六〇〇〇種、鳥類は九〇〇〇種、両生類は一〇〇〇〇種、哺乳類は一万五〇〇〇種いる。だから、ほとんどの動物は節足動物であり、ほとんどの節足動物は昆虫なのだ。古生物学者のJ・クカロワ=ペックのものとされる、繰り返し引き合いに出される言葉によれば、第一近似では、すべての動物は昆虫だ。

そこで本書のタイトルに「ビートル」を使ったことに戻ってくる。なぜ甲虫を食べる話なのか？　どうして昆虫でも虫《バグ》でもないのか？　「本当の虫《トゥルーバグ》」と呼ばれるカメムシ目、すなわちトコジラミ（ナンキンムシ）、セミ、アブラムシ、タガメ、サシガメ、カイガラムシなどは一〇〇万種いる昆虫の中の「わずか」八万種を占めるにすぎない。にもかかわらず、昆虫学者が書いた昆虫やその分類学上の親戚に関する良書には、「バグ」がタイトルに入っているものがある。この中にはメイ・ベーレンバウムの *Bugs in System*（邦題『昆虫大全：人と虫との奇妙な関係』）、スコット・リチャード・ショーの *Planet of the Bugs*（邦題『昆虫は最強の生物である：4億年の進化がもたらした驚異の生存戦略』）、ギルバート・ワルドバウアーの *What Good Are Bugs?*（『虫が何の役に立つ？』）などがある。バグ（虫）という語はウェールズ語とゲルマン語を語源とし、最初は中世に悪魔、妖怪、幽霊その他、目に見えず時に恐ろしい不穏なものたちを指して使われた。こうしたものは中世ヨーロッパ人が遭遇した節足動物を正確に反映しているのかもしれない。今日、バグという語からはさまざまな意味が派生していて、小さな昆虫、病原菌[*15]、盗聴器、コンピューターの欠陥などを指すのに用いられる。

だが、人間が食べる昆虫だけを考えると、見え方は違ってくる。地球のどこかで誰かが食べている昆虫は一九〇〇種になるが、一部の科や目――鞘翅目、膜翅目、等翅目、鱗翅目、直翅目――は特に人気がある。鱗翅目（チョウ・蛾、イモムシとして食べる）、膜翅目（ハチ・アリ）、直翅目（バッタ、イナゴ、コオロギ）はそれぞれ、世界の昆虫食品の一〇～二〇パーセントを占めている。セミ、ヨコバイ、ウンカ、カイガラムシ、カメムシ、シロアリ、トンボ、ハエはいずれも一〇パーセント未満を占めるにすぎない。種単位で見ると、人間の食餌にもっとも寄与している昆虫は鞘翅目（甲虫）で、食用にされる種の総数の約三分の一を占める。世界各地において甲虫は成虫で食べられているが、北米とヨーロッパではミールワームがもっとも一般的だ。

甲虫の種（三六万種近い）は、残りの動物種すべての合計より多い。第一近似で、われわれすべてが昆虫だとしたら、そこに私は、第二近似でわれわれはみな甲虫だと付け加えたい。ダグラス・アダムスの小説の登場人物も言いそうなことだ。ビートルという語は古英語に由来し、かつては叩く道具を、その後「小さな齧むもの」を指していたが、派生する意味は少ない。私がこの語を本書のタイトルに使った理由の一つがそれだ。ドイツ製の車、あるいはつづりを間違えた音楽グループ〔訳註：「甲虫」のつづりは"beetle"だが、「ビートルズ」のつづりは"Beatles"〕は、昆虫食者の台所に混乱を増やしそうにはない。

過去数百年、非昆虫食者の科学者たちは、伝統的な昆虫の名前をリンネ式の分類学で書き換えようとしてきた。だが、昆虫食者の知識が非昆虫食者の科学に、あるいはその反対がどのように当てはまるか、はっきりしているとは限らない。しかし、何種類いるのか見当もついておらず、先住民文化は消えかけていたり、虫を避ける退屈な「グローバル」なファストフード文化に吸収されつつあったりすることを考えると、ジョージ・ルーカスが『スター・ウォーズ』より前に撮った映画『ＴＨＸ１１３８』の、光る霧の中をさまよう囚人のような気分にすぐなれる。

節足動物や昆虫から、ビクトリア時代の街頭のように混みあった種と属へと「下りる」と、ほとんどの科学者が非昆虫食文化の出身であることが明々白々になる。約一〇〇万種の昆虫は二名法によるリンネ式の名前を与えられている。その中に食べ物と結びつけたものは一つも見つからなかったし、多くは生態学的な情報を含んでもいなければ、全世界で理解されるものでもない。あるものは、*Mantis religiosa*（ウスバカマキリ）のように、宗教的行為を反映している〔訳註：ラテン語で「敬虔な預言者」の意〕。またあるものは、奇抜で文化的に特殊だ。ディクロテンディペス・タナトグラトゥス（*Dicrotendipes thanatogratus*）の後半部分は、命名した昆虫学者がグレイトフル・デッドを愛好していたことを反映し〔訳註：thanatogratus はグレイトフル・デッドのラテン語訳〕、また *Heerz lukenatcha* と名づけられた寄生バチや *Pieza kake* と命名されたハエのように——この二つはぜひ声に出して読んでもらいたい——気の利いた内輪の冗談になっているものもある〔訳

註：英語式の発音では、それぞれHere' s lookin' at you（映画『カサブランカ』の名台詞「君の瞳に乾杯」）、Pizza cake（ピザケーキ）のように聞こえる」。

多くの昆虫が、著名人、主にヨーロッパや北アメリカ出身者の名前にちなんで名づけられている。昆虫学者は寄生バチに、たとえばエレン・デジェネレス、ジョン・スチュワート、スティーブン・コルベア、J・S・バッハ、ルートビッヒ・ファン・ベートーベンなどの名前をつけている。二〇一三年、ジョン・ヒューバーとジョン・ノイズはコスタリカのホソハネコバチ科の新しい属と種を報告し、そして科学的な想像力を飛躍させて、それにティンケルベラ・ナナ（*Tinkerbella nana*）と名づけた。ホソハネコバチは他の昆虫の卵の内部に産卵し、殺してしまう寄生バチなので、これはウォルト・ディズニーとJ・M・バリーの妖精ティンカーベルと子どもたちの愛犬ナナについて、いくぶん悪意のあるものだ。

こうした目、科、種と下っていく名前づけと分類を、リンネ式の執着だと考えてもさしつかえはなかろうが、分類法は、われわれの言語と、観察された自然の中にある複雑な差異化の両方の反映だ。昆虫は昆虫なりの「小さな差異のナルシシズム」（独自のアイデンティティを強調するために小さな違いを誇張する現象を表現してフロイトが使った語句）を進化させている。昆虫にとって、このような激しい差異化は、身体の小ささや高い繁殖率と共に、生物圏を満たし世界をイメージ通り作り替えることを可能にした特徴なのだ。

## 食料としての見方

昆虫食者にとって、種のあいだの細かな違いを識別する能力は、専門家、ポストコロニアル的に定義された先住民族、ポストモダン的昆虫食者のあいだでの不一致などより重要だ。昆虫食の問題を考えるとき、この区別によって、われわれは環境管理、経済的利益、人間の健康に対する効果の背景をより知的に再考することができる。われわれがどの昆虫を侵入生物と見るか、どの昆虫が隙あらば人間を食らおうと思われるか、どれが不快なだけか、どれが舌を心地よく刺激すると同時に、地球の明るい未来を予想させてくれそうかを判断するとき、このような区別が根本にあるのだ。

こうした違いには、われわれが世界の昆虫食への旅を続けていくにつれはっきりとしてくるものもあるだろうが、要点の説明のためにいくつか例を挙げたい。テネブリオニダエ（Tenebrionidae）科の仲間は、幼虫がミールワームとシェフから呼ばれているもので、ゴミムシダマシとしても知られる甲虫だ。この科にはニワトリ小屋の敷きわらの中に棲むものがいる。ニワトリは甲虫とその幼虫を食べるが、この虫は鶏小屋の床と壁も食べ、ニワトリやそれを食べた人間に感染する細菌やウイルスを持ち運ぶことがある。同じ科の別の仲間には、「まぎらわしい小麦粉甲虫（confused flower beetle）」（これは正式な名だ）、コメノゴミムシダマシ、林床で落ち葉や朽ち木を食べてリサイクルするものがいる。だからゴミムシダマシやミールワームについて語るとき、昆虫食者と養鶏業者と森林生態学者のあいだで無用の争いを避けようと思ったら、呼び名にある程度の厳密さが求められる。

侵入種の柑橘類の害虫アカマルカイガラムシ（*Aonidiella aurantii*）の駆除は六〇年進まなかった。昆虫学者が外部寄生バチのツヤコバチ科の *Aplytis* 属を、ただ一種であるかのようにすべていっしょくたにしていたからだ。実際には *Aplytis* はいくつかの種からなっており、その一部がアカマルカイガラムシを攻撃する。同様に、カリフォルニア州のイチジク生産は、数百種におよぶある属のハチの中から、昆虫学者と農家がイチジクに受粉させるただ一種を突き止めて移入するまで、一〇年にわたって低迷していた。オーストラリアでは、農家が一八世紀後半にウシを移入したとき、当初糞虫の識別ができず、その食べ物の選り好みが激しく、たいてい種ごとに独特であることを認識しなかったために、ハエの大発生と景観管理上の問題が起きた。

一九七〇年代まで、ガンビエハマダラカ（*Anopheles gambiae*）は、サハラ以南のアフリカにおいてもっとも有力なマラリアの媒介者だと考えられていた。この「一種類の」蚊は、しかし、異なる七種の蚊が入り混じったものであり、本質的に同じに見えるが、病気を伝染させる能力と殺虫剤への耐性はさまざまであることがわかった。毎年数百万人を殺している病気のことともなれば、種を正確に識別できなければ悲惨な結果につながりかねない。

「エントモファジー」という語を使うことさえ、少なくとも専門家のあいだでは、議論を呼ばないわけではない。人類学者のジュリー・レスニックは、次のように書いている。「人間以外の動物が虫を食べることに対してはインセクティボリー（insectivory）を使うのが妥当であり、エントモファジー（*entomophagy*）という用語は、自分は好きではないが、人間が昆虫を食べることに対して用いられる」。人間は動物であり、私は公式に学界を引退しているので、エントモファジーとインセクティボリーの争いでどちらかの肩を持つつもりはない。ジェフリー・ロックウッドのように、わかりやすく伝わるかぎりにおいて、私は多様な語を使いたい。エントモ社の従業員は「カーボン・フットプリントを大幅に減らし、地球の癒やしに貢献するために昆虫タンパク質を摂取する人」をジオエントマリアン（*geoentomarian*）と呼んでいる。[*16] どうしたわけか私の中で、この言葉は相当な年寄り（私のような）のイメージと結びついている。

ヘザー・ルーイとジョン・ウッドは、Imagination, Hospitality, and Affection: The Unique Legacy of Food

Insects(「想像力、受容力、情緒：食用昆虫の特有の遺産」)と題する二〇一五年の刺激的な記事の中で次のように述べている。「私たちが、生命維持に果たす重要な役割という点で、そして食料源として昆虫を評価するようになれば、私たちの言語は必然的に変わるだろう。そしてこの変化を促したければ、昆虫を食事の要素として語り、したがってそのように考え、認定する新たな方法が必要だ。『昆虫を原料にした食品』あるいは『食用昆虫』について語ることは、間違いなく『エントモファジー』という専門用語を使うよりもよい。しかし私たちは依然、昆虫綱の肉に対する平易で含みのある豊かな言葉を持っていない」

私はルーイとウッドに賛成だ。私たちは、この全世界に広がった動物種の多様さに見合う言葉の豊かさを必要としている。先住民がわれわれの小さな親類に与えてきた、あまたの環境、場所、料理に固有の名前——エントモファジー、昆虫食グルメ、(文字通りの)グラブを支度すること〔訳註：グラブには「昆虫の幼虫」の他に、俗語で「食事」の意味がある〕などを含み、超越するバベル以前の原言語——を活用するものをだ。私たちは、マラリアやデング熱の制圧について語り、蜂蜜の魅力やシロアリの治療効果を描写することのできる言葉を取り入れる必要がある。本書では、ある言葉が微細な区別をしてしまうとき、私は特定の用語の使用に慎重になるつもりだ。細かい区別が過剰となる場合(これは経済学者が、不確実な理論をいかにももっともらしく見せるために、小数点以下に数字をいくつか付け加えることの言語学版だ)、「虫」とか「節足動物」のような一般的な用語を使う。

われわれの目、想像力、科学には、ただちに感覚で捉えられるかどうか、人間の当面の生存と生殖に重要であるかどうかを基準に世界を見る——そして分類し、名づける——傾向がある。私たちは子ども(自分たちの遺伝子の未来)、ウシ(食料、肥料、労働力)、トラ(捕食性の脅威)を個体または小さな集団として見る。しかし、時に恥ずかしいところの皮膚に潜り込むものを除けば、われわれはほとんどの昆虫――アリ、ハチ、ブユ、蚊、イナゴ、ゴキブリ――を、途方もなく数が多いことのみで認識している。

私はすっかり考えすぎ、むきになって余計な説明をし、本のタイトルの興を削いでしまったようだ。何ページか使って――そしてディナーに招待する昆虫のリストを作る前に――膨大な六本脚の種族の規模を探ろう。実際、冗談はさておき、招待状を何通出したらいいのだろう？

# 第2章 数の問題——HERE, THERE, AND EVERYWHERE

彼らは自分たちの数を教えてはくれない
ただ居場所を教えてくれるだけ

## 地球上の虫の数

次のシェフチャレンジの挑戦者に名前をつけることは、昆虫食にまつわる難問の一部にすぎない。昆虫食を推進する理由の一つが、昆虫の数が非常に多いことなら、実際のところ何匹いるのかが問題となるだろう。そして——昆虫を何らかの方法で採集、管理、養殖しようというのであれば、これが特に重要なのだが——昆虫がこんなにもたくさん生息することを可能にする特徴とは何なのだろう？

一六九一年、イギリスの博物学者で *The Wisdom of God Manifested in the Works of His Creation*（『被造物に表れた神の叡智』）の著者でもあるサー・ジョン・レイは、自国に生息するすべての動物に占める昆虫の種の割合を推定し、それを全世界の個体数に置き換えてみた。このきわめて理にかなった方法を使って、レイは、昆虫の種の総数を一万種と見積もった。一八世紀には、スウェーデンの生物学者で医師のカール・リンネが、生物に命名する際の二名法の枠組みを作り出した。リンネの最初の記載には四〇二三の動物種が含まれ、その中の二一〇二種が昆虫だった。一九世紀半ばまでには、四〇万種を超える昆虫が名づけられ、二〇世紀初頭には、イギリスの昆虫学者デイビッド・シャープとトーマス・デ・グレイが、昆虫種の総数の推定値を二〇〇万に引き上げ、アメリカのチャールズ・バレンタイン・ライリーは、熱帯にはそもそも認識すらされていない昆虫が生息していることを考えると、昆虫の種の数は一〇〇〇万というのが実数に近いのではないかと述べた。それ以外の推定値は、専門家の意見をもとにしたり、昆虫であることがわかっているすべての動物の割合を使ってそれを世界に当てはめたりして、二、三〇〇万種から最大三〇〇〇万種までのあいだにあった。昆虫学者間の議論は論文の中で続いている。昆虫の生物多様性に関する二〇〇九年の概説で、昆虫学者のメイ・ベーレンバウムは自分の章に単刀直入に「幾百万」と副題をつけた。

　ベーレンバウムの発表以降、査読のある論文の推定値は、地球上には全部合わせて約八七〇万種の昆虫がおり、そのうち九〇パーセントがまだカタログ化されていない、つまり記載されていないことを暗示している。創世記で人類に与えられた万物に名前をつける任務に、終わりはないようだ。たとえば二〇一六年には、ある研究グループが二四のサシガメの新種を発見・記載している。こうした推定値はいずれもきわめて不確かであることを考えれば、「幾百万」というベーレンバウムの融通の利く表現は、何かの出発点としては妥当だ。

　次の疑問は、そんなにたくさんの種がいるなら、昆虫の個体はどのくらいいるのかというものだ。詩人で博物学者のビル・ホルムは、自宅のまわりにいるボックスエルダー・バグ〔訳註：トネリコバノカエデに見られるカメムシの一種〕の数を推測するのにノルウェイ人の成人男性と比較し、どれだけのスペースを占めるかを想像した。[*17] たいていの科学者は、しかし、もっとありふれた（ただし、より正確とは限らない）方法を使う。

国連は、国別に記録された動物の数を合計して、地球上に常時約一〇億頭のウシと一九〇億羽のニワトリがいると推定している。同じようにして昆虫の種ごとに数を推定し、それを合計することは、理論上は可能だ。それは、第一に何種類いるのかがわかっていて、第二にそれぞれの数を数えて合計できることが前提となっている。だがこの場合の数字は、この上なくたくましい統計学的想像力でさえも追いつかないのではないだろうか。

世界的に有名な生物学者のエドワード・O・ウィルソンは、次のように（アメリカ昆虫学界のウェブサイトで）述べている。「ざっと一〇〇〇京（一〇、〇〇〇、〇〇〇、〇〇〇、〇〇〇、〇〇〇、〇〇〇）の昆虫の個体が生息している」。二〇一六年の推定によれば、地球上には約七四億の人間がいる。「平均的」な昆虫一匹の体重を三ミリグラム、「平均的」な人間の体重を六〇キログラムだとすると、地球上の虫の総重量は、全人類の総重量の七〇倍だ。これらは言うまでもなく、すべて推測だ。地球上に何匹の虫がいるか、本当のところはわからないからだ。もっと厳密な答えがどうしても必要なら、いい心理療法士を紹介しよう。肝心なのは、人間よりはるかにたくさんの昆虫がいるということだ。

六本脚の生き物は、どうしてそんなに増えたのか？　かつて生物学者のJ・B・S・ホールデンは、昆虫がこんなに多い理由を、創造主なるものの「極度な甲虫への愛着」に求めたが、もう少し現実的な理由も提唱されている。一般に、昆虫の数の多さと多様さは、相互に関係するいくつかの特徴のおかげである。たとえば小さいこと、さまざまな生態的地位に生息すること、多用途な付属肢を持つこと、空を飛べること、生殖と繁殖において巧妙で適応力があること、子どもを（たいてい）たくさん作ること、完全変態の楽しみを発見したこと、木の葉や花に擬態できることなどだ。

こうした個体の多さの原因をいくつか、より詳しく見てみよう。繁殖がゆっくりしたごく一部の、たとえばツェツェバエのようなもの（二、三カ月にわたって九～一〇日に一匹だけ幼虫を産む）を除けば、ほとんどの昆虫は生物学者がｒ戦略者〔訳註：個体数が指数関数的に増える生物〕と呼ぶものだ。彼らは多くの子孫を産み、そのうち何匹かが生き残る可能性を高める。たとえばコオロギは、温度と餌によっては、一日に一〇個の卵を産むことができる（生涯に最大一〇〇個を産む）。アメリカミズアブは五日から八日の一生のあいだに数百個の卵を産み、アリやシロアリの女王は一日に数万個（一生のうちに数百万個）を産む。アリの巣に棲む個体は数百匹から数千匹で、シロアリの巣には数百万匹が棲み、トビバッタの群れには数十億匹がいる。昆虫は多産であるだけではない。中には単為生殖をするものまでいる――つまり、雌が雄の介在なしに子どもを産んでしまうのだ。処女生殖は一部の魚類、鳥類、爬虫類、両生類に見られる――またヒトでも起きたという噂さえある――が、節足動物にもっとも一般的だ。アリ、ハチ、アリマキ、ワムシ、その他の昆虫では、単為生殖によって、違う食物源を要求する特異な子孫が生まれることもあり、これによってより多様な気候や生態系の条件に適応することが可能となりうる。

昆虫は一般に非常に小さくて順応性が高いので、きわめて多くの生態的地位を占めることができる。昆虫は種類や発達段階に応じて植物の根や根の一部、地中の菌類、芽、植物の茎、花、果実、葉の表や裏など多彩なものを餌にし、またあるものはそれらを餌にする昆虫を食べる。ジョナサン・スウィフトの「詩について：狂詩曲」（実際のところそれはパロディとしては長く、狂詩曲には短いのだが）に、こんな不朽の言葉がある。

博物学者が言うことには、蚤《のみ》には
もっと小さな蚤がたかって血を吸っており
それをさらに小さな蚤が食っている
それがどこまでも続いているんだと

たとえば膜翅目について考えてみよう。それは昆虫食の進歩になくてはならない役割を果たしてきたし、疑いもなく、いかなる持続可能な未来においても欠かせないパートナーとなるものだ。ナギナタハバチは三畳紀の木の頂で二、三億年前に進化し、主に花粉、芽、葉を食べていたが、数多くのハナバチ、アリ、狩りバチの祖先となった。その中には英語でフェアリー・ワスプ、あるいはフェアリー・フライというもっとかわいらしい名前で呼ばれることもあるホソハネコバチ科（Mymaridae）も含まれている。この小さな（体長一ミリ以下の）ハチには一四〇〇種が知られている。

このハチは捕食寄生者で、つまり他の昆虫を食べる。多くの寄生バチと同様、ホソハネコバチは草食昆虫の重要な捕食者――昆虫の個体数を抑制する自然で不可欠な形態であり、昆虫食を真剣に考えるなら重要なものだ。これについてはあとでまた検討することにして、とりあえず数字だけを見よう。ホソハネコバチの母親は、卵を他の昆虫の卵の中に産みつけ、幼虫が孵化したときの新鮮な食料源とする。もし人間がとても小さければ、世界にはすみかと食べ物の選択肢がどれほど広がるか！　また、捕食寄生者の捕食寄生者もいればそのまた捕食寄生者もいて、全体として「革命はその子どもを食い殺す」という古い格言の逆になっている。この場合、昆虫革命の子どもが進化の親を食い殺すのだ。たとえばフトマルヒメバチ属（*Euceros*）

は、それより上位のヒメバチ科（八万種以上が含まれる）の高次寄生者だ。幼虫は葉の上に産みつけられ、通りすがりのホソハネコバチに自力で取りつく。その後体内に移動し、食う。

## 生き残る手段――飛翔・食性・擬態

昆虫の圧倒的な個体数に寄与するもう一つの要因は、大型の捕食者にとって特にやっかいなことに、多くが空を飛ぶ方法を進化の過程の初期から身につけ、繁殖と新たな食物源のために新天地を求めて移動することだ。私が特に鮮烈に記憶しているのは、ウィニペグ湖畔のサマーキャンプでの経験だ。その日、フィッシュフライと呼ばれるもの、より正確にはヘビトンボの大群が、湖面から聖書的な規模（これは教会のサマーキャンプ用語で「大きい」という意味）の雲となって舞い立ち、バンガローを、木々を、藪《やぶ》を、小道を、キャンパーを覆いつくしたのだ。指導員は一切言わなかったが、この驚くべき、元気に舞う虫の群れが実は乱交パーティーで、脚の長い雄が精包〔訳註：精子をゼリー状の物質で包んだもの〕を、踊る処女雌に渡す。雌は湖に落ち、魚や鳥に食べられる前に受精卵を水中に放出する。あーあ、わかっていればなあ！　われわれエッチな少年たちはどんな妄想話を思いついたことか！　進化論を信じない私たちの指導員は、ヘビトンボがもっとも古い飛行昆虫の一つであり、三億年以上前に初めて空へ飛び立ったことも教えてくれなかった。一億五〇〇〇万年のあいだ、昆虫は空を飛ぶ唯一の動物だった。

二億年以上前、昆虫は完全変態を発明し（というか、進化させ）、はっきりと区切られた、まったく違ういくつかの成長段階――たとえばイモムシ、蛹、チョウのような――を経るようになった。これはたとえば、成長途中の段階（幼虫）は成虫（蛾）とは似ても似つかないということだ。これについては、食べられる虫の命名問題としてすでに特定している。生態学的に、完全変態には他にも意味合いがあり、おそらくもっとも重要なものは、幼虫は成虫と同じ食料源を取り合わないということだ。それどころか、成虫はまったく何も食べないことさえある。現生の昆虫種の七五パーセント以上が完全変態する。昆虫食者にとって完全変態は、手に入る昆虫をもっといろいろに味わえるようにしてくれるものだが、昆虫以外の食物に興味がある者にとっては、このようにさまざまな形があることで面倒が増すことになる。

ブドウネアブラムシ（*Daktulosphaira vitifoliae*）は一九世紀にフランスのワイン産業を壊滅させかけ、今も世界中のワイン醸造会社とワイン愛好家のあいだに狼狽と不安を生み続けているアブラムシの一種だ。ネアブラムシは半翅目（カメムシ）に属する。この昆虫は、羽の有無のほか性行動と食習慣に基づく分類によって、最大一八の形態を持つと言われている。巧みで込み入った繁殖行動をとるその生活のどこから始めてもいいが、まず違いがもっとも単純だと誰もが思うところ、雄と雌から見てみよう。ネアブラムシはブドウの葉の裏側に産みつけられた卵から、消化器官を持たずに生まれ、続いて、元気旺盛で胃袋を持たない雄と雌ならきっとするであろうことをする。交尾だ。そうして彼らは死んでしまうが、その前に雌はブドウの幹に卵を一個産む。やがて卵は孵化して幼虫になり、それから葉によじ登って唾液を注入して虫こぶを作り、その中に交尾の悦びを知ることなく産卵する。

いずれにせよ、次の世代の幼虫は別の葉に移動するか幹を伝って根まで下り、そこで毒素を注入し、樹液を吸い、ブドウの木を枯らし、冬眠し、それから——持続可能性についての本を読んで将来のことを考えたか何かで——七世代目まで単為生殖で繁殖する〔訳註：持続可能性に関する議論で「七世代先を考える」というアメリカ先住民の言葉がしばしば引用される」。冬眠のあと、春の天候がちょうどよくなり、葉に樹液が満ちると共に起き出す。あるいは新たな木を求めてさまよい始める。あるいは羽を生やして新たな木へと飛び立つ。

昆虫の中には、わざわざ本当に形を変えようとまでせず、もっと工夫に富む適応をしているものもいる。綱として、単純な付属肢に見えるものを多用途に使えるように発達させているものもある。『昆虫は最強の生物である』の中で、スコット・リチャード・ショーは昆虫の脚について考察している。「昆虫は脚を使って」とショーは言う。「歩行や走行、跳躍ができるだけではない。敵と戦い、食べ物をつかんで口に入れ、身づくろいをし、泳ぎ、穴を掘り、繭《まゆ》をつくり、求愛し、独特の音色を響かせることも可能だ」(藤原多伽夫訳)。こうした関節肢の多目的利用は、この動物が高い多様性を持ち、多くのニッチを占め、人間の食料供給を含め多くのサービスを自然システムに提供することを可能にしている、数多くの特徴の一つにすぎない。

小さく、恐ろしい勢いで繁殖し、多用途の付属肢を進化させ、完全変態を行なうだけでなく、多くの昆虫は何かほかのものに自分を見せかけている。そのカモフラージュと擬態の技術は、アメリカ海軍特殊部隊ネイビー・シールズや雪男《ビッグフット》をしのぐ。ナナフシは誰もが知っているが、地衣類の色をしたキリギリス、カレハカマキリ、ハナカマキリ、コノハカマキリを見たことがあるだろうか? あったとしても、気づいていない可能性が高い。それらは木の枝、地衣類、落ち葉、花、木の葉に似ている。並はずれて辛抱強い人なら、歩いたり飛んだりするところを見られるかもしれない。それは多くの場合、正体がばれることを意味し、彼らはそのことをDNAの奥底で知っているので、せっかちな人が動かそうとしてもたいてい言うことを聞かない。DNAに刻み込まれるまで、母親が繰り返し語ったこの物語を聞いて育ったからだ。「お母さんのおじいちゃんを知ってるでしょ? 動いちゃったの。そしたら食べられたの」

最後に、個体数を増やすことは、進化という意味で、必要だが十分ではない。恐竜や三葉虫とは違い、昆虫の多くは、ほかの種を一掃した地球規模の大変動を生き延びてきた（利得は生き残った者に）。さかのぼること数億年のペルム紀、甲虫はあらゆる種の中で科レベルの絶滅率が最低だった。これは少なくとも部分的には、変化に富む餌とすみかになる生態学的ニッチが多様であったことが原因だ。昆虫は逆境を生き延びたのだ。

昆虫食者にとって、この多くの昆虫をどのように管理するかは、数そのものと同じくらい重要だ。あるものは採集するのに向いており、あるものはゆるい半養殖に向き、またあるものは農業生産に向いている。厳密に組織された集団の中で大量に生まれる昆虫——シロアリ、ハナバチ、アリのようないわゆる真社会性昆虫——は、コロニーに組織されず、子どもがたくさん生まれるもの、たとえばコオロギ、カイコ、蛾の幼虫、ハエなどに比べて、集約的に養殖することが非常に難しい。ミツバチは、家畜化されていると考えられて工業型農業のインプットとして利用されているが、実は巣箱飼育には向いておらず、詰め込まれ、苦しい思いをしている。

昆虫の数と多様性、世界での優位を実現した戦略は見事なものだ——そして、どれを私たちが食べたいと思うか、どうすればもっとも効率よく採集あるいは養殖できるかに関わっている。だが、昆虫食に本格的に飛び込んで日々の食事に取り込む前に、虫を食べることが私たちのためになるのかどうか、もっと確かめてみたい。昆虫食を勧めることは、人々の健康と生物圏の復元力に、よい結果をもたらすのだろうか？

# 第3章 栄養源としての昆虫の可能性——SHE SOMETIMES GIVES ME HER PROTEIN

中へ行けば行くほど見るものがある。

## 本当に栄養はあるのか?

最近、一般書も専門書も口をそろえてこう言っている。昆虫はヒトのタンパク源、エネルギー源として、他の家畜と少なくとも同等、おそらくはより優れており、環境や社会への影響という観点でははるかによい。だが、このような主張の基礎を検討してみると、根拠はややあいまいだ。

二〇一〇年、FAOは、二〇〇八年にタイで行なわれた研究会に基づいて *Forest Insects as Food: Humans Bite Back*(『食料としての森林昆虫：ヒトの逆襲』)と題する論文集を刊行した。[*18] 報告書のある一章の著者は、一九六〇年に最初に発表した主張を繰り返した。ミツバチの巣は、蜂児《ほうじ》(幼虫)も含め全体として「カロリーと、炭水化物、タンパク質、脂肪、ミネラル、ビタミンのバランスという点で究極の食品と健康サプリメントに近い」。同じ報告書の別の章では、乾燥したカイコ(*Bombyx mori*)の蛹には牛乳やエンドウ豆と同等のカルシウムが含まれており、乳糖不耐症の人や中国のように乳製品があまり食事に含まれない国では、代替カルシウム源となるかもしれないと著者は述べている。この著者はさらに、約五〇パーセントのタンパク質と三三パーセントの脂質を含むので「カイコの蛹三個は鶏卵一個に相当すると一般に言われる」と主張する。ミツバチの巣やカイコの蛹の栄養価に関するこうした言説は本当かもしれないが、それを世界規模の食料戦略に組み込もうと思ったら、「一般に言われている」以上のもう少し信頼できる根拠が欲しいところだ。

昆虫の栄養価に対する熱中は、体験談や、追試されていない一度きりの研究に基づくものが多い。一七世紀以降の科学的探求により獲得された世界に関する知識では、われわれが知っていると主張するものはすべて反証可能だとされている。つまり研究調査は、その主張が誤りであることを立証できるようにデザインされていなければならないのだ。その主張がいくつもの反証の試みに耐えれば、われわれはそれを、少なくとも一時的には、真実として受け入れる。因習的な科学界で妥当だとされるような研究は、一連の厳密な手順に沿っていなければならない。このため、多くの科学者は先住民や体験による主張を疑うようになった。たとえば、中国伝統医学に効果があるという主張は、統制条件下（治療の効果をプラセボや他の治療法と対照する）で追試されるまで、民間伝承だとして即座に退けられることが多かった。同様に、日本でスズメバチ焼酎（アジア原産のオオスズメバチで作られる）を勧める人々は、それを飲むと肌がすべすべになり疲労が取れると言う。この話は本当かもしれない――あるいは時と場所によっては本当かもしれない――が、統制条件下で実験するまでは、科学者は懐疑的になりがちだ。

このような話の中でわれわれが聞く効果は「単なる」プラセボ効果かもしれない――病気が治ったり、体重が減ったり、健康になったりしたのは、その薬や食べ物が身体にいいと思うから、あるいは薬や食品とまったく関係ない社会的状況が実は効果を生んだからかもしれないのだ。たとえば、いわゆる地中海式ダイエットは健康を増進するのだろうが、それはワインかオリーブオイルに含まれる魔法の物質のおかげではなく、地中海地方の住民が食事をするときの社会的状況——友人と一緒に、のんびりしたペースで——がストレスの軽減と健康の増進を助けているのかもしれない。

それでもやはり、あらゆる体験に基づく主張を「非科学的」だとして傲慢にすっぱり退ければ、私たちは多くの重要な情報を失うという取り返しのつかないことをしかねない。ワインに含まれる特定の物質や昆虫に価値があるのでないにしても、それでもなお何世代にもわたって博物学者や伝統医に受け継がれてきた情報に関心を持つことで、学ぶものは多いはずだ。それが人間や地球にとって「悪い」という証拠が再現されていないかぎり、伝統的な治療法や物語を単に見過ごしてしまうのは愚かなことだ。

反復性がないことは、昆虫食に限ったことではない。二一世紀に書かれた科学論文の正式なレビューでわかったように、学術研究の多くは——医療システムで使われる薬品の効果を評価するものの多くを含めて——反復されたことはない。これが意味するのは、昆虫食者の主張を扱うときの謙虚さと疑いの目を持って、科学者が承認済みのものを含め、すべての治療法や解決策の主張にも向き合うべきではないかということだ。

これに取り組む一つのやり方が、さまざまな情報源を調べて、それらが一致するかどうかを見ることだ。これをトライアンギュレーションといい、複数のまったく別個の情報源を利用するうえで、比較的うまいやり方の一つだ。持続可能性や健康について、私たちは無作為化臨床試験を行なうことはできないかもしれないが、自分の利用している情報が複数の情報源と多くの異なる視点で証明されていれば、より確信を持つことができる。そのために、私たちはある程度の細部に注意する必要がある。栄養含有量の報告は乾燥重量べース（種のあいだでの比較が容易――たとえばコオロギとウシのような）なのか、それとも食材ベース（食卓の食べ物にどのくらい栄養があるのかがわかりやすい）なのか？　その研究はさまざまな実験結果、さまざまな条件に基づくものなのか？　昆虫の栄養含有量は季節ごと、生態系ごとに違うのか？　われわれは食料としての虫の価値について一般的で有用な結論を引き出せる一方、裏付けのない細かな数字を断定的に述べるのは控えるべきだ（栄養価の中にある小数点を私はいつもうさんくさく思っている）。

こうした問題を念頭に、一部の論文著者は、昆虫の栄養価に関する情報を正式にまとめようとした。具体的な繁殖と飼育のプログラムがなければ、この情報は変動しないと考えていいだろう。たしかに、フードガイド勧告を作成したければ、このレベルの安定が前提でなければならない。ニワトリやウシのように徹底して人手が加わっている動物でも、タンパク質、脂肪、微量栄養素の含有量は、品種、飼料、肉の部位によってまちまちでありながら、一般化された数字は長年変わっていない。ここから予想されるのは、一般的傾向とその中での変動が、昆虫のあいだでも種や食物源によって見られるかもしれないということだ。

ローマにあるイタリア国立栄養研究所のサンドラ・ブッケンズによる一九九七年のレビューは、その後のほとんどあらゆる研究の基礎と傾向を決定したと考えられる。ブッケンズの結論では、おしなべて昆虫は、一般に「栄養価が高いようだ。タンパク質と脂肪が豊富で、十分な量のミネラルとビタミンを供給する。昆虫タンパク質のアミノ酸組成は、ほとんどの場合穀類や豆類よりも優れ、先住民のあいだで一般に食用とされる主食穀物にタンパク質を補うものとして重要であると思われる事例もある」[*19]。一九九七年から二〇一七年までの二〇年間に、報告、主張、独自の調査研究が、部屋いっぱいの虫よりも早く増殖した。そのほとんどはブッケンズと同意見だった。

メキシコで長年食用昆虫を研究し、普及に努めてきたジュリエッタ・ラモス=エロルドゥイは、より入念に設計した研究を発表している。彼女と二人の研究者は二〇一二年の論文で、標本抽出したメキシコの食用直翅目（チャプリネス）はタンパク質レベルが四四パーセントから七七パーセントの範囲にあった（範囲が広いことに注意）と報告した。このタンパク質レベルはダイズ（約四〇パーセント）、卵（約四六パーセント）、牛肉（約五四パーセント）、鶏肉（約四三パーセント）と同等だが、魚（約八一パーセント）よりは低い。チャプリネスは重量あたりのカロリーが、ダイズと豚肉を除く野菜、穀類、肉よりも高い。「食用直翅目の栄養の質および量は」と著者は述べる。「それを食べる小農の栄養状況に相当貢献している[*20]」

この食材には大いに将来性がありそうだが、昆虫を食べることが「小農」に貢献しているという主張には違和感がある。小農だけ？　昆虫食を志す人が、昆虫の栄養価のデータにうっかり踏み込んだら、映画『プリンセス・ブライド・ストーリー』の火の沼にはまり込んだような気分になるかもしれない。こうした数字をどう解釈すればいいのだろう？

## 数値で見る栄養価の実際

幸い私は、取り返しがつかないほど火の沼の流砂に呑み込まれることはなく、二〇一五年の年末から二〇一六年の初めにかけて、二本の厳密な学術レビューに救われた。それは食用昆虫の栄養組成に関して、（少なくとも英語で）手に入るすべての情報を集めて評価したものだった。

二〇一五年の論文で、シャーロット・ペインおよび英国人と日本人の同僚は、このような疑問を呈した。「食用昆虫は、一般に消費される食肉と比べて多少でも『健康的』か？」[21]。これに答えるため、彼女らは学術論文の体系的な検討を行ない、次のとおり、食用昆虫の六つのカテゴリーに的を絞った。

1　野外で採集され、人間の食品として市販される種。東南アジアのクロスズメバチ（*Vespula* spp）、サブサハラ・アフリカのシロアリ（*Macrotermes* spp）など。

2　人間の食用として養殖される農業害虫。東南アジアとサブサハラ・アフリカのカメムシ（*Encosternum* spp）、東南アジアのイナゴ（*Oxya* spp）など。

3　昔から野外で採取され、食品として市販されていたが、養殖法が開発中の種。アジア、アフリカ、ラテンアメリカのヤシゾウムシ（*Rhynchophorus phoenicis*）、東南アジアのツムギアリ（*Oecophylla smaragdina*）など。

4　大規模な養殖が成功し、国内消費用と輸出用に販売される種。全世界のヨーロッパイエコオロギ（*Acheta domesticus*）、サブサハラ・アフリカのモパネワーム（*Gonimbrasia belina*）など。

5　人間による家畜化の長い歴史があり、食品として市販されている種。ミツバチ（*Apis mellifera*）やカイコ（*Bombyx mori*）。

6　昔から食べられてきたわけではないが、食料や飼料とする目的で、現在大規模な養殖が行なわれている種。ミールワーム（*Tenebrio molitor*）やアメリカミズアブ（*Hermetia illucens*）。

検討しようとする昆虫の基準を列挙した著者は、次に選択基準を設定するため、丸のままの無添加で生の昆虫を使い、通常食用にされる段階――成虫か、蛹か、幼虫か――で試験された研究を必要とした。また、結果は乾燥重量でなく食材ベースであることを著者は求めた。多くの飼料は乾燥重量ベースで調整されるので、この基準によって多数の研究が除外された。最後に、著者はカメムシ、クロスズメバチ、トビバッタについて使えるデータがないことを知った。

この基準に沿うと、著者のレビューは、二〇一〇年の日本の報告を除外するだろう。[*22] カイコの蛹は乾燥重量で約五六パーセントがタンパク質であり（一方、ペインらが報告した食材ベースでは一八パーセントだった）、人間の食用に適するタンパク質の世界保健機関（ＷＨＯ）の要求を満たすアミノ酸組成であることを発見したものだ。二〇一〇年の報告の著者は、カイコの蛹は「良質なタンパク質と脂質の摂取源として優れており、またαグルコシダーゼ阻害剤のＤＮＪを含み、炭水化物の吸収を遅らせて食後の高血糖を緩和する」と結論している。

ペインのレビューは、種の中と種のあいだにかなりの変動があることを明らかにした。たとえば、ヨーロッパイエコオロギとミツバチのタンパク質含有量は、可食組織一〇〇グラムあたり約一五グラム、ミールワームは一〇〇グラムあたり二一グラムであり、いずれの場合も平均値周辺の変動は一〇〇グラムあたり八～九グラムだった。同様に、ツムギアリは一〇〇グラム中約一一グラムが脂肪であり、ミールワームは一〇〇グラム中約一五グラムが脂肪だが、両方とも変動が大きすぎて、私は「平均」の意味がよくわからなくなった。試験したのは丸ごとの昆虫だったので、研究者は実際より小さな変動を予想していた。

タンパク質と脂肪の含有量は、もちろんブタ、ニワトリ、ウシのあいだで多少違う。この変動の一部は遺伝、与えられた餌、取り扱われ方から来るが、その多くは結局のところ何を試験するかによる。ひき肉なの

樹木に葉で巣をつくるツムギアリ

か赤身のステーキなのかレバーなのか、あるいは卵なのかもも肉なのか。肉の部位での変動は、丸ごと食べる昆虫の試験とは無関係なので、タンパク質や脂肪のような主要成分の変動は、主に無作為でない抽出法と昆虫のサンプル数が少ないことで生じたものだと、ペインのレビューは示唆している。また、もしかするとこうした昆虫は、栄養価を高めるように遺伝的に選択されてはいないので、実際にタンパク質と脂肪の含有量に大きな変動があるのかもしれない。

調査のタイプと結果に変動があるにもかかわらず、ペインと共同研究者はあえて一般化を試みた。ヤシゾウムシとシロアリは飽和脂肪含有量が高く、コオロギとカイコは比較的低い。ほとんどの昆虫、特にミツバチ、シロアリ、ツムギアリ、ヤシゾウムシは鉄を豊富に含むので「鉄欠乏症に有効な食物源として推奨」できる。同様に、コオロギとミールワームは亜鉛が多く、鉄と組み合わせると鉄欠乏症の予防になる。シロアリ、ヤシゾウムシ、ミールワームに含まれる高濃度の銅と、ヤシゾウムシとシロアリの高い飽和脂肪量は問題となりうる。昆虫で報告されている鉄やカルシウムのような微量栄養素の変動は、サンプルのサイズが小さいことによる（ショッピングモールで行きあたりばったりに出会った六人のようなものだ）純粋な変異、原産地、昆虫の餌の種類を反映しているのかもしれない。

二つ目の論文レビュー、FAO（ローマ）のベレーナ・ノワークらによるものは、国際的データベース用のデータ収集により目標を絞り、そして私のわかるかぎりでは、より網羅的だったが、結果を要約して報告したのはただ一種の昆虫――ミールワーム（*Tenebrio*）についてだけだった。[*23] やはり、この研究は「可食部」一〇〇グラムあたりの栄養素含有量を報告している。

ゴミムシダマシに関するノワークのデータは、タンパク質レベルに一〇〇グラムあたり一四〜二二グラムの幅があることを示していた。これはペインらが報告した範囲の中にある。脂肪についてのノワークの数値は一〇〇グラムあたり九〜二〇グラムで、そのうち二〇〜六〇パーセントは多価不飽和脂肪だった。ノワークらはさらに「（WHOとFAOが設定した）食品表示の基準によれば……*T. molitor* の幼虫はカルシウムと亜鉛の供給源であり、マグネシウムに富む。蛹はマグネシウム源である。ミールワームの成虫は鉄、ヨウ素、マグネシウムの供給源で、亜鉛を多く含む」としている。

この結論は「ガット・ローディング」という操作の影響を受けている可能性もあると、著者らは言及している。これは「消化管中の栄養素（たとえばカルシウム）に昆虫の体内に含まれる栄養素を補完させるため、栄養価の高い餌を与えること」を伴うものだ。

昆虫を食べるときは、エビのような節足動物を食べるときと同じように、私たちは一部の例外（たとえばロブスター）を除いて丸ごと――腸も糞も全部――食べるので、ガット・ローディングは栄養と食品安全性の両面で最終的な製品を大きく左右しうる。貝はたいてい、数日間きれいな海水に浸して汚いものを排出させる。浄化と呼ばれる工程だ。同様に、昆虫が昔から食事に重要な部分を占めている社会では、野外で捕らえた陸生昆虫は食べる前に汚れを落とし、内臓を除き、煮沸することが多い。[*24]

別の原著論文は、モパネワームをすべての必須アミノ酸、リノール酸、αリノレン酸、その他正常な成長、発育、健康維持に重要な役割を果たす多くの必須微量元素の優れた供給源だとしている。幼虫形態の昆虫の多くがそうであるように、モパネワームは一般に成虫より脂肪とタンパク質の含有量が多く、鶏肉や牛肉と肩を並べるほどであるようだ。ペインとは別のグループの研究者も、南アフリカの市場で売っている昆虫の微量元素を研究した。[*25] モパネワームには驚くほど高レベルの塩が含まれ、特に市場で売られているとき、一〇〇グラムあたり二六〇〇ミリグラムもの高い数値が測定された。モパネワームの塩分量とシロアリのマグネシウム量から、著者は「塩分は市販品においては制限されるべきであり、一般的な一人前の分量のシロアリが、消費者にマグネシウム中毒を引き起こす危険があるかどうかを確認する詳細な調査が必要である」と警告している。

多くの研究が、研究室で測定された昆虫の栄養含有量を実証しているが、そうした栄養が人間に消化できる形で存在するのかという問題がまだ残っている。二〇一五年一二月のBBCのインタビューで、オックスフォード大学の生物学者サラ・ベイノン博士は、ヨーロッパ人は非常に長いあいだ昆虫を食べてこなかったので、栄養を利用できるように昆虫を消化する能力を失っているのではないかと疑問を呈した。[*26] たとえばキチン質を消化できないことは、昆虫由来のタンパク質、脂肪、微量栄養素の効力の妨げとして懐疑論者が挙げている。昆虫の外骨格は、キチン質という世界で二番目にありふれた生体高分子（セルロースに次ぐ）でできている。キチン質は、植物のセルロースやリグニンのように、昆虫食についてくる消化できないお荷物――いわば虫が中に棲んでいるスーツケース――にすぎないのだろうか？

最近の栄養強調表示は、一般に食用とされる昆虫のタンパク質、脂肪、微量栄養素ほど十分な調査が行なわれていない。たとえば私たちが、ダイエットと健康に関する主張と反論のショッピングモールに入り込めば、キチン質は重要な食物繊維源というだけでなく、健康でがんにならない生活には欠かせないものだという報告に出くわす。

キチン質についてのこのような主張は、空想として片づけることもできるかもしれない。キチン質とその誘導体であるキトサンの抗酸化、抗高血圧、抗炎症、抗凝血、抗腫瘍、抗がん、抗菌、コレステロール低下、抗糖尿病作用を報告する学術的レビューが多数なければ。この研究の多くは研究室の試験管内で行なわれ、何らかの形で処理されたキチン質を主に扱っているが、別の背景で追試したとすれば、食品安全だけにとどまらず昆虫由来の医薬品という新しい可能性が開けるだろう。

消化に関するベイノンの疑問に一部答えるのが、キチナーゼ（キチン質の消化を可能にする酵素）が、イタリアのパドバの診療所で検査を受けた患者二五人中二〇人の胃液に存在することを立証した二〇〇七年の研究報告だ。[*27] 健康な白人の五～六パーセントはキチン質を消化できないようだが、キチナーゼのレベルはサブサハラ・アフリカ出身者、特に貧しい社会経済的状況に暮らしている人々ではより高いことが報告されている。この酵素の存在は、現在の消化の問題に関係するだけでなく、古代人も昆虫を食べていただろうという推測を導いた証拠の一つでもある。

キチンが完全に消化できないとしても、それはインセクト社のような昆虫加工業者にとってきわめて便利な原料物質となりうることを、この論文は示唆している。バイオテクノロジーの同様の分野では、ある研究者グループが二〇一六年にディプロプテラ・プンクタータというゴキブリの一種（ツェツェバエのように幼虫の形で子を産む）が作る「ミルク」の研究を報告した。[*28] この昆虫の「ミルク」に含まれるタンパク質結晶は、同じ量の水牛乳（牛乳よりも濃厚）に比べ三倍のエネルギー量がある。水牛乳はインドのギーやイタリアのモッツァレラチーズを作るのに使われる。牧草を食べたゴキブリが小屋に並んで乳を搾られるところや、世界がゴキブリモッツァレラに熱狂するところを見ることはないだろうが、この研究が、新たな昆虫由来の生物活性製品への見通しを開くのは確かだ。

## 伝統と健康をつなぐ昆虫

測定の変動と不確実さについての科学的警告をすべて考慮すると、昆虫を食べることは最近の昆虫食者が言うほど人間にとってよいのだろうか？　それは場合によりけりだ。このようなデータ、そして報告されている幅広い変動は、昆虫が優れているという大まかな主張をためらわせる。ペインらは、この不確かさを認識したうえで、ミツバチ、シロアリ、ツムギアリ、ヤシゾウムシの幼虫は、特に比較的亜鉛が豊富なヨーロッパイエコオロギやミールワームで補完すれば、鉄欠乏症に対処するために食事に加えられてもいいと述べた。最後に、シロアリとヤシオオオサゾウムシの幼虫にはエネルギーとタンパク質がぎっしり詰まっているが、飽和脂肪含有量も比較的高く、そのため心血管疾患が問題となる人々の主要食物源としては決して理想的とは言えないかもしれない。
　健康強調表示をするとき、原料はもちろん重要だ。しかし、ものを食べることは原料のリストがすべてではない。それどころか、食べ物の恩恵の大部分は、それが食べられる社会的背景と、それがどのように作られ、加工され、育った土地から私たちの口まで輸送されたかという複雑な生態学的結びつきに関係しているのだ。地元の食べ物に微量栄養素とビタミンを添加して栄養を強化したり、栄養が濃厚な付け合わせを使ったりする発想には、旬のものを食べるという慣習のように、ほとんどあらゆる文化で確固たる役割がある。たとえばアマゾンのトゥカノ族は、魚や獣があまり手に入らないので、伝統的に昆虫を大量に食べてきた。こうして昆虫食はタンパク質摂取の安定に大きく貢献してきた。
　伝統的な調理人と地元の食料生産者の協力を得てうまくやれば、この付け合わせと栄養補助の組み合わせは、素材を生かしながら食べ物の好みと栄養への関心を両立させ、昆虫を主にした地中海食のようなものができるかもしれない。ケニア、ナイジェリア、メキシコの革新的な料理人の中には、すでにトウモロコシ粉にシロアリを加え、アフリカヤシゾウムシで栄養価を高めたパン、シロアリ入り小麦パン（ロールパン）、トウモロコシベースのミールワーム入りフラットブレッドを焼いている。[*29]
　だがわれわれの中には、自分自身の健康よりも、こうした食品が子どもや孫が受け継ぐことになる地球の健康にとってどうなのかが気になるという人もいる。時には、その結論が互いに矛盾することもある。

市場でいつまでも幸せに

# 第4章　昆虫養殖と環境への影響
## ——OB-LA-DI, OB-LA-DA

### 昆虫食はエコロジー？——飼料要求率と環境汚染

思わず口ずさみたくなるビートルズの軽快な曲「オブ・ラ・ディ、オブ・ラ・ダ」は、ロマンス、幸福、家庭の営み、家族生活、ジェンダー関係が地元の市場経済と音楽バンドを基盤とする暮らしの中でうまく転がるシナリオを描いている。

二〇一六年四月、『マザーボード』誌の「昆虫食はどのように女性に力を与えるか」と題する記事で、筆者のマット・ブルームフィールドは、昆虫の養殖や販売が女性に力を与えるだけでなく、「一〇キロの餌で六キロの食用コオロギが生産できるが、牛肉は一キロしかできない」ことと、昆虫の養殖は「同じ量の牛肉や豚肉を生産するときの一パーセントしか温室効果ガスを発生させない」ことを主張している。[*30]

これは新しい昆虫食者の理想であり、目標だ。昆虫は世界中で人間の食事の持続可能性と多様性に、きっと興味深く重要な貢献をするが、そうした貢献をすぐに実行するにはどうするかは、もっともらしい宣伝文がほのめかすよりややこしいのではないかと心配している。昆虫が栄養において、その他の肉のもっともよいものと、少なくとも同じくらい優れていることを受け入れたうえで、このユートピアのような昆虫食天国のエコロジー的側面を詳しく調べてみよう。

まず最初に肝心なのは、昆虫食を支持する社会的環境的議論の大半は、昆虫を採集せず養殖することが前提なのに留意することだ。基本的な主張は、おなじみの容疑者（ウシ、ブタ、ニワトリ）を飼って食べることから、昆虫（主にコオロギとミールワーム）を食べることに全世界が移行すれば、人類のエコロジカル・フットプリントが小さくなって気候変動の影響を緩和でき、同時に七〇億、八〇億、あるいは九〇億人に持続可能な食料安全保障を与えることができるというものだ。この主張はとても魅力的だ。問題は、それは本当なのかどうかだ。

ありえそうにない主張を解きほぐして、ありそうな事実を取り出す糸口となる一つの方法が、問題の部分部分を分析して、その部分をまた元通り組み立てられるか検討することだ。それは科学の伝統的なやり方だ。いつもうまくいくわけではないが、出発点ではある。

ある種の肉が農業システムの中で他のものより優れていると主張するときはたいてい、飼料要求率（Feed Conversion Ratio＝ＦＣＲ）という尺度を使う。これによってステーキ一キロを生産するのに必要な飼料の重量と、鶏肉なりコオロギなりを一キロ生産するのに必要な飼料の重量を比較できるのだ。数字が大きいほど、同じ量の生産物――肉、乳、卵、コオロギなど――を得るために、余計に餌が必要だということだ。二〇一五年のある研究[*31]では、家禽の飼料か残飯を与えたヨーロッパイエコオロギ（*Acheta domesticus*）のＦＣＲと、コイ、鶏肉、豚肉、牛肉のFCRとを比較した。食べられる肉を一キロ作るのに何キロの乾燥飼料が要るかを概観すると、コオロギ、コイ、鶏肉はおおむね同じ範囲内——一・三（家禽飼料を与えたコオロギ）から二・三（ニワトリ飼料を与えたニワトリ）のあいだ——にあった。豚肉は五・九で牛肉は一二・七だった。このデータは、コオロギが少なくともコイやニワトリと同等であることを示す。だが公開されている研究が報告するFCRは、ウシで五、ブタで三と低く、養殖魚ではさらに低い。問題は、FCRが動物に与えられる餌の質によって変わることだ。飼料の質が高ければ、FCRはよく（低く）なる。では、穀物を与えられる家畜——たとえばニワトリとコオロギ——に注目して、飼料中のタンパク質を肉のタンパク質に変換する効率を見たら、どうなるか？　この場合、ニワトリとコオロギはほぼ同じだ。[*32] 懐疑的な者はこのように問うかもしれない。コオロギのために作物を栽培して加工することが、どの時点でエコロジカルな優位を失わせるのか？

その探求に取りかかるために、われわれはFCR以外のものにも目を向ける必要がある。FCRは、昆虫が他の家畜に比べてどれほど「環境に優しい」かを測る唯一の尺度ではないのだ。

たとえば、温室効果ガス放出の問題を考えてみよう。ある種の昆虫は温室効果ガスを発生させる。そして昆虫の養殖や採集の方法が違えば、温室効果ガス放出への影響も違ってくる。昆虫の養殖は、より大型の家畜、たとえばウシの生産よりも総量への寄与が小さいかどうかという疑問は、まだ残っている。食品に関係する温室効果ガスの発生は、単にウシやコオロギの総数を出し、おならとげっぷの平均量の合計を比較した結果ではないのだ。

「食料需要マネジメント」に関する二〇一四年の記事の著者は、「耕地や牧草地を拡大することなく、また温室効果ガスの放出量を増やすことなく、全世界の食料安全保障を達成する方法を見つけることが必要不可欠である」[*33]と主張している。ナイロビを拠点とする国際家畜研究所のような、畜産農業に従事しているほとんどの大規模な団体やＦＡＯ[*34]は、畜産が貧しい農家に貧困から抜け出す道を与えるとしても、また多くの耕作地で家畜が生態学的にきわめて重要になっているとしても、ヨーロッパ系移民の国で行なわれているような大規模農業開発は完全に持続不可能であることを認めている。水が足りない。土地が足りない。だが、食料供給を増やして増え続ける人口の需要を満たしながら、地球を壊すことなく社会的・経済的にそこそこ平等に見える世界を目指すにはどうすればいいかについては、なかなか意見がまとまらない。ヨーロッパ系移民がかつての植民地に対して、何を食べるべきだとか食べるべきではないとか説教するのは、よく言っても思いやりに欠けており、悪く言えばおためごかしの利己主義だ。昆虫はわれわれをこの板挟みから救ってくれるのだろうか?

## 使う資源を比較する――大気と水

二〇一五年一二月一一日、パリで行なわれた第二一回気候変動枠組条約締約国会議（ＣＯＰ21）のさなか、ＢＢＣはウェールズのレストラン、グラブ・キッチンのシェフであるアンドリュー・ホルクロフトと、パートナーでオックスフォード大学の生物学者サラ・ベイノン博士のインタビューを公表した。[*35]記事のタイトルは「昆虫食は気候変動をどう救うか」だった。ＢＢＣペルシャのインタビュアー、サハル・ザンドは、ステーキ二〇〇グラムを生産するのに放出される温室効果ガスの量は、食用昆虫二〇キロを生産するのに放出される量と同じだという他人の主張を繰り返した。これはマット・ブルームフィールドの主張より控えめな規模だ。

温室効果ガスは、家畜そのものから（ウシのげっぷやシロアリのおならとして）も、その生産に用いられる手段（工業的に穀物の飼料を与えるか、放し飼いで牧草を餌にするか）によっても放出される。食用に飼育される動物について、問題は増加した単位重量あたりどれほどの温室効果ガスが産出されるかだ。少なくともある実験条件の下では、昆虫が優位にあるようだ。ただしこのような条件は、推進されている生産システムとそれが依存する環境の文脈で再検討する必要がある。

シロアリは養殖でなく採集されるが、それは明らかに温室効果ガスを発生させる。そのうえ、シロアリの個体数は工業的農業と林業の慣行によって変化——たいていは増加——する。メイ・ベーレンバウムは著書*Buzzwords: A Scientist Muses on Sex, Bugs, and Rock'n Roll*（『バズワーズ：科学者がセックス、虫、ロックンロールを考える』）に収録されたエッセイで、節足動物の鼓腸に関する証拠の報告について論評している。昆虫によるメタン生成は人間社会よりはるかに前からあり、昆虫の鼓腸は十分な記録がある現象だと彼女は述べる。たとえばフライ・ベルナルディーノ・デ・サアグンが一六世紀に編纂した*Ceneral History of the Things of New Spain*（『ヌエバ・エスパーニャ概史』）は、ひどく臭い屁をする昆虫について記述している。にもかかわらずベーレンバウムは主に、一九八〇年代に始まったシロアリによるメタン生成を定量化する取り組みを、論評の対象とした。一九八二年に『サイエンス』誌に掲載された国際的な科学者チームによる報告は、地球上の何兆匹ものシロアリが大気中のメタン（何兆テラグラムもの）の約三〇パーセントを産出していると推定した。

天然の昆虫が産出した温室効果ガスが、われわれの食べる昆虫とどのような関係があるというのだろう？まず一つには、森林伐採と農業によって（そこに学術印刷物の発行を付け加えてもいいかもしれない）作り出される餌をシロアリが利用するため、産出量が長期的に増えていると、その研究は報告している。

別の研究では、単一栽培のための土地開墾や森林伐採はシロアリの生息地を減らし、その結果、シロアリを原因とするメタン生成は、減少傾向にあることが示されている。この考えを主張する初期の報告に続けて、異なる研究方法を用いたり、データから違う推論を導いたりした一連の主張や研究報告が出た。二〇世紀の最後の一〇年間で形成された共通認識は、シロアリが生成するメタンの量は、生息地——アマゾニアのシロアリは放出率がもっとも高い——と、われわれ人間と同じように食べるものが左右し、土壌食性のものがトップに立ち、材食性のものは（ベーレンバウムの言い回しでは）「しんがりにつく」。一九九〇年代後半には、シロアリが総メタン排出量に占める割合は推定五パーセントに下がったが、ゴキブリからの排出が、人間が彼らにとって快適な都市生息地をどんどん作り出しているために、シロアリの個体数変化でどんな進歩があっても相殺しているかもしれないことが計算で示されている。これを解決する単純な定量的計算があればいいのだが、私たちはフィードバックと意図せぬ結果が当然の、複雑な世界に住んでいるのだ。農業生態系を系統立てて見渡せば、もし小さな家畜を基礎とする食料システムが、大きな家畜を基礎とするシステムに比べて土地改変が少なくて済むなら（私はこれは大いにありうると思う）、養殖昆虫それ自体がより多く温室効果ガスを発生させるとしても、昆虫を基本とする食料システムからの温室効果ガス放出は、結果的に少なくなる。

このような情報をまとめて理解しようとするための一方法が、ライフサイクル評価（ＬＣＡ）と呼ばれるものを行ない、資源の利用とガスの生成を食料生産システム全体にわたって見ることだ。あいにく、LCAは「システム」に限度を要求する。われわれが一九九〇年代、生態系の健康を評価しようとしたときに直面した問題の一つが、どこにどのように限度を設けるかだった。[*36] これはたいてい、LCAの目的と、何を測定しているのか、人間社会の健康か、渡り鳥か、昆虫か、水の利用可能性かに左右される。コミュニティには政治的・社会的・地理的限度が存在する。水利用は流域内で評価することができるが、遠く離れた湖から水を引いてくるとしたらどうだろう？　異なる動物を基礎にした農業システムの資源利用を比較するなら、理想的にはあらゆることを見たいと思うだろう。つまり、飼料作物やその他の作物を栽培するための肥料投入量、そうした飼料の輸送と加工、飼料がどのように農場に届き、農場でどう管理され、農場を離れた製品に何が起き、どのように消費者のもとに届き、こうしたことが野生のシロアリによる温室効果ガス生成をどう変えるのかなどだ。こうした理想的な比較は、たいてい実現しない。異なる家畜の種、たとえばコオロギとニワトリが使う資源と温室効果ガス生成を比較するには、動物が生まれた時点（ゆりかご）から農場を去る時点（門）まで、農場の中で評価するのが多くの場合都合がいい。

二種のゴミムシダマシ、ミールワーム（*Tenebrio molitor*）とスーパーワーム（*Zophobas morio*）のゆりかごから出荷までのLCAで、ワーニンゲン大学の研究者たちは、この昆虫による地球温暖化の可能性、化石燃料使用、土地利用を定量化した。ミールワーム生産は、牛乳やニワトリの生産より多くの化石燃料を必要とするが、豚肉や牛肉とは同じくらいの量である。しかし全般的に見て、土地の利用可能性が持続可能な家畜生産の主な制約であること、ミールワームの養殖には他の家畜の飼育に比べて必要な土地が少ないことを考えると、ミールワームは「牛乳、ニワトリ、豚肉、牛肉に代わる持続可能な選択と考えられる」と論文の著者は結論している。研究では触れられていない要因だが、ウシ、ブタ、ニワトリの飼育には、昆虫に比べて多くの水が必要になる。

## 養殖を勧める理由

土地利用の問題、また生物生息地の保全という特に大きな問題は、採集と養殖のどちらがいいかという難問を生む。二〇一五年、日本のNHKワールドドキュメンタリー『ハングリー・フォー・バグズ』は、木を割ってカミキリムシの幼虫を探す昆虫採集者を見せていた。私はこれを見ながら、いらだちを覚えた。ほんのわずかな食べ物の報酬のために大変なエネルギーを費やしているように思えたのだ。純粋に生物学的な観点で、この脂肪とタンパク質の報酬は労力に見合うのだろうか？　それ以上の問題としては、採集による生息地の破壊が気がかりだった。採集がたまにしか行なわれない（たとえばセミが姿を現したら食べるというような）か、少ない人口の需要に基づいていれば、これは大きな問題ではない。だが昆虫食が商業化され、「スシ」のように世界的な主流になって経済的な利潤を増やしたら――そしてそれが採集を基本としていたら――深刻な環境破壊を引き起こす結果にならないだろうか？　では、養殖のほうがいいのだろうか？　これについてはあとでもう一度検討しよう。

昆虫食の好ましい影響を促進し、リスクをできるだけ小さくする最初の、そしておそらくもっとも効果的な一歩は、欧米式の畜産を世界の他の地域に輸出するのをやめることだろう。世界中の伝統的昆虫食の習慣を学び、促進し、支え、改良することで、どうすれば人間は持続的に食べられるのかについて、真の異文化間の対話を促すことができるのだ。

タイの昆虫学教授で世界的昆虫食研究の大家の一人、ユパ・ハンプンソーンは、世界中を昆虫食に改宗させることは自分の意図するものではないと主張する。「私の使命は、自分たちの農村文化と在来種を保全することだ」と彼女は言う。「この問題は理知的に扱わなければ、昆虫食の伝統は私たちの社会からまもなく失われてしまうだろう。昆虫自体が絶滅してしまうか、昆虫の人気が落ちてしまうことで。残念なことだが、若い世代はハンバーガーとフライドチキンしか知らなくなるのだ[*37]」

気候変動に対処することは、この話の中では、意外にも生物学的に理知的かつ文化的に慎重な行動をとるというよい結果を生むかもしれない。ときどき私に絡んでくる気候変動否定論者に送ってやった漫画を思い出す。気候変動対策についての講演が終わったばかりのホールで、しかめっ面の男性が立ち上がってこう言う。「これがデタラメだったらどうするんだ?」。すると聴衆の中の男性が言う。「何の理由もなしに世の中をよくすることになるんじゃないかな?」

昆虫食を支持する強力な主張に裏付けはあるのだろうか? 雑食動物のヒトがいつもの容疑者を食べるのをやめ、昆虫食に移行すれば、ヒトのエコロジカル・フットプリントは減るのだろうか? そうかもしれないが、サラ・ベイノンの主張の一つ(昆虫食界の至るところで繰り返し私は聞いた)は、私を躊躇させるに足るものだ。昆虫食が気候変動に影響するとすれば、昆虫を食べることは目新しいアイディアであってはならないと、ベイノン博士は言う。それは通常の食事の一部である必要があるのだ。現行の農業食品システムは、グローバルな食文化を作り出した。それは経済的・政治的に力を持つ企業と企業に奉仕する政府に操作され、これが世界の人口を養う最前の方法だという何の証拠もない言い分によって合理化されている。このグローバル化された農業食品文化は、畜産農家なら誰でも理解できる言葉——誰だかわからない「われわれ」が名もない「彼ら」を養う——で言い表され、そうした企業の株主に利益をもたらす。昆虫がこのシステムにはめ込まれるだけなら、私たちは破滅へと転げ落ちる道を永続化するだけかもしれない。

近年の昆虫食熱の高まりから、興味深い選択肢の可能性が見えてくる。昆虫食は、われわれが七〇億、八〇億、あるいは九〇億の人口に持続可能で公正な食料安全保障を与えながら、気候変動の影響緩和を強く刺激し、またそれに貢献しうるのだろうか？　私がここに挙げた問題は、人間は昆虫を養殖するだろうし、またすべきだということを前提にしている。昔から昆虫を食べていた人々は、虫を集めるため野外での採集にほぼ頼ってきた。過密な世界では、自然から直接収穫することは、自然保護区域の保全を助けるかもしれない——あるいはその荒廃を。同時に、昆虫の養殖は多くの人に、規模の経済と社会と環境への悪影響によって、工業化された畜産への不安をかき立てる。それが唯一の選択肢なのだろうか？　他の可能性に目を向けたとしたらどうだろう？　違う形のインスピレーションや別の事例はどこで見つかるのだろう？

利用できるさまざまな選択肢を検討したり、「よりよい地球」を創ることを期待して人間の食事と農業のシステムをあまりに性急に、あるいは徹底的に変えたりする前に、われわれが今住んでいる世界を創り、維持するうえで果たす昆虫の重要さを、一歩下がって見たほうがいいだろう。

第2部

# YESTERDAY AND TODAY
# 昆虫と現代世界の起源

昆虫は数百万年前から地球上におり、人類の出現のために道を用意していた。人類を創った彼らのＤＮＡは、われわれの一部でもある。

昆虫を食べる前に、対話してみたほうがいいだろう。

しかしどうやって？　昆虫の言葉とはどんなものだろうか？　それはわれわれのものとはまったく違うのだ！

昆虫が創り、われわれが住んでいるこの世界の、マジカル・ミステリーを探検に出かけよう。

# 第５章 昆虫はいかにして生まれたか ――I AM THE COCKROACH

虫はわれわれでありわれわれは虫である。
われわれはみな一緒なのだ。

## 最初の昆虫

三〇億年以上前（多少の誤差はあるが）のあるとき、地球上に生命が現れた。それからの一〇億年ほど、単細胞生物は温水の中で寝そべり、ぶくぶく泡立ったりして、酸素のような廃棄物を生み出し、二酸化炭素を建築材料とする実験を行なっていた。約二三億年前、大気中の二酸化炭素濃度が低下し、地球は数度におよぶ破局的な氷期の一回目に陥った。その後の五億年に地球規模の氷期が四回あり、その中には六億一〇〇〇万〜六億九〇〇〇万年前の「全球凍結」と呼ばれるものも入っている。こうした氷期のあいだに地球上の生物はさまざまな選択肢を試し、次々と興味深い多様な形にみずからを作り替えていった。

そして、五億年以上前のある時期、地球が今より速く自転しており、月はもっと近くにあったころ、形成されたばかりの大陸ゴンドワナとローラシアが、シベリアとユーラメリカのように、かの（おそらく）伝説的なすべての陸塊の母、ロディニア大陸（ロシア語で故郷を意味するロージナが語源）から分かれて移動した。ああ、よき時代だった！　ある時点で――数百万年という期間を「点」と考える詩的な表現を許してもらえるなら――ゴンドワナとユーラメリカは互いににじり寄って合体し、一つの超大陸パンゲアを形成した。だが、それはまたあとの――やはり数億年後の――話で、ロシアのペルミ地方（ウラル山脈に近く、この時代の地層が多く見つかっている）にちなんでペルム紀と呼ばれるようになる時代のことだ。

このペルム紀以前の時代、単細胞生物が体液を交換する喜びを見いだし、「カンブリア爆発」と呼ばれるものがスローモーションの花火のように展開した。カンブリア紀（五億七〇〇〇万年前）からペルム紀（二億五〇〇〇万年前）の年代はひとまとめに古生代と呼ばれることがある。進化生物学者が、二億五〇〇〇万年のあいだに起きたことを爆発と表現するとき、彼らにとって爆発というものの理解は戦争難民や金鉱労働者と違っていることを指摘しても許されるだろう。スティーブン・ジェイ・グールドは、カナダのバージェス頁岩《けつがん》で発見されたカンブリア紀の化石の幻覚めいたものについて書き、これを「ワンダフル・ライフ」の時代と呼んだ。

その後の二、三億年で出現した多くの生物の中に、昆虫型を完成しようとする最初の挑戦があった。固体化した排泄物を分泌して、体表に防護装置を発達させた生物がいたのだ。そのとき以来、われわれ内骨格を持つ者は、馬上槍試合に臨む騎士や機動隊員のようにさまざまな盾や鎧《よろい》を身にまとい、外骨格の驚くべき成功をまねようとしてきた。

生き残って繁殖したそうした初期の動物は、多関節の脚を持っていた。暖かいカンブリア紀の海の幸せなキャンパーには、全長一メートルの肉食性節足動物アノマロカリスもおり、長くとげだらけの触手を使って、体節と三つの葉からなる硬い外骨格と関節のある脚を持つ何千種という小さな三葉虫を（数ある中で特に）餌にしていた。このような節足動物の祖先をすべてひとまとめにするのは、いたって簡単であり、そして怠慢だ。実際、学者の中には四億年以上前の時代を「無脊椎動物の時代」と呼ぶものもいるが、これは「われわれの仲間でないものの時代」を言い換えたにすぎない。この時代に脊椎を持つ人類の祖先を探そうとすれば、水底の泥をさらってぬるぬると這い回る小さなゴラム〔訳註：『指輪物語』に登場するホビットの一種〕を探すことになるだろう。ふにゃふにゃした身体のミミズのような動物、現代ではピカイアと呼ばれるものを。

カンブリア紀の生物は、オルドビス紀（四億八八〇〇万～四億三三〇〇万年前）からシルル紀（四億四〇〇〇万～四億一九〇〇万年前）まで、ゆっくり熱狂的に身をくねらせていた。三〇〇〇万年あまりの短いシルル紀のあいだに、いくつかの種類の節足動物が動物として――そしておそらく生物として――初めて陸上に定住した。進化生物学者の中には、節足動物は植物が到来する前に数百万年にわたって陸地で繁栄していたと主張する者もいる。節足動物はこの生きている地球の歴史を記さなかった。最初の農民として、彼らは歴史を作るのに忙しく、背が高い熱帯性のデボン紀の樹木のために土壌を用意していた。多足類――捕食性のムカデ、もっとおとなしく主に死骸をあさるヤスデ、もっとも昆虫に似たグループのコムカデ――が最初の陸上生活者の中にいた。節のある身体（あらゆる節足動物同様）と体節ごとに二本の脚を持つコムカデは、非常に小さく（二～一〇ミリ）、ヤスデのように土壌中のさまざまな有機物を食べて生きていける。当時、こうした多足類が、ずっとあとになって人類以前の脊椎動物が登場するための地ならしをした。記録にある最初の（陸生）昆虫の化石はリニオグナータ・ヒルスティのもので、約四億年前のものだ。われわれ脊椎動物の祖先、のっそりとした肺魚は、四〇〇〇万年後のデボン紀になってようやく沼から這い出していた。

## ペルム紀大量絶滅まで

幅広い昆虫食運動の中で、私たちはたまに昆虫がサソリやクモ、ダニなどのクモ形類の仲間とひとくくりにされているのを見ることがある。クモ形類は鋏角亜門に属する。固形の餌を消化できず、獲物をつかむために特殊な付属肢を持つ節足動物だ。これらは昆虫と関係があると思われ、節足動物の原型の一部として考えることができるが、以前思われていたほど昆虫との関係は近くない。二〇一〇年、メリーランド大学バイオテクノロジー研究所のジェローム・リギアー率いるアメリカの研究チームは、遺伝子サンプリングと複雑な統計を併用して、陸生昆虫はヤスデやクモよりロブスター（たとえば）により近いという結論に達した。昆虫食を推進する人たちにとって、この関係は売り込みに使える。お皿の上にゴキブリが載ってるでしょう？ロブスターだと思いなさい！

炭素利用と炭素税と、人間のナルシシズムを自然界に投影することにとりつかれたこの時代、デボン紀後期を独立させて石炭紀と呼ぶ者もいる。それは石炭ピークの時代、あるいは——大気中の酸素濃度が三五パーセントにも達したことから——酸素の時代とも呼べるだろう。石炭紀はまた、上陸の足がかりとなる両生類が登場した時代でもあった。これは、愛の言葉をささやいたりその他重要な前戯ができるように（おそらく）、耳を発達させた最初の四足脊椎動物だった。あるいは昆虫学者のスコット・リチャード・ショーが正しいのかもしれない。『昆虫は最強の生物である』で彼はこう言っている。「節足動物が森でぶんぶん飛び回ったり翅《はね》をはためかせたりし始めたときに脊椎動物が耳を発達させたのは、おそらく偶然ではない」（藤原

史上最大の昆虫・メガネウラの化石

多伽夫訳)。聞こえるかい? ランチだ! 羽の生えた食事だ!

昆虫は、例によって、品物を運ぶのにドローンを使うという発想で、アマゾン社に数億年先んじている。それどころか、昆虫中心に進化を物語れば、石炭紀は実にゴキブリ時代と呼ぶべきもので、その羽を持つ祖先は知られている石炭紀の昆虫の約六〇パーセントを占める。ゴキブリは都市に棲む二、三種の有害な親類のせいでいわれない非難を受けているが、現生種の多くは熱帯林の落ち葉の中、樹幹、洞窟、アナナスの水たまりに、昼も夜も、夕暮れも夜明けも棲んでいる。

酸素濃度の高い石炭紀後期の空中ダンサーの中に、史上最大の昆虫メガネウラがいる。この科の子孫の一つでペルム紀のメガネウロプシス・ペルミアナは、翼開長七一センチ、獲物を捕まえるとげだらけの前脚と非常に強いあごを持つ——あなたを頭からかじれるように。競合する鳥もコウモリも翼竜もいなかったので、こうしたトンボ類は一方的な優位を保っていたに違いない。

こうして最後に——これは本当の意味で最後、というのは地球上にいたほとんどの生物にとって最後の時代だから——たどりついたのが、前述のペルム紀（二億五〇〇〇万年前）、古生代の終わりだ。ペルム紀は地球史上最大の大量絶滅で幕を閉じたが、いやしかし、没落が始まるまでのその時代は、なんと堂々たる祝祭であったことか！　後年人類の原型となった霊長類とポストモダン人類のための食料や音楽エンターテインメントになる多くの種がペルム紀に繁殖し、飛び回り、全世界に拡散した。こうした節足動物の中にムカシギス目がいた。コオロギ、バッタ、キリギリス（現代のカラオケ愛好者、災厄のもと、ストーリーテラー）の祖先だ。また、幼生から成体に移行する過程（卵、幼虫、蛹、成虫）で、形態と食性が大きく変わる（つまり完全変態をする）ものたち、甲虫、クサカゲロウ、トビケラ、シリアゲムシなどもいた。ドーム状の頭や、のちには二本の牙を持つ温血の原始哺乳類が地上を歩き回っていた。そのうち比較的小型のものはおそらく昆虫を食べていた。実のところ、この時（数千万年を「時」と呼べるなら、だが）初めて、われわれ哺乳類の祖先（原始哺乳類の単弓類と、「獣の顔をした」獣弓類）と、今われわれが食べようとしているもの（節足動物）とが同じ景観を共有したのだ。

ペルム紀のあいだ、陸上の昆虫の種の数と多様性はまだ増えたり繁栄したり減ったりしていたが、三葉虫のような水中の環境を支配していたものたちの多くは、すでに数を減らしていた。何度もの浮き沈みを生き延び、三億年以上にわたり適応し繁栄していた三葉虫は、地球史上最大の生物の絶滅で姿を消した。今日、三葉虫はアエグロトカテルス・ヤグゲリ（*Aegrotocatellus jaggeri*、ミック・ジャガーにちなんで命名された）

やアルキティカリメネ・イオネシ（*Arciticalymene jonesi*、セックス・ピストルズのスティーブ・ジョーンズにちなむ）のような名前のみが生き続けるという、ありがたくない名声を保っている。海を捨てて陸地への冒険に乗り出したゴキブリは、後ろを振り返って――ドイツ文化を身につけていたとすれば――シャーデンフロイデ〔訳註：ドイツ語で「他人の不幸を喜ぶ気持ち」の意味。英語でチャバネゴキブリを「ジャーマン《ドイツ》・コックローチ《ゴキブリ》」と呼ぶ〕を感じていたことだろう。

## 昆虫と昆虫・植物・人類

次の二億年、二億五〇〇〇万年前から六五〇〇〇万年前までは中生代と呼ばれ、三畳紀、ジュラ紀（恐竜の映画で有名だ）、白亜紀からなる。この時代のあいだ、プレート循環の変化の一環として、約二億年前から超大陸パンゲアは分裂し始めた。*38 大量絶滅と大陸移動の結果、地球上の生命は心機一転、方向性を変えて一からやり直した。

先駆けて陸に上がり、植物と他種の動物のために土壌を用意していた節足動物は革新を繰り返した。並みいる社会性昆虫――ハナバチ、アリ、狩りバチ――それにある種の、人によっては反社会的と呼ぶかもしれない寄生性のヒメバチのような昆虫の、羽を持つ祖先であるナギナタハバチは、三畳紀の木のてっぺんで進化した。晩餐会で蜂の子を食べているとき、誰かがソロモンかイソップを引用して、社会の教訓を昆虫から学ぶべきであるなどと偉そうに言い出したら、雄が受精させたハバチや狩りバチの卵は成長すると必ず雌になり、受精していない（単為生殖の）卵は常に雄になることを思い出したくなるかもしれない。ポストモダンの立場ではわれわれに「自然から学ぶ」傾向があるとすれば、たぶんこの繁殖システムを、女性の権利や選択の自由という観点で表すことができるだろう。

次の数千万年で、ペルム紀末の大量絶滅を生き延びた節足動物の中には、花の咲く植物という雌雄同体の愛人と共に、複雑な多様化のダンスを踊った者がいた。この時代は恐竜の時代として思いめぐらせることを私たちは教えられてきたが、恐竜がよろよろどたどた歩き回っていた世界には、多種多様な昆虫が満ちあふれ、大きな動物たちと影響を与えたり与えられたりしていたのだ。

白亜紀（一億四五〇〇万～六六〇〇万年前）には、昆虫食愛好家に好まれる多くの昆虫や、受粉と蜂蜜の生産を通じて二〇世紀の豊富な食料をもたらした虫たちが、花の咲く植物と共進化した。恐竜は、膜翅目（狩りバチ、ハナバチ、アリ）、鱗翅目（チョウ）、数多くの甲虫（鞘翅目）、ハエ（双翅目）などさまざまな昆虫が数多く棲む世界を駆け回っていた。二〇〇六年には、昆虫学者が、一億年以上前の琥珀（現在のミャンマーで採れたもの）に閉じ込められたハナバチを発見したと報告している。

スズメバチやクロスズメバチは、ミツバチと同じ目に属するスズメバチ科の一員である。こうしたハチの仲間は近年、一般大衆から悪者扱いされている。多くの場合人を襲うからであり、さらに非昆虫食文化において聖なる地位を与えられている数少ない虫の一つ、ミツバチを襲うことが多いからだ。しかし早まってスズメバチを攻撃するべきではない。最初の例では、人間はハチより他の人間に襲われることのほうが多いので、この点でスズメバチに対する軍法会議は、一般的に根拠があやふやである。しかし生態学的な関係の理解に基づいて、他にもハチへの対応をもっと慎重で選択的にする理由が他にもある。今日生息する七万五〇〇〇種のハチの中で、ミツバチを襲うものは一パーセントに満たない。彼らには自然の中で他にたくさんの役割がある。

かわいくておとなしく、ふかふかで役に立つ草食性ハナバチの先祖は、この中生代のエデンの花園に出現した肉食性のハチだった。さらに、進化の力が新しい行動を試した初期の実験と、私たちが現在遺伝的に引き継いでいる技能を探しているなら、ハチは検討に値する。巣作りをする雌のハチは、イモムシに抗菌性の防腐剤（人類がサルファ剤とペニシリンを偶然発明するずっと前からある）と麻酔性の毒液を注入してから、それを土や木に掘った巣に引きずっていき、まだ生きているイモムシの体内に卵を産む。そのあと巣穴の入り口の砂をまき散らしてカモフラージュしたり、小石を引きずってきて穴にふたをしたりする種もいる。このようにハチは、霊長類が登場する何百万年も前から石の道具を使い、病気を予防していた。われわれの祖先である霊長類のさらに祖先はハチから道具作りを学び、それを伝えたのだろうか？　この知識はわれわれが昆虫と共通して持つ遺伝子に刻まれているのだろうか？　もし生命の起源にさかのぼる遺伝記憶をわれわれが持つなら、おそらくヒトの道具作りは生命自体の生存戦略の器用な変種にすぎず、ヒトを他の生物種と分ける特徴ではないことになる。

だが、スズメバチ科の重要性を主張するのに、スズメバチやクロスズメバチが迷惑であることを否定したり、ヒトの行動の進化的起源に思いをはせたりする必要はない。多くのスズメバチ科は、持続的な食料安全保障を強化するのに役立っている。私はすでにそれがイチジクの受粉に重要であることに触れている。昔から世界各地で、スズメバチの幼虫は、ミツバチのものと同様に集められ、直接食用にされてきた。さらに、他の昆虫を餌にすることで、彼らは毒物によらない害虫駆除の方法を与えてくれる。これは昆虫食が成功を収めるために必要なことだ。

原始的な直翅目（おなじみのバッタやコオロギ）も、今日では二万五〇〇〇種ほどを含み、やはり大絶滅を生き延びてきた。二〇一五年の研究では、分子遺伝学と統計学を組み合わせて、直翅目が二つのいわゆる系統群、キリギリス亜目（コオロギとキリギリス）とバッタ亜目（バッタとトビバッタ）に分けられ、それぞれのグループの構成員は共通の祖先に由来すると結論した。コオロギは、つがいの相手を見つけるために鳴き、[*39]その習慣は今日なお人間からたたえられている。この陽気な吟遊詩人風のやり方は、二億年以上続いている。白亜紀のフラワーチャイルド、キリギリスは、花の咲く植物の葉にまぎれる木の葉形の羽のおかげで選択された。混乱を招く余談だが、モルモン・クリケットは実はキリギリスであり、有名なタバルナクル合唱団〔訳註：モルモン教会が設立した現存する世界最古の合唱団〕のメンバーではない。

恐竜が——温血で羽の生えた、今日われわれが鳥と呼ぶものを除き——絶滅した六五〇〇万年前、小さな六本脚の動物は多くが生き残った。現生種が八〇〇〇種と直翅目の中でもっとも多様なバッタは、恐竜の時代が終わり草地が発達するのと同時に堂々と姿を現し草をかじりだした。トガリネズミに似た小さな食虫性の哺乳類（われわれのご先祖様だ！）も、隕石の爆発が作ったボトルネックをすり抜けていた。

この生物圏の創造的破壊のあとで、ヒトとして認識される動物種と昆虫として認識されるものの交流が、今見るような形を取り始めた。

霊長類は約五〇〇〇万〜五五〇〇万年前に初めて出現した。本書を書いている爺さんに至る霊長類の血統は、おそらく五〇〇万〜七〇〇万年前にチンパンジーの血統から分岐した。アウストラロピテクス（家族写真にまぎれ込んでも、二日酔いのボブおじさんと間違われてしまいそうだ）のような霊長類の種は、二、三〇〇万年前頃にアフリカの東部と南部に現れた。初期の人類に似た種の中には、インドネシアの名高い香辛料諸島を求めてアフリカを離れ北へ東へと放浪したものたちがいた。残ったものたちは二〇〇万年かけて地元で進化し、数万年前にようやく移住を開始した。

脇の下をかきむしる人類以前の採集生活者から、頭をかきむしる昆虫食のホモ・サピエンスへの変貌を促したのは何なのだろう？　ソフォクレスの悲劇に値する進化の物語の皮肉によって、昆虫食を大々的に推し進めようというそのときに、われわれは昆虫が自分たちを創ったことを明らかにしようとしているようだ。

# 第6章　昆虫と人類の共進化をたどる
## ――WILD HONEY PIE

自分が虫に乗って川に浮いているところを想像してみよう

### 有史以前の昆虫食

霊長類の歴史の始まりから、虫は――少なくとも調味料として――メニューに載っている。有史以前の出来事については、多くが直接的な証拠に乏しい。だが、食事に昆虫が含まれていたことが推測できるさまざまな手がかりがある。

この歴史は、今日の霊長類の行動と食性――多くは昆虫食性だ――をもとにある程度推測できる。小型の霊長類は、大型の類人猿に比べ代謝要求が高いので、食餌として虫を摂る割合が、大きな親類に比べて高い。しかし、大型類人猿はすべて昆虫を食べる。一般に、人間のように、彼らは見つけたり捕まえたりするのが簡単なものに引き寄せられてきた。あまり動かない甲虫の地虫やその他の幼虫、ミツバチ、スズメバチ、ツムギアリ、シロアリといった社会性昆虫、トビバッタやイモムシのような、少なくとも定期的に手頃な量が手に入るものなどだ。

シロアリ釣りやアリ釣りは時間がかかるが、遅い船に乗った、あるいは胴付き長靴を履いた人のように、忍耐力とねばり強さと適当な道具によってこの行動は報われるとチンパンジーは思っているようだ。ジェーン・グドールは、タンザニアのカサケラ・チンパンジー集団に属する二頭、デビッド・グレービアードとゴライアスが、小枝から葉をはぎ取ってシロアリ用の釣り竿を作ったことを記録している。このようなチンパンジーは栄養学的な理由から昆虫を食べており（当たり前だ）、どの虫を選んで食べるかは季節に左右されると研究者は言う。友達と釣りに行って得られる見返りには脂肪とタンパク質だけでなく、心の平和がある。つまり人間と同じように、チンパンジーの昆虫食には生物学的な利益のほかに、文化的なものもあるのだと、私は想像している。

これは二〇一四年に発表された、アフリカ東部のチンパンジーの昆虫食を調査した報告で裏付けられた。[*40] 糞分析、行動観察、昆虫の豊富さの測定によって、西ウガンダのセムリキ・チンパンジー（アフリカでもっとも昆虫食性が強いものの一つとして知られる集団）は、ツムギアリ（*Oecophylla Longinoda*）のほかにセイヨウミツバチ（*Apis mellifera*）の蜂蜜とハチを選択的に食べていることを研究者は明らかにした。手っ取り早く食べられる獲物を消費する方向に偏った「生態学的な時間的制約」があるものの、チンパンジーが選んだ特定の種は文化的に決まるのかもしれないことを、研究者は示唆している。ならば初期人類が昆虫を、おそらく複雑な環境社会学的理由から食べていたという主張を裏付ける証拠が他に見つかっても、それほど驚くには当たらない。

実際に、一〇〇万年近く前に南アフリカの初期人類（約五〇〇万年前に出現した）が、シロアリの塚を掘

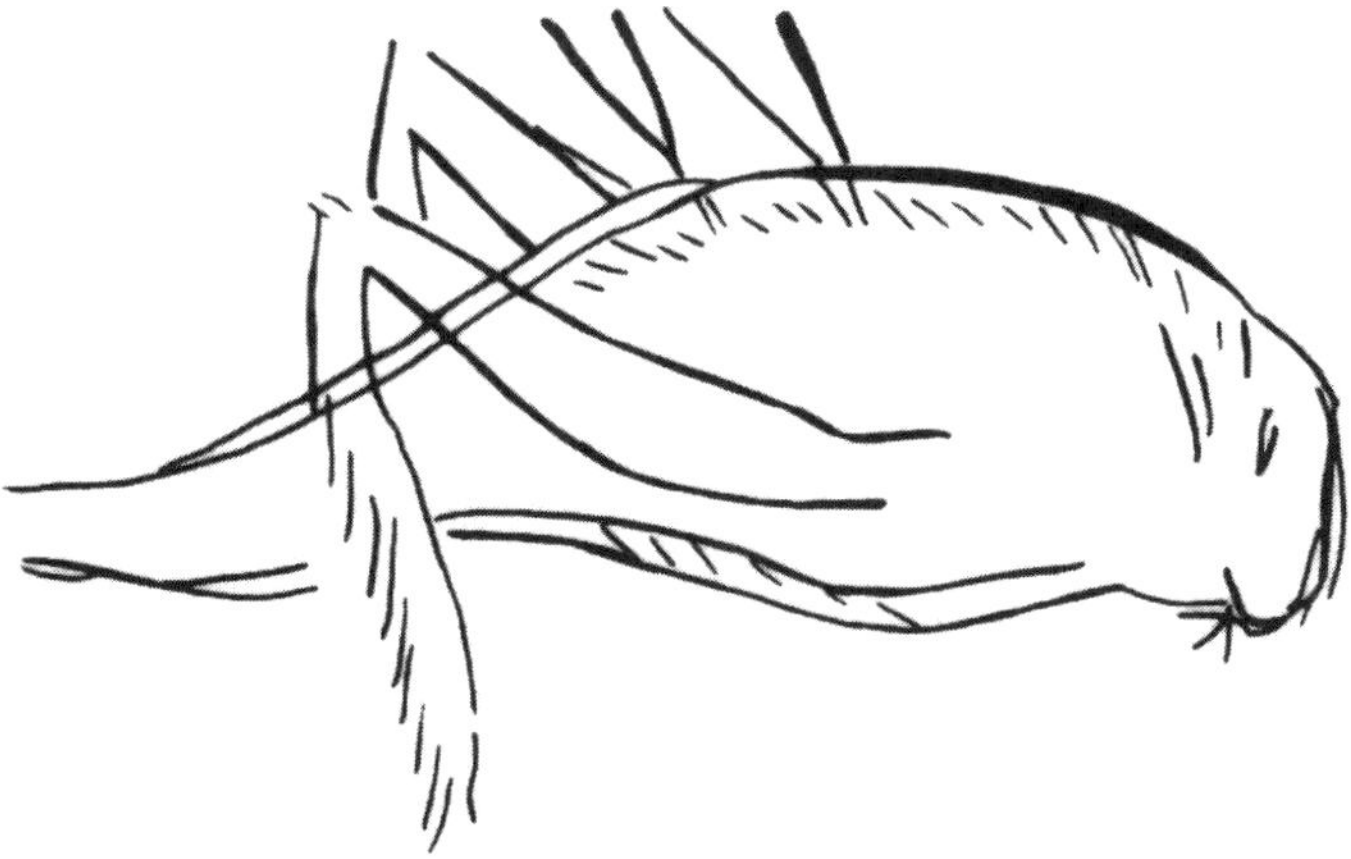

レ・トロワ・フレール洞窟のバッタの壁画

るために骨製の道具を使っていたことの十分に有力な考古学的証拠がある。もし想像力を生物学的にありうる程度に時を超えて飛躍させることができれば、フランスのアリエージュにあるレ・トロワ・フレール洞窟で、一万年前にクロマニヨン人が描いたバッタの壁画を、祖先が昆虫に注意を払っていた証拠として示すことができるだろう。

オーストラリア先住民が岩や樹皮に描いたミツツボアリの絵と、彼らが中をくり抜いたウリに干した昆虫を蓄えていた痕跡は、古代の慣習が有史以前にさかのぼることを示している。そこから、われわれと、ここ七〇〇〇年ほどの昆虫食とをつなぐ他の文化的人工物まで、わずか二、三〇〇〇年だ。メキシコでは、人類学者のジュリエッタ・ラモス＝エロルドゥイが、昆虫を陶製の壺に蓄える習慣は三〇〇〇年前にさかのぼることを報告している。

昆虫学者のスコット・リチャード・ショーは言う。「人類の道具使用や優れた運動能力、器用な手の動きの起源、そして、その先にもたらされた文明の開花は、昆虫を食べる祖先たちの食性と深く関係している」。そればかりかショーはこう述べる。「ゴキブリが社会性を獲得してシロアリが出現しなければ、人類は存在しなかったかもしれない。シロアリが大量にいなかったとしたら、果たして霊長類は木から降りてきただろうか。降りてこなかったと、私は考える」（藤原多伽夫訳）

われわれは木から降りた。それからどうした？　有史以前の昆虫食について手元にある情報は、人類学者と考古学者による個別の事例と、少数のターゲット研究事業に基づいている。だが、アフリカのシロアリ、モパネワーム、バッタ食、南北アメリカの甲虫食、オーストラリアのウィチェッティ・グラブ食の現存する伝統から、ある程度推測することができる。オーストラリア中央部、アマゾン、アフリカ東部の昆虫食習慣は採集を基本とする季節的なものだ。季節性は、すべての昆虫にある植物のサイクル、周囲の温度、降雨との密接な関係を反映している。

アマゾンの先住民トゥカノ族の食習慣を調査したところ、彼らが二〇種を超える昆虫（主にアリとシロアリ）を食用にしていること、食べている昆虫の種類と成長段階は、他のアマゾン先住民が食べているものと似通っていることがわかった。生態環境とヒトの健康の関係について研究しているジェナ・ウェッブは、ペルー領アマゾンのパイプライン沿いで一〇歳の男の子に案内された話を私に聞かせてくれた。水没林を通り抜けながら、上半身裸で短パンだけをはいたガイドは、「つるつる滑るパイプラインから葉のとがったヤシの木に飛び移り、木の芯に手を突っ込んで、とても大きな甲虫を引っ張り出した。木の上をあわてて走っているのをパイプラインの上から見ていたのだ。大あごはなかったが、甲虫は大きく、小さな卵くらいあった。

色は黒かった。それから少年は、他にも甲虫がいることに気づいた。そこで次から次へと、少年は甲虫の脚を歯でもぎ取り始め、生きた甲虫をただ一つの入れ物、半ズボンの小さなポケットに入れた。少年は六、七匹を捕まえた。木の幹づたいに歩いて彼はパイプラインに戻り、私たちは釣りを続けた。私たちは二、三匹の魚を捕まえ、少年はそれを棒からぶら下げた。一時間後、私たちは引き返した。家に着くとすぐ、少年は大事な獲物を母親に渡した。彼女は甲虫の黄色い汁を吸い始めた。母親は一匹を二歳の娘と分け合った。母親は満足した誇らしげな様子だった」。

甲虫とそれがいた場所の描写から、これは世界最大級の甲虫、タイタンオオウスバカミキリ（*Titanus giganteus*）ではないかと思う。この昆虫は熱帯硬木の腐った根系に生息すると考えられ、そのため質のよい熱帯硬木林が伐採されるにつれ姿を消してしまうかもしれない。食べ物としてこの甲虫を素早く見つけることの少年の能力と、母親の反応は、機会的昆虫食の長い文化的歴史を物語るものであろう。この体験談は、魚と昆虫で補い合うトゥカノ族の食生活を解明する研究が、おそらく——意外ではないが——他の多くの民族に拡張できることも示唆している。

シロアリを食べることは東アフリカでは古くからの伝統だ。昆虫の行動と収獲の知識は、シロアリの薬としての利用法と共に広まっており、長い共進化の歴史を表している。ウガンダの農村地方にツェツェバエのトラップを見に行ったとき、現地の少年が季節によってシロアリを食べることがあると教えてくれた。アリ塚を守る兵隊アリをつつきながら、少年は、羽アリが塚からたくさん出てきたとき、家族とシロアリを食用に集めるのだと説明した。羽アリはシロアリの有性生殖世代なので、それが現れたということは交尾飛翔が起きるということだ。羽アリは光に引き寄せられるので、普段より楽に捕まえることができる。

私の獣医の同僚が、彼女の息子の話を聞かせてくれた。彼はケニア西部で養魚池を掘っていて、背中を痛めてしまった。地元の子どもたちが「生きたシロアリの羽アリがうごめいている大きなボウル」を持ってきた。「それが背中の筋肉の凝りをほぐすのだと、その子たちのママが言った。息子はレソ〔訳註：東アフリカで風呂敷や衣類に使われる大判のカラフルな布。カンガとも言う〕にくるまれて座り、シロアリを食べながら子どもたちとおしゃべりをしたり笑ったりしていた――子どもたちはボウルに手を突っ込んで、毎年ごく短い季節だけの珍味の分け前にあずかっていた。数日後、息子は回復してパーマカルチャー団体の作業にまた参加できるまでになった」

## ヒトとミツバチの関わり――蜜、花粉、蜂の子

現代の非昆虫食文化は主に温帯にある。そこでは季節ごとの極端な温度変化のために、歴史的に昆虫の採集は食料源として当てにならないものになってしまったのだろう。たぶんもっと重要なのは、温帯地域にはそれに代わる都合のよい多目的なもの、つまりウシ、ヒツジ、ウマのような食料、労働力、のちには――農業が発展して家畜小屋が家に併設されると――暖を与えてくれる大型の哺乳動物がいたことだ。それどころか、約一万年前の温帯性気候における農業の発展と普及は、人間の昆虫に対する態度をより大きく変えたのかもしれない。つまり、現在では昆虫は、それ自体が食料源としてよりも、もっと頼りがいがあり、豊富で、栽培品種化された食料源への脅威と考えられているようだ。すると現代ヨーロッパ人が食料安全保障の不安定さに対する答えとして昆虫食を推進することには、皮肉なものがある。もちろん、背景は根本的に違って

いるが。

温帯では、昆虫食の歴史は季節限定か特定の文化に定着したものである傾向が強い。養蚕の副産物であるカイコは、アジアの温帯地域で数千年前から食べられてきた。北アメリカ平原地帯の先住民は、四〇〇〇年にわたり、季節によって手に入るときにはトビバッタを食べた。一方、イタリア、サルデーニャのウジが湧いたチーズ、カース・マルツゥはおそらく最近の（数百年単位の）ものだ。このような一般的傾向の例外が、ヒトとミツバチの独特の関係である。

全世界の昆虫食習慣のうち特に重要なものの中でも、ハナバチとその親戚は、初期人類の進化に果たす役割がもっとも長きにわたって記録されている。この関係から私たちは、どのように昆虫食が今世紀中に、経済的にも文化的にも居場所を見つけることができるか、大いに学ぶところがある。

ミツバチはアフリカと、のちに東南アジアの熱帯地域で最初の人類と共におそらく進化した。少なくとも一つの進化上の出来事が、今日われわれの知るミツバチは、三〇万年前にアジアを出て急速にヨーロッパとアフリカに拡大した、木のうろに巣を作った古代のハチの子孫であることを物語っている。もう一つの証拠は、有史以前にアフリカで蜂蜜が採集されていたことを示す。これはおそらく季節的なもので、通り過ぎるゾウが折った木の中や洞窟のハチの巣で行なわれていたものだろう。四万年前にさかのぼるアフリカ南部、サハラ砂漠中央部、ジンバブエ、オーストラリア、インド、スペインの壁画には、この蜂蜜の採集が描かれている。このような絵の中でもっとも有名なものの一つが、スペイン、バレンシアのビコルプ市にあるアラニア洞窟に描かれた、約八〇〇〇年前のものだ。壁画の中で、性別不明の人物（明らかに「ラ・マンチャの男」〔訳註：ドン・キホーテを原作としたミュージカル〕の広報に便乗しようとする者により、ビコルプの男と呼ばれている）がつるを登って野生のハチの巣とおぼしきものに手を伸ばしている。こうした古代の絵は昆虫を食べない研究者によって蜂蜜の採取として描写されることが多いが、絵の中の人々はもしかすると幼虫、成虫、蜂児房、蜜房、プロポリス、花粉、蜜蠟を混ぜ合わせたものを集めているのかもしれない。

アフリカ南部におけるノドグロミツオシエ（*Indicator indicator*）とヒトとの密接な関係は、長い進化の歴史を反映したものだ。この鳥はハチの卵、幼虫、蛹、蜜蠟、ハチミツガの幼虫を食べる。向こうみずに——そしておそらく自殺的に——使用中の巣そのものを襲う代わりに、ミツオシエはピーピーと甲高い鳴き声を立て、ひらひら飛び回って、地元の蜂蜜ハンターの注意を引く。それから、足がのろく地面に縛られたハンターが迷ったり他に気をとられたりしないように、ときどき止まってさえずり、白い斑紋のある尾羽を広げながら、ハチの巣に案内する。ハンターは煙でハチをいぶり出し、パンガ（マシェットに似た幅の広いナイフ）で巣を開いて蜂蜜と蜂の子を略奪する。ハンターが行ってしまうと鳥は舞い降りて残りを食べる。

この鳥＝ヒト＝ハチの共進化が現世人類の誕生を理解するうえで重要であるとすれば、ヒトとハチの関係の背景と歴史にもっと注意を払うことで、持続可能なヒトと昆虫の関係のために重要な特徴をある程度理解することができる。食べられる昆虫は、単なるさくさくしたタンパク質のかけらではない。ミツバチは自分で利用するために、蜂蜜、蜜蠟、プロポリスを作り出す。また花粉を集め、高タンパクで食べられる子どもを生み出す。考古学的資料で明らかになったように、人間は昔からこうした「生産物」（蜂の子を生産物と呼べるなら）の多くを、いくつもの用途のために盗んできた。前古典期ギリシアの詩人ホメロスは、ミツバチを野生の戦士として見ていた。『イリアス』の中で、ホメロスはアカイア人を「岩のうろから代わる代わる唸りを上げて出てくるミツバチの群れ」と描写している。人間はハチの巣を兵器として使ってきたが、蜂蜜には傷の被覆材として使われてきた長い歴史がある（その効果は近年、実験と臨床試験で確認された）。ギリシア人は、ホメロスからヒポクラテスまで、蜂蜜のさまざまな健康効果および媚薬効果を褒めたたえている。それは、振り返ってみれば、ギリシア人がおおむね正しく理解していた自然に対するいくつかの洞察の一つだった――ただ媚薬のくだりについてはもっと研究が必要だと私は思っているが。

ホメロスの時代からそれ以降の数世紀にわたって、人間はただ野生のミツバチの巣から盗む代わりに、人工の巣箱でハチを飼うことを覚えた。少なくとも紀元前一四五〇年にさかのぼるエジプトの神殿の壁画には、粘土か土でできた平たい巣箱を積み重ねたものや、ハチを静かにさせるために燻煙器を使っているところが描かれ、そのころにはミツバチが家畜化されていたことを暗示している。しかし一八五一年にロレンゾ・ロレイン・ラングストロース牧師が可動式の巣枠を使った巣箱を発明するまで、養蜂家が楽に、なおかつ巣を破壊せずに採蜜する方法はなかった。つまり、一九世紀後半まで、蜂蜜の収穫はたいていハチ、蜂児、蜜蠟などすべてまとめて採ることだったのだ。そのようなわけで、初期人類の進化にミツバチがおよぼした影響について語るとき、思い浮かべるべきイメージは甘い神々の蜜をすするというものではなく、針を持つ昆虫を潰して食い、その貯蔵食料を奪うことなのである。

とはいえ神々の蜜はもちろん重要だ。蜂蜜はミツバチのエネルギー源で、甘いが水っぽい花蜜から作られる。ミツバチは数多くの花を訪れ、花蜜を吸い、ショ糖を果糖とブドウ糖に変える処理をして吐き戻し、あおいで水分を飛ばす。最終的に、糖が処理されて水分量が減少すると、花蜜は人間が蜂蜜と呼ぶものになり、ミツバチは巣房に蜜蠟でふたをする。蜜蠟は、一キロ生産するのに蜂蜜五キロから一〇キロのエネルギーを必要とし、卵、幼虫、蜂蜜、花粉の部屋など居住区の建設に使われる。

花蜜の脱水が不十分だと天然酵母による糖の発酵が始まり、ミードができる。少なくとも古代エジプトにまでさかのぼるアルコール飲料だ。水っぽい蜂蜜は自然に発酵するので、この飲み物は人類の進化の初期――労多くして実り少ない揺籃期――に偶然見つかり、アフリカから極東への、あるいはネアンデルタール人の土地だった凍てつくヨーロッパへの長旅の疲れを癒やしたのだろう。酔っぱらうことを表現するのに、古代ギリシア人は「蜂蜜に中毒した」と言った。ちなみにミードは、私の二一歳の誕生日に姉が買ってきて、私が初めて飲んだアルコール飲料だ。

二一世紀、ミード醸造業者の中には、この天上の飲み物にパレオ・ダイエット〔訳註：原始人の食生活に倣うダイエット法〕的なこじつけをしているところがある。古代の伝統に則って、自分たちが「全巣《ホールハイブ》ミード」と呼ぶものを作るべきだと彼らは表明している。これは、何もかもまるごと――ハチ、蜂児、蜜蠟、花粉、プロポリス、毒、ローヤルゼリー、蜂蜜――を鍋一杯に沸かした湯に放り込んで潰し、発酵するに任せるというものだ。養蜂家のウィリアム・ボストウィックはフード・リパブリックのウェブサイトでこう宣言した。「オーディンが飲み、ベーオウルフが、ビシュヌ（マーダバすなわち蜂蜜より生まれた）が、ゼウス（メリッサイオスすなわち蜜蜂の人）が……きっと巣の塊とそこに取り残されたハチを食べたことだろう。だから私は自分のハチを殺さねばならない。歴史的に厳密であることは残酷な女王なのだ[*41]」〔訳註：ベーオウルフは八世紀以降に成立したイギリス最古の英雄叙事詩の主人公。ビシュヌはヒンドゥー教の神〕。

伝統的なミードの原料として使う以外に、ミツバチの毒は――「研究によって認められた」民間療法に基づいて――がんの治療や関節炎の処置に利用されている。花粉は、期待と逸話に基づいて、スーパーフードとして歓迎されている。プロポリスは、ハチが巣材をしっかりと接着したり、巣の穴やひびを埋めたり、巣枠と巣箱の一センチ以内の隙間を（養蜂家にとっては困ったことに）ふさいだりするために使うもので、薬効があると言われて推奨されている。

人間は蜜蠟でチーズを包み、リップクリームを作り、靴墨として使ってきた。蜜蠟を使ったブロンズ像の鋳造は六〇〇〇年前、東南アジアの蠟染めは一〇〇〇年から二〇〇〇年前にさかのぼる。カトリック教会は毎年一五〇〇トンの蜜蠟を蠟燭として使うそうだ。[*42] 最近では蜜蠟で歴史的な、あるいは有史以前のヒトとミツバチの相互関係を追跡できるようになった。二〇一五年、メラニー・ロフェット＝サルケとさまざまな国籍からなる六四名の研究者チームは、『ネイチャー』誌でヒトによる有史以前のハチの利用を報告した。古代の土器の防水に使われたわずかなセイヨウミツバチの蜜蠟の脂肪を調査して、新石器時代のヨーロッパ、近東、北アフリカで、ミツバチ製品は紀元前七〇〇〇年（九〇〇〇年前）から続けて使われていることを彼らは明らかにした。この研究で、新石器時代には北緯五七度（現代のデンマーク北部あたり）より北にはミツバチを利用した形跡が見られないことがわかった。これを筆者らは気候と生態系の制約によるものと考えた。それでもなお、「ホールハイブ」ミードがバイキングの伝承の中にあることは、北欧人がある程度ミツバチになじみがあったことの表れだろう。

## 共進化の先にあるもの

ヒトとミツバチの関係の歴史に反映されているとわれわれが考える、この複合的利用と付加価値戦略は、現代の昆虫製品会社の一部に引き継がれ、拡張されている。たとえばインセクト社は、昆虫（同社の場合は甲虫）を使って「穀物の副産物のような有機基質を生物学的に変換し、そのような昆虫をアグロインダストリー向けに持続可能な栄養資源に、グリーンケミストリー向けに生物活性の物質に変える」。インセクト社のCEO、アントワーヌ・ユベールは、多目的に利用できる昆虫と付加価値のついた製品を開発する同社の戦略を新しいものとして見ているかもしれない。しかし進化の観点からは、それらはヒトとミツバチの関係に始まり、その上に築かれた長い農業の伝統が、もっとも新しい形で表れたにすぎない。

やっとのことで立ち上がった霊長類から初期人類まで、そしてエジプト、中国、ギリシア、ローマの文明社会まで、昆虫は人間を人間たらしめ、いかにして生存するかをわれわれに教え続けている。人類学者のアリッサ・クリッテンデンは、ミツバチとミツバチの生産物を食べることがヒトの進化に重要であったとする二〇一一年の記事中でこう述べた。「石器でハチの巣を見つけて利用する能力は、初期ヒト族に他の種を栄養面において打ち負かすことを可能にした革新かもしれず、また、拡大するヒト族の脳を動かすエネルギー源であるのかもしれない[*43]」

ヒトとミツバチのような社会性昆虫の相互関係は、栄養のために昆虫を管理することの有望さと危うさについて教えてくれるが、昆虫と昆虫食がヒトの進化にもたらした影響――そしてわれわれが皿の上の昆虫をどう見るか――はそれ以上に奥深い。二〇〇〇年に、酢とリンゴの絞りかすに来るハエ、*Drosophila melanogaster*（一般にはキイロショウジョウバエの名で知られている）で、多細胞動物として初めて遺伝子シークエンスが行なわれた。科学者が初めてヒトのゲノムのシークエンスを行なう一年前だった。このハエが選ばれたのは、たまたまではなかった。一九〇九年にトーマス・ハント・モーガンがキイロショウジョウバエを遺伝学研究に用いることを提唱して以来、この小さな昆虫――気難しいところがなく、一〇日ごとにどんどん繁殖する——は、世界中で遺伝学研究の主力となっている。科学者が自画自賛する、二一世紀における遺伝子工学の目を見張る功績はすべて——腐らないトマトから先天性疾患の治療、抗マラリア蚊、農薬耐性作物まで——ショウジョウバエの重労働と、比較的単純なゲノムと、反抗的な本能の欠如なくしては不可能だったと言っても過言ではない。

妙なことに、キイロショウジョウバエが人類のためにやってくれた重労働は、いずれもわれわれがどれだけ彼らのおかげをこうむっているか、理解を深める結果を生んでいる。また、キイロショウジョウバエの遺伝子の約四七パーセントは、人間の遺伝子の中に現れている。これはミツバチとの共通点（四四パーセント）に近い。われわれは共通の祖先から発生したのだ。彼らはわれわれの一部なのだ。

祖先が共通であることが「実生活」においてどのような意味を持つのだろうか？　神経科学者のニコラス・ストラウスフェルドとフランク・ハースは最近、昆虫と哺乳類の神経意思決定中枢を比較した。彼らの結論は、節足動物と脊椎動物で行動と選択を伝達する脳回路はきわめて相同なので、両者は複雑な共通祖先を起源とするに違いないというものだった。昆虫とヒトの類似点には、立って歩く能力から注意欠陥障害や情動障害、記憶形成障害まで、あらゆるものが含まれる。われわれは、どこか非常に深いところで超越的な節足動物なのだ。

クリッテンデンによる進化史のレビューは、ゲノム研究の最前線からの報告と同様、われわれ人類が初めて動く足指を見つけ、それが自分のものだと認識したアフリカという保育所で、何千年も語り継がれてきた、昔からの物語を繰り返している。カラハリ砂漠のサン人は、人類の起源についてこのように語っている。ミツバチが敵であるカマキリを抱えて川を越えていった。とうとう疲れ果てたミツバチは、カマキリを水面に浮く花に置いた。だがミツバチは死ぬ前に、カマキリの中に種を植えた。種は芽を出し、最初の人間になった。幼い人類は昆虫、花、水が織りなす子宮で育てられたのだ。

# 第7章

# 昆虫はいかにして世界を支えてきたか
## ——MAGICAL MYSTERY TOUR

自分が虫に乗って川に浮いているところを想像してみよう

### 地球ではたらく昆虫たち

ヒトと環境の関係の歴史的記録、特に食料供給に関するものがでたらめで破壊的であることを考えると、私たちは昆虫を食料と飼料の主流に組み込む前に、慎重に科学的洞察力を持ったほうがいいだろう。昆虫の採集あるいは養殖のやり方が、人間の世界以外で昆虫が生命を支える活動をどう阻害するかによって、昆虫食がその潜在能力を末永く発揮できるかどうか、またはそれが破滅的な結果になるかどうか決まるかもしれない。純粋に技術的な視点からでも、こうした複雑な生態学的関係は、養殖昆虫に適切な飼料の配合を決定し、その栄養価を改善し、採集者、養殖業者、生物多様性と生態系の持続可能性のために働く人々の議論に情報を提供する。昆虫を食べることは、昆虫とその食品としての価値だけの問題では決してないのだ。そこには、昆虫と他の動物たちと植物が織りなす、生命を支える網の目が関わっているのだ。

オーストラリアの生態学者ティム・フラナリーは、二〇一〇年の著書 *Here on Earth: A Natural History of the Planet*（『ここ地球で：地球の自然史』）をこのように結んでいる。もし「競争が進化の原動力であるなら、協調する世界はその遺産だ。そして遺産は大切だ。それを作り出した力が存在をやめたあとも、長く残りうるから」[*44]。私たちはこの複雑で協調的な遺産に、さまざまな角度から取り組むことができるが、そうした取り組みはすべて、大まかに二つのカテゴリーに押し込むことができると私は考える。第一に、節足動物は何をしているのか——また、われわれヒトが出現して彼らを悩ませるまでの数億年間、何をしていたのか——という疑問だ。第二のカテゴリーは、どのように彼らはそうしていたのかという疑問だ。

　このような関係を探究するにあたって、昆虫のやり方——世界を「見る」、そして伝達する方法——が、明確で目に見える特徴と同じくらい重要だ。家畜やペットの知覚およびホルモンの世界と、それが管理と福祉に持つ意味を人間が理解し始めるまでに、数世紀を要した。昆虫のフェロモンと歌の言葉、彼らの言語の知覚文法と磁気文法を理解するとき、私たちはおそらく、有用でおいしいと考えられる昆虫と植物を奨励しながら、害虫とされる昆虫との関係をもっと巧みに管理する方法がわかるようになるだろう。この思慮深い理解がポストモダンな昆虫食の遺産ならば、単にもう一つの食料源を見つけることをはるかに超えた価値を持つだろう。

　では、昆虫が何をしているのか見るところから始めよう。私たちは、マラリア、チフス、チクングニア熱、デング熱のような病気の媒介を心配しているが、昆虫の大部分は実に善良だ。彼らはミネラルや栄養をリサイクルし、植物（受粉、種子の分散、食物の供給、防衛機構の供給）や動物（飼料と保護をもたらす）を助ける。植物、他の昆虫、脊椎動物の個体数が増加するのを制限し、いかなる種も、*Homo moderna stultus*

――近代的な愚か者――を例外として[45]、地球上で際限なく増えすぎないようにしている。また、動植物の死骸や糞を食べ、生きているものが再利用できる形にするという大事な仕事をする。

## シロアリの土壌維持

生きている世界を支える昆虫の仕事は、土壌中の微量栄養素、菌類や細菌のような微生物叢《そう》、他の昆虫や植物とのダイナミックな関係の中に埋め込まれている。こうした関係を順番にそれぞれ検討してみよう。

食用昆虫がどの程度ヒトにとって微量栄養素の主要な摂取源となるかは、自然の土壌と植物の系の栄養循環に果たす役割にある程度左右される。

セレンは、数十億年前に生命が始まって以来、すべての動物にとって必須の微量元素だ。人間を含めた生命体の中には、セレンをベースにしたタンパク質が、酸化による損傷から細胞を保護するために組み込まれている。それにはある種のがんを防ぐはたらきがあるとする研究もある。セレンは、亜鉛、銅、マグネシウムなどの微量元素と同様、少量は生きるために絶対不可欠だが、多量にあれば有毒で、シャンプーのフケ防止成分などとして工業用途に使われている。しかし、人間が食餌から摂取するセレンの量は、大部分が食べ物とそれが育った場所に左右される。植物中の濃度と利用可能度は、土壌と水の中をセレンがどれだけ循環するかによって異なる。世界の多くの地域では、この循環をやはり昆虫に頼っている。ほかの動物と同様、昆虫もセレンを必要とし、植物や他の昆虫を食べることで身体に蓄積する。さらに、昆虫は他の動物に比べてセレンへの耐性が高いらしい。すでに明らかにしたように、昆虫は数がきわめて多く、それが土、空中、水中を動き回り他の動物に食べられるとき、植物が土から吸い上げたセレンを陸上食物網および水中食物網へと運んでいるのだ。昆虫はこれを数百万年間、行なってきた。そうやって、酸化による損傷からすべての生き物を守ってきたのだ。

先に、ペルム紀末と白亜紀末の大量絶滅について触れたとき、私はオルドビス紀、デボン紀、三畳紀の末にあったそれほど知られていない絶滅「イベント」を省いた。ペルム紀を終わらせたイベント（過去最大の絶滅）と白亜紀を終わらせたイベント（恐竜がいなくなったとき）は、われわれ好みの胸が痛むような惨事だが、加えてそれがなぜ起きたかについて合理的な見解（火山の噴火、小惑星の衝突）がある。そのほかの、比較的小規模な災害はあまり注目されない。二〇一五年に『ゴンドワナ・リサーチ』誌に掲載された記事で、オーストラリア、ヨーロッパ、アメリカの研究チームは、未解明な三つの大量絶滅イベントが、セレン濃度の急落（進化論的見方では）と同時に起きていることを報告した。彼らが測定したこの期間のセレン濃度は、微量元素一般の指標として取り上げたもので、動物にとって危険と考えられる濃度を十分に下回っていた。逆に、高い微量元素濃度は、カンブリア爆発のような生産性の高い期間と同時に起きていた。こうした絶滅に節足動物がどのような役割を果たしたかはわからない――もっとも、節足動物が微量元素を溜め込んで、われわれの最期を見届けてから世界を支配しようとしていたという噂については、私は疑っているが。これが昆虫食者にどのような意味を持つかといえば、昆虫の栄養価について考えるとき、その昆虫がどこで育って何を食べていたかも考える必要があるということだ。

セレンの循環と再生に昆虫が果たす役割は、生命を支えるために欠かせない昆虫の多様な役割について、ちょっとしたヒントを与えてくれるにすぎない。

オーストラリア北部のシロアリの塚

たとえばシロアリについて考えてみよう。半乾燥生態系では、シロアリは土壌の維持について「キーストーン種」(つまりとても重要)だと考えられている。私が息子とトヨタ・ヤリスの小型車を駆って、ダーウィンからアデレードまで、オーストラリア奥地のところどころ水没した砂漠を横断したとき、私たちは定期的に止まって、灌木の中にそびえるあの巨大な赤い土の摩天楼、シロアリの塚に思いを巡らせた。それは明らかに、野蛮なヨーロッパからの侵略者への侮辱として建てられたものだ。オーストラリアの一部では、ケニア、セネガル、メキシコのサバンナや砂漠のように、このシロアリが――何千年も前から――一ヘクタールあたり年間五〇〇キログラムから一〇〇〇キログラムの土を集めて、集合住宅を築いている。この土はその後、浸食されて周辺の土地へ再び分配される。

一部の熱帯林では、シロアリが最上位のデトリタス食動物〔訳註：微生物やその死骸を食べる動物〕であり、昆虫バイオマスの九〇パーセントを占めることもある。ところによっては、地表の木の葉と草の半分を食べるのに加え、枯れ木の五〇パーセントを食べてリサイクルする。彼らが役に立ちそうなオフィスを、私はいくつか思いつくことができる。

シロアリは、昆虫が微生物の世界ときわめて親密な関係を進化させている一例でもある。シロアリは木を食べるのだから、どうにかしてそれを消化できるのだと、多くの人は思っている。これは部分的にしか正しくなく、ごく一部のシロアリにしか当てはまらない。シロアリの腸は細菌、古細菌、場合によっては（「下等シロアリ」として知られるものの場合）鞭毛虫の群集のすみかとなっている。こうした微生物は、木本《もくほん》植物の細胞壁の主要な構成材料であるリグノセルロースを分解するために、絶対共生と呼ばれる協定により互いに頼り合っている。リグノセルロースの分解速度は非常に遅く、ほとんどの動物にとっては消化のいいものではない。[*46] 原生動物と原生動物共存菌がリグノセルロースを分解して炭素を手に入れられるようにするのに加えて、シロアリはアミノ酸とタンパク質を合成するために窒素を必要とする。その一部は体内での再循環で、また一部は肛門食と呼ばれる社会行動でまかなわれる。この行動は、巣の仲間が分泌する後腸液のしずくを見つけて口にすることを伴い（あまり想像しないようにしよう）、シロアリと食材性ゴキブリの共通祖先にまでさかのぼることができる。

約六〇〇〇万年前、ある種のシロアリ（私より彼らとなじみのある人たちには高等シロアリと呼ばれている）は腸内原生動物を失い、食料源の確保に工夫を余儀なくされた。その子孫のある者は、農業を始めた。

シロアリの巣にだけ生えるのでシロアリタケとも呼ばれるテルミトミケスは、リグノセルロースを分解できる。二〇〇一年の研究報告によれば、いわゆる「高齢の働きアリ」が巣の外で落ち葉を集める。「若い働きアリ」は巣の中で植物材料を噛み砕いて飲み込むが、消化せずに排泄する。それから糞塊を集めて圧縮し、スポンジのような「ハチの巣」状のものを作る。これがキノコが生えるプランターになる。キノコが成長するにつれ、プランターのリグニン濃度が低下し、材料を消化しやすくなる。若い働きアリはできたての菌糸の塊を、高齢の働きアリは古いキノコ（こちらのほうが消化がいい）を食べる。若い人が朝食に消化の悪いグラノーラを食べ、年輩者がポリッジ（オートミール粥）を食べるようなものだ。このように、シロアリはキノコを栽培し、その過程でタンパク質や脂肪を作る。それは人間や他の動物にとって優れた食物なのだ。

昆虫、細菌、キノコの関係は、すべてこのように友好的なものであるわけではない。タイワンアリタケ（*Ophiocordyceps unilateralis*）を思い出す人もいるかもしれない。M・R・ケアリーの優れた小説『パンドラの少女』の前提となるキノコだ。ゾンビキノコとも呼ばれるそれは、オオアリ属のアリの神経系に侵入し、樹幹にある巣から降りてこさせ、葉の裏側に張りついて胞子を噴出する。あるいは *Dicrocoelium dendriticum*（槍形吸虫）はヒツジの肝臓に寄生する吸虫で、そのライフサイクルのあいだにヒツジの糞からカタツムリへ、カタツムリの粘液からアリへと移り、そこで脳を乗っ取る。アリは草に登り、ヒツジに食べられてサイクルが完成するのを待つ。

## 昆虫の食性——捕食寄生者と草食昆虫

昆虫と鉱物、昆虫と微生物の関係から一段上がると、シェークスピア劇にふさわしいような昆虫の陰謀と裏切りに出合う。

ジュラ紀のどこかで、キバチの中に草食をやめて甲虫の幼虫を食べることにしたものがいた。長いあいだにこの肉食昆虫は進化して、二、三種類から数百、数千、数万種に多様化した。森に入って手当たり次第に獲物を捕まえる代わりに、捕食寄生者と呼ばれるこのハチは新しい、より巧妙なやり方を考案した。その中には、数の問題で頭を悩ませているときに紹介した小さなホソハネコバチのように、卵を他の昆虫の卵の中に注入するものもいる。また、ヤドリバエ科のように、卵をイモムシの頭のすぐ後ろに産みつけて、孵化した幼虫が生きたごちそうを食べながら中に潜り込めるようにするものもいる。さらに、甲虫の幼虫を植物の中に見つけた捕食寄生バチが、麻酔作用はあるが致死的ではない毒を注入する場合もある。それから麻酔した幼虫のそばに、母親は卵を産みつける。ハチの子どもが孵化すると、新鮮に保たれた肉を食い進んでいく。この変種として、ある種の捕食寄生者は、寄生したい昆虫に卵を直接注入する。この場合、宿主の免疫系を無力化することが問題だ。進化の道筋のどこかで、ウイルスが卵に便乗して、ウイルス自身と捕食寄生者両方の利益のために免疫系を無力化することを「決意」したのだ。

ある種のハチは、trophamnion（昆虫にとっての胎盤のような特異なもの）と呼ばれる細胞の塊を発達させた。これはハチの卵を宿主の免疫系から守り、宿主の血液から養分を吸収して、子どもが発育するための栄養を供給する。卵が——生きている宿主の昆虫の中で——孵化すると、それは本質的にもっとも小さな水生昆虫となり、脱皮し、漂い、食べ物を吸い込み（ただし排泄はしない）、最後には食い破って外の世界に出る。その時点で、もちろん、宿主は寄生者に殺されている。宿主が知覚を失っていれば、宿主も寄生者も一カ所に釘付けになる。これは寄生者にとって都合がいい。宿主がもっと大きな動物、たとえば鳥などに食べられたり、他の理由で死んだりしないかぎりは。その場合は、宿主も寄生者も運が悪かったということだ。

ジュラ紀後期には別の変種、koinobiosis と呼ばれるものが捕食寄生バチの中から現れた。この場合宿主は、寄生者を体内に抱えたまま生き、死ぬまでに何度か脱皮を行なう。寄生者に寄生するものも出現した。少なくとも一例では、アカスジシンジュサンという蛾の幼虫に寄生するハチには、さらに小さなハチが寄生することがあり——そして、ジョナサン・スウィフト風に——それもやはり寄生されていることがある。こうした寄生捕食者は、生態学的な意味でさまざまな草食昆虫および肉食昆虫の個体数を抑制する、独創的で多様な方策として、農薬によらない害虫駆除に使われている。そのおかげで私たちは、もっと大きなハチやスズメバチが増えすぎて困ることがないのだ。彼らは、いったいどんな神が——もしそう呼びたければ——こんな苦しみを生み出したのだろうかと、一部の科学者が頭を悩ませる難問も作り出した。ダーウィンの消極的な無神論が（それが本当に無神論ならば）、こうした生物が生まれた原因かもしれない。

昆虫同士の関係から昆虫食者が得られる重要な教訓は、野生では昆虫は互いの個体数を抑制しているということだ。そのうちのどれかを採集したり養殖したりすることの直接的な、あるいは意図しない巻き添え被害でこの関係を崩すと、ほかのものが爆発的に増え、ちょっとした迷惑程度だったものが大害虫になってしまうこともある。

昆虫と土壌、昆虫と微生物、昆虫と昆虫の関係の上に、おなじみの昆虫と植物の共生関係がある。時に昆虫は、ヒトのように、植物の個体にははっきりとした利益をもたらすことなく、植物を自分の目的のために利用するが、それでも最後には、あとから考えると共通の利益と位置づけられるもののためになっている。たとえば北アメリカでは、約一七〇〇の昆虫種――主にユスリカ、ハエ、ハチ――が、植物のホルモン系に働きかけて「虫こぶ」と呼ばれる腫瘍のようなふくらみを作り、自分のすみかや餌とする。植物に虫こぶができると、そこに養分が振り向けられるので、種子の生産量が減る。虫こぶがついた植物は明らかに適応したものだ。おそらく虫こぶは植物の成長を抑制し、はびこりすぎて環境を破壊しないようにしているのだろう。

モパネワームはヤママユガの一種 *Gonimbrasia belina* の幼虫で、人類発祥の地、アフリカ南部では今日珍味とされている。人類の原型となった祖先が出会い、食卓に載せる前、モパネワームは何をしていたのだろう？　この幼虫が餌にするモパネの木は、アフリカ南部数カ国（ボツワナ、ジンバブエ、ナミビア、南アフリカ北部）にまたがって森林地帯に生える。まとまった量のモパネの葉を食べる動物は、他にはゾウだけだ。ゾウが減り、国立公園に逃げ込んでいる現在、濃密で通行困難な、どちらかといえば痩せたモパネの灌木林が一帯でゆっくりと着実に広がっていくのを瀬戸際で食い止めているのは、このイモムシなのだ。ゾウがいるところでも、このイモムシは六週間の幼虫時代に体質量を四〇〇〇倍に増やし、ゾウの一〇倍のモパネを消費して、土壌を肥沃にする糞を約四倍落とす。一言で（いや、まあ二言三言で）言えば、この幼虫は人類生誕の地で格別に忘れがたく住みやすい景観を作り出し、今も維持しているのだ。少なくとも人間や魅力的な大型動物にとって住みやすいところを。

ヤシゾウムシの幼虫は、二一世紀に高級料理《オート・キュイジーヌ》の仲間入りをした、また別のグループの虫だ。やはり、それまで昆虫を食べたことのない冒険家が発見するはるか以前、この虫が何をしていたかを理解しておくのがいいだろう。弱り、ひどく傷つき、枯れかけたヤシの木は、揮発性物質（樹木の発散する香水のようなもの）という言語でヤシオオオサゾウムシ（*Rhynchophorus ferrugineus*）に語りかける。雄のゾウムシは香りの源へと飛び、傷んだ木に降りると、他の雄や雌に向けて自分のフェロモンでメッセージを発散する。木とゾウムシの香水による魅惑のコーラスは、さらにゾウムシを呼び、そこで交尾して卵を産む。幼虫は、鋭いくちばしのような「鼻」でヤシに潜り込み、木をぼろぼろにする。これは個々の木にとっては悪いことだが、ゾウムシと生態系にとってはよいことだ。それだけではない。ゾウムシの幼虫は多くの他の昆虫、菌類、細菌の栄養となるので、脆弱な熱帯の低木層を肥沃にし、生えたばかりの幼木の林に生態系サービスを提供する。脱工業化したヒトがやってきてナツメヤシ、アブラヤシ、ココヤシのプランテーションを作るまで、このゾウムシが害虫とされることはなかった。だが、われわれが生物学的な配慮を欠いていることは、彼らの落ち度だろうか？

直翅目（バッタ、コオロギ、トビバッタ）は草食昆虫の食物網の一部として、栄養を循環し、他の動植物を支える多様なモザイク景観を決定づけるのを助けてきたし、今も助け続けている。害虫、タンパク質、あるいは詩人メアリー・オリバーが最高傑作「夏の日」でしたように、思索し驚嘆する存在として分類しなおされるはるか以前から、彼らは優れた生態系サービスを行なっていた。

多分にもれず、私はバッタとトビバッタを混同しがちだ。特にそれが皿の上にあるときは。この二つがどれほど近いかを考えれば、無理もないことだと私は思う。だが、トビバッタはたまたま手に入るときに救荒食にされるだけなのに対して、バッタは基本食品になりうるので、両者の区別をしたほうが賢明だろう。簡単に言えば、トビバッタはすべてバッタだが、バッタがすべてトビバッタであるとは限らない。トビバッタは恐ろしい群れで空を暗くするやつだ。孤独相から移動相への移行は、直翅目研究者からは相変異と呼ばれている。もし、私のように平たい言い方が好みなら、トビバッタの変身はジキル博士とハイド氏の話のようなもの、あるいは、勤勉な好漢が手のつけられない危険な獣人に変身する『超人ハルク』の昆虫版だ。世界で一万種を超えるバッタの種の中で、トビバッタに分類されるのは十数種だけだ。トビバッタについてはあとで、害虫の話題のときにもっと詳しく話すことにする。だが今は普通の、一般的なバッタに注目しよう。

一般に、群れを作らないバッタはほとんど草食で、多様な放牧地や草地の生息地で多種多様な植物種を食べている。過去数十年、その駆除にナパームと散弾と神経毒爆弾以外の方法を求めて、研究者はこの生き物が本当は何をしているのかより詳しく見るようになった。それはわれわれが思っているように、本当にいつも悪者なのだろうか？　それとも誤解された精霊なのか？　自然の多様性ということを考えれば、予想通り答えは両方だ。というより、場合によりけりだ。

あるバッタは、ある環境状況で、そのままでは枯れ葉の分解が遅い植物種を食べる。このバッタの摂食行動は、植物のより速い分解を促し、それが今度は窒素循環を速め、全体として植物の成長を促進する。バッタが違い、環境状況が違えば、好む植物の違いが全体として生産を抑制するかもしれない。

コオロギも急速に昆虫食運動の基本食品になりつつある。やはり直翅目に属するコオロギは、バッタ、イナゴ、キリギリスに近い仲間だ。親戚筋のほとんどと同様、作家マイケル・ポーランの広く喧伝されている助言「本物の食べ物を食べよう。主に植物を。あまり多すぎず」[*47]を肝に銘じている。世界に二〇〇〇種ほどいるコオロギの大部分は草食性だが、たまに雑食に堕落することがある。野生での親類のバッタと同じように、コオロギは分解者あるいは栄養循環界の熱心で勤勉な一員、地球に生きるものの沈黙の英雄（コオロギの場合、黙ってはいないのだが）なのだ。彼らはセルロースが豊富な植物性材料を大量に食って糞粒（昆虫の排泄物を意味する専門用語）を作り出し、植物に固有のエネルギーと栄養を、細菌、菌類、そして最終的にはわれわれが使えるものにする。

　やはり昆虫食のごちそうであるイエロー・ミールワームは、チャイロコメノゴミムシダマシ（*Tenebrio molitor*）の幼虫で、二万種が属する科《ファミリー》――ラテン語名のTenebrionidae（暗がりを探す者）からすると、後暗いところがありそうな一族《ファミリー》――の一員だ。われわれ年輩の人間にとってこの動物は、母親の小麦粉入れの中でうごめいていたものとしてなじみがある。私の母はふるいにかけて選り分けていた。中には炒めてオムレツに混ぜてしまった母親もいるかもしれない（ダニエラ・マーティンのお母さんがそうだったのか?）。同じ科の仲間には穀物貯蔵庫と鶏小屋の害虫として、またペットの爬虫類の餌として知られているものがある。他の昆虫と同様に、ゴミムシダマシ科の仲間にはそれぞれ、人間を助けたり困らせたりする以外の様々な役割がある。この科に属する多様な種は、朽ち葉、朽ち木、昆虫の死骸、糞、キノコなどを食べる。言い換えればこの昆虫は、ゴミの再資源化にもっとも熱心な人間よりも、ずっと重要で勤勉なリサイクル業者というわけだ。さらに、食い逃げのできない生態系社会、大いなる生命の循環、その他の共同体サービスクラブの一員として、それ自身が鳥、小型齧歯《げっし》類、爬虫類（野生のものも、ごく最近ではペットとして飼われているものも）の餌になる。

## 花粉媒介者たち

巨大なパンゲア超大陸が激しくめちゃくちゃに四分五裂した（約二億年前）あとで、昆虫は、白亜紀（一億年前）の被子植物――花の咲く植物――が間違いなく世話を受けられるようにするために欠かせない、養育的な役割も果たした。花粉媒介昆虫と花の咲く植物の関係によってこそ、われわれは技術的関係を乗り越え、昆虫と植物が会話する言語をもう少しだけ理解するようになる。花粉媒介者としての役割の中で、昆虫と植物は絶妙に密接な関係を進化させてきた。

カカオノキ（*Theobroma cacao*）、別名「神々の食べ物」は、現在の中米から南米で数百万年前に現れたが、人類が苦いチョコレート飲料を飲み始めたのは、紀元前一九〇〇年頃になってからだ。一説によれば、アステカの神ケツァルコアトルがチョコレートの秘密を人間に教え、その咎《とが》で他の神々によって追放されたという。道徳的判断を下すとすれば、神々のとった行動は正しかったのかもしれない。どうもカカオ豆を莢《さや》から取り出すのは、生け贄の儀式で人間の心臓を抜き取るのに似ているらしい。今日カカオは、中南米だけでなくアフリカとアジアでも栽培され、カカオ豆（その周辺には五〇〇億米ドル規模の産業が築かれている）を供給している。白くて小さい、下向きに咲くカカオの花――夜明けに開き一日しかもたない――は、この熱帯雨林の木の下枝からじかに顔を出す。野生のカカオの花は、七五種類を超える別個の匂いからなる複雑な芳香を発散して、ごく小さなヌカカ科（Ceratopogonidae）やタマバエ科（Cecidomyiidae）の虫を引き寄せる――これらの昆虫だけがカカオを受粉させることができるのだ。こうした小虫は、生まれたところからあまり遠くに飛べないので、薄暗い熱帯雨林に独特の微小生息域を必要とする。この知識を踏まえれば、カカオは熱帯雨林の中の小さな農場で栽培し、小昆虫の生息地を保護するほうが、森林を伐採して生産力の低いプランテーションにするより賢い方策のように思われる。これは単一栽培《モノカルチャー》の商業カカオ農園の持ち主には不公平に見えるかもしれないが、小虫と花が熱帯雨林に逃げ出したときには、企業を公平に扱おうとは考えていなかったと思うのだ。

イチジクの木は、持続可能な食物システム、文化的アイデンティティ、経済的階級に基づく偏りが相互にどう作用するかについて、意義深い実例を示している。イチジクはフルーツコウモリ、オマキザル、ラングール、マンガベイ、オオゴシキドリ、ハト、ヒヨドリ、イチジクインコ、あるいはガランピマダラ、カバマダラ、オオタスキアゲハ、タイワンアオバセセリ、イチジクキンウワバ、マルバシンクイガの幼虫など、さまざまな動物の重要な食物源だ。またイチジクの木は、ヒンドゥー教、イスラム教、ジャイナ教、仏教で象徴的な意味を持つ（ブッダはイチジク属の木の下で座禅を組み、悟りを開いた）。アダムとイブとイチジクの葉の話はご存じだろう。だから、イチジクの木は古代キプロスで豊饒《ほうじょう》の象徴だったというのは合点がいく。

いくつかの例外を除いて、一〇〇〇種ほどあるイチジク（のほとんど）は、固有の共生バチによって受粉する。それだけではない。イチジクの雌性部と雄性部は時間差で成熟する。ハチの幼虫はイチジクの子房内部で成長する。雄のハチは羽化すると姉妹の「寝室」に押し入り、交尾してから（後悔と苦しみからか？）自殺する。身ごもった雌は雄花花粉をつけて出ていき、他のイチジクの木に飛んでいって、入り口の鱗片をこじ開けて中に入ると、その木の雌花を受粉させるのだ。

だがすべてのイチジクと花がこうであるわけではない。一八八〇年代、カリフォルニアにスミルナ種イチジクが移入された。うまい実をつけることで有名なものだ。アメリカ人がわかっていなかったのは、スミルナ種イチジクには、雌雄同株で（かなりハードルを下げても）ヤギの餌にしかなりそうにないカプリイチジクの花粉が必要だということだ。スミルナ種の花はその構造のために、イチジクコバチが奥まで入って産卵することができない。ハチはカプリイチジクに卵を産み、幼虫はそこで冬を越す。春になるとハチは飛び立ち、近くのイチジクの花を受粉させる。その中にはスミルナ種もあるが、ハチが産卵しようとしてもうまくいかない。つまりハチはカプリイチジクを必要とし、スミルナ種イチジクはハチを必要とするのだ。一八八〇年代にアメリカの植物学者が初めてこの話をヨーロッパのイチジク農家から聞いたとき、食用のイチジクを生産するためにはハチとカプリイチジクも移入する必要があると言われて、彼らは笑った。わはは！　年寄りの世迷い言だ！　無学な田舎者めが！　二〇世紀初めになってもイチジクの木から収穫が得られなかった彼らは、移入を始めた。

ミツバチがきわめて重要視されるのは、一つには工業的農業（たとえばアーモンド、キャノーラ、サクランボなど）の維持に欠かせない役割を果たすからだ。またミツバチは別の、それほどには目立たないさまざまな形でも、私たちの食べ物を支えている。一九九〇年代、ブラジルナッツの研究プロジェクトに参加したとき、このナッツがクッキーやマフィンの材料になる前には、それはミツバチ、樹木、鳥、齧歯類が協力して実を結ばせる、複雑な物語の一部だったことを私は発見した。

ブラジルナッツノキ（*Bertholletia excelsa*）はアマゾンの成熟林に生え、三〇年かけてやっと繁殖期に達し、一六〇〇年も生きることがある。そのあいだに、スペイン語でカスターニャと呼ばれるこの木は、五〇メートルにまで成長し、枝を直径三〇メートルに広げる。ブラジルナッツの森は、ブラジル、ペルー、ボリビアにまたがるアマゾン地域の南西の弧にだけ現れる。カスターニャの開花のピークは一〇月、一一月、一二月だ。この時期、木は一日周期で大きな花をつけ、林床に落とす。

カスターニャの樹冠は、野生のスタンホペア属やカタセツム属のランの生育地となる。これらはラン科の例にもれず着生植物（他の植物の上に害を与えることなく生える植物）だ。こうした植物はぶら下がる場所を必要とし、水と栄養を空気中あるいは木の表面から集める。これらのランがシタバチ、特にふさわしい香水とふさわしい雌を求める夢見る放浪者の雄を引き寄せる。大きな身体と大きな舌を持つ雄のシタバチは、ブラジルナッツの花の大きく重い外花弁を通り抜けて受粉させることができる、数少ない昆虫の一つだ。つまり彼らはきれいなランのまわりをうろつき、受粉させ、雌を呼ぶ誘引物質を集めている一方で、カスターニャの花も訪れているのだ。

ブラジルナッツの莢が木で熟すと、コンゴウインコが実を食べる。そうすることで枝が軽くなり、重みで折れてしまうのが防がれる。皮が硬く重さが二キロある莢は熟すと地面に落ち、それを、ブラジルナッツの主要な種子散布者であるブラウンアグーチ（*Dasyprocta variegata*）という大型齧歯類が集める。アグーチは莢の硬い殻をかじって開け、ナッツを取り出して、すぐに食べなかったものはあとで食べるために埋める。もちろん、アグーチはナッツを埋めた場所を覚えているとは限らない。そうしたナッツが、数十年後、森の木を補充するかもしれない。今度ブラジルナッツ入りクッキーをかじるときは、ハチとランと熱帯雨林のことを思い出してほしい。

昆虫食が地理的に広まるにつれて、昆虫食者が繰り返し気をつける必要が出てくる教訓の中に、われわれが気にかける昆虫（害虫としてであれ、食べ物としてであれ、あるいはチョウのように美を愛でるためであれ）は、思いもよらない形で脆弱かもしれないというものがある。ヒトと数多くのほとんどは知られていない昆虫がどのように影響しあっているかを理解しようとするなら——ブラジルナッツからラン、ハチを見るように——視点を変えて考えることが欠かせない。

## フェロモン——昆虫たちの対話・その1

ブラジルナッツの事例は、昆虫の使う「言葉」を私たちがほとんど理解していないことの、一つの表れにすぎない。昆虫食を基礎とした昆虫との関係をうまく維持していこうと思ったら、私たちはその言葉を学ぶ必要がある。他の家畜に関しては、その行動、鳴き声、発散する化学信号の意味を理解することが、繁殖、良好な形質の選択、病気の診断をするうえで重要だ。それでは、昆虫はどのようにして対話するのだろうか？

人間を含めた多くの昆虫の捕食者は、スズメバチ、ハナバチ、アリが、毒針で警告したり噛みついたりすることに慣れている。「痛み鑑定家」の異名を持つ昆虫学者のジャスティン・シュミットは、この多くを記録し、痛みの測定尺度を使って採点した。しかし、この毒針と噛みつきによる異種間コミュニケーションに注目するのは、人間が槍を投げたり銃を撃ったりするのを——それはそれでもちろん意味を担っているのだが——話し言葉やボディーランゲージの複雑さや微妙さと一緒くたにするようなものだろう。ウシの管理に関する最新の知識の一つは、ホルモン周期、牛乳生産、繁殖、発声、他のウシを前にした行動の関係だ。昆虫については、ホルモンに相当するのがフェロモンである。

ジャン＝アンリ・ファーブルは一九世紀フランスの博物学者であり、一〇巻におよぶ『昆虫記』の著者だ。一般の読者にもわかるように書いたことで「まじめな」科学者からは馬鹿にされたが、今日ファーブルは日本でもっともよく知られ、広く賞賛されている。ファーブルは反進化論者ではあったが、それにもかかわらず、特に昆虫に対する綿密で鋭い観察をダーウィンから褒めたたえられた。一八七四年、ファーブルは、金網が入った鐘型ガラスの中で羽を伸ばす羽化したばかりの雌のオオクジャクヤママユが、非常に遠くから雄を引き寄せることを記録している。この観察は昆虫のいわゆる「誘引腺」の特定につながった。次の世紀には、このような腺から放出される化学物質はフェロモンと呼ばれるようになった。こうした香水の一つ、ネッタイオオナガミズアオの雌が放つものは、一〇キロ以上離れた雄でも嗅ぎつけることができる。昆虫が放出するフェロモンは、特化した出会い系サイトのようなもので、それによって自分と同じ種の仲間を見つけることができる。あるものは長距離誘惑を意図している。またあるものは、雄が放出し、近距離で作用する媚薬と呼ばれるもので、メイ・ベーレンバウムは「興奮剤――彼の求愛を受け入れようという気にさせるもの」と表現している。[*48] ナガゴミムシ属のプテロスティクス・ルクブランドゥスの、交尾が済んだ雌がしつこい雄に吹きつける「催涙ガス」のような「おい、あっち行け」フェロモンまである。警報フェロモン、集団の行動を同調させるフェロモン、産卵した場所を守るフェロモン、食料供給の経路として機能するフェロモンがある。

私たちはすでに、ブラジルナッツノキから下がるランの香りと、木を受粉させるハチのつながりを目にしている。ランは魅惑的に美しいかもしれないが、同時に狡猾《こうかつ》でもある。中国の海南島に固有のラン、デンドロビウム・シネゼは、スズメバチの一種ウェスパ・ビコロールが受粉させる。この花にとってのやっかいな問題は、そのスズメバチがミツバチを捕まえて幼虫の餌にするほうを好むことだ。きれいな花にはさほど興味がないのだ。そこでランはトウヨウミツバチ（*Apis cerana*）とセイヨウミツバチ（*Apis mellifera*）両方の警報フェロモンを作り出す。花の香りは警報フェロモンと混ざり合ってスズメバチを呼び、スズメバチはミツバチを狩りながら花を受粉させるのだ。

これはバナナとミツバチという養蜂家の逸話を（私には）思い起こさせる。バナナの匂いもミツバチの警報フェロモンによく似ている。野生のバナナの花はコウモリや鳥が受粉させるので、この匂いはミツバチを呼び寄せ、花粉媒介者がおいしそうなミツバチの匂いにつられてやってくるようにするためのものなのだろうか？

オーストラリアのガンビア山中にアンスパン養蜂場を所有し、経営している[*49]私の息子のマシューが、あるとき誰かの家の裏庭で市販の黒いコンポスト容器にミツバチの分蜂群がたかっているとかで、撤去のために呼ばれたのに私がついていったときのことだ。分蜂群というのは、女王が新しいすみかを求めている巣を持たないミツバチのコロニーのことで、一般的には攻撃性はない。守るべき家がなく、新居の候補について探索バチと協議するのに忙しいのだ。私たちは、小さな裏庭の向こう側でハチがブンブンとまとわりついているコンポスト容器に、子どものおもちゃをまたぎながら用心深く近づいた。マシューがふたを持ち上げて中をのぞき込む。それは分蜂群ではなかった。このハチたちはすでに、コンポスト容器が快適な郊外の家——雨風から守られ、花が近くにある——だと判断して、ふたの裏側に巣を作り始めていた。マシューがハチをすくってバケツに入れ始めると、ハチは怒って彼を襲いだした。マシューはトラックに戻って、巣箱を持ってきた。その中には「おとり」が仕掛けてあった——「ここはいい家だよ」という意味のミツバチのフェロモンに似た香りのレモングラスだ。マシューは女王を含めできるだけ多くのハチを放り込むと、箱をコンポスト容器の縁に載せて、一日置いておいた。夕方戻ってくるころには、マシューも家の主もほっとしたことに、ハチはすべてレモングラスの香る新しい家に落ち着き、コンポスト容器は空《から》だった。ランとバナナはミツバチの警報フェロモンを模倣できるようだが、レモングラスはミツバチを安心させるのだ。

## 音楽——昆虫たちの対話・その2

フェロモンは昆虫にとって強力なコミュニケーション手段となるので、昆虫の管理と養殖の方法を開発するにあたって検討すべき重要事項だ。しかしフェロモンだけが昆虫の言語ではない。人間と同様に、昆虫も周囲の状況を視覚と聴覚による刺激で知り、音を発してメッセージを送る。とはいえ、こうした昆虫同士のメッセージの性質は——送り方と受け取り方が——われわれ自身を含めた他の種を観察して普通だと考えるようになったものと、質的に異なっていることが多い。

ハチの巣まで往復するあいだ、肩の上でブンブンと元気よくうなるミツバチの羽音のまっただ中で立ち止まっているとき、「ほら」とマシューが言った。「聞こえるでしょ、ハチが喜んでいる」。私は耳を澄まし、マーク・ウィンストンが二〇一四年の著書『ミツバチの時間』で述べたことを思い出していた。「養蜂家とコロニーのあいだには暗黙の了解が存在する。ミツバチのまわりで平静にしていれば、養蜂家につながりのようにも感じられる力が生まれ、ミツバチも平静になる[*50]」。昆虫と音について最初に考え始めたとき、私はマシューのミツバチの心なごむ羽音や怒った羽音、繁殖適齢期を迎えた雄のキリギリスがにぎやかに震わせる声、ラオス農村部の小さな家庭用繁殖小屋や倉庫ほどもあるカナダのエントモ社の飼育場で聞いた、やる気満々のコオロギが立てる元気のいい鳴き声にまで思いをはせた。雄のコオロギは、用意ができたことを鳴き声で知らせる。雌はどこだ？　時間があまりないんだ！　採集者や養殖業者にとって、この詠唱、さえずり、歌は重要な合図であり、昆虫を扱おうとする者への昆虫からのメッセージなのだ。

　昆虫食の習慣のない都市住民、特にロックンロールを聴いて育ち、保護用のイヤーマフをつけずに工場で働くわれわれは、非常に大きな音に慣れっこになっている。地球上のあらゆる動物の中で、体重あたりもっとも大きな音を立てるのは小さなチビミズムシ（*Micronecta scholtzi*）で、ペニスを下腹部にこすりつけて九〇デシベルを発生させることができる。この科に属する別の昆虫、アシャヤカトルの卵はアステカで売られており、スペイン人はこれをメキシコのキャビアと呼んだ。

　私はミズムシの声を聞いたことも、そのキャビアを食べたこともないが、東海岸種の周期ゼミ属のヘビメタじみた金切り声に耳を痛めつけられてきた。この虫は、よくその名を知られ、機会があれば祝宴で食べられ、大発生しては嫌われ、劇的に予測できる規則性を持って地面から現れる。この種は、周期がずれていてアメリカ全土で同時に発生せず、ローマ数字で分類されている。こうした周期ゼミは北アメリカでだけ見られ、その出現の間隔は常に二つの素数――一三か一七――のどちらかだ。この現象に納得のいく説明をした者はまだ誰もいない。生命の大いなるダンスの直前、幼虫は地表のすぐ下に潜んで、一斉にステージに出る準備をする。ちょうどいい温度と湿度になると、何十万、何百万と現れて、近くの木によじ登り、脱皮して、お披露目パーティーを始める。虫を食べる動物たち――魚、小型哺乳類、カメ、鳥、人間――にとって、セミの出現は腹いっぱい食べられるまたとないチャンスだ。白く軟らかい成虫は、数時間で黒く硬くなってぎこちなく飛び回るようになり、雄は騒々しく鳴く。素数ゼミの一生のこの時期を、音楽家で哲学者で博物学者のデイビッド・ローゼンバーグは（著書 *Bug Music: How Insects Gave us Rhythm and Noise*［『虫の歌：昆虫はどのようにリズムと騒音を私たちにもたらすか』］の中で）「どんちゃん騒ぎと音楽とセックスだけの数週間」と表現している。[*51] 一〇日ほどしてセミは交尾し、そしてこの手のパーティーの常として、お楽しみは終わる。雌は約五〇〇個の卵を木の皮に開けた隙間に産みつける。六〜七週間後（そのころには成虫は死んでいる）、小さな幼虫が孵化し、地面に落ちて穴を掘り、休息し根をかじり師管部を吸って最高のときを数年送る。成虫が死ぬと、その身体はセミが好むニレ、カエデ、オーク、トネリコにとって大量の肥料となる。

彼らが立てる騒音はともかく、周期ゼミは落葉樹林において重要な長期的栄養再生者なのだ。

しかし、昆虫の生態学的な音風景の多くは、もっと静かで、ヒトの耳を意識したものではない――特にロックと工場労働で壊れた鼓膜の持ち主に向けたものではない。

一九七七年、カナダの作曲家、教師、演奏家であるR・マリー・シェーファーは『世界の調律：サウンドスケープとはなにか』を出版し、その中で音響生態学と――学術雑誌や書籍の中で――呼ばれるようになるものを考案した。シェーファーの主張によれば、われわれは大きな騒音、鳥、コオロギに注意を払いすぎ、その結果さまざまな昆虫と植物のあいだの複雑で微妙なコミュニケーション・システムを見過ごしている。

一九九二年、演奏家で作曲家のデイヴィッド・ダンは *Chaos and the Emergent Mind of the Pond*（『池のカオスと創発的精神』）をリリースした。これは、北アメリカとアフリカに棲む水生昆虫が立てるカチカチ、パチパチ、ブンブンというリズミカルな音を録音した（そして並べ替えた）ものだ。一五年ほどのち、ダンは

*The Sound of Light in Trees: The Acoustic Ecology of Pinyon Pines*（『木々の中の光の音：ピニョンマツの音響生態学』）を公開した。小さなマイクロホンと変換器をアメリカ南西部に生えるピニョンマツ（*Pinus edulis*）の木の師管部と形成層に設置して、ダンはキクイムシ（*Ips confusus*）と、おそらくはマツノキクイムシ（*Dendroctonus*）、さまざまなタマムシやカミキリムシの幼虫の「声」と虫同士の会話を録音した。ダンと同僚たちは虫がついた木と健康な木を比較し、「昆虫と木の生体音響学的相互作用」と彼らが呼ぶものが「害虫の個体数動態と引き起こされる広範囲な森林枯死の主な推進要因[*52]」だと提唱した。

二〇一五年、スペインの研究チームは、小さなカメムシの一種 *Macrolophus pygmaeus* と *Macrolophus costalis* についての研究結果を発表した。この昆虫はアブラムシやコナジラミなど野菜の害虫を食べる。レーザードップラー振動計を使って、彼らは「基質媒介」震動信号と呼ぶものを測定した。彼らが突き止めたのは、この小さなカメムシが、それぞれ固有の和声構造を持つ、二種類の異なる音を中心に確立されたコミュニケーションを使うことだ。一つ目の「キャンキャン」音は重要な交尾前の歌の基礎だ。もう一つはカメムシが歩いて過ごした時間と関係づけられるようだ。

## 世界を知覚する方法

視覚に障碍がない場合、私たちのほとんどは空間の中で自分の位置を確認するのを視力に頼っており、また自分たちの視覚世界は昆虫のものと似通っているとたいてい決めてかかっている。だが、ミツバチが「赤色盲」であることを私たちは知っている。ヒトと同じように、ミツバチは三種類の感光色素を持つが、その幅は紫外線から青、緑までの範囲だ。つまり、人間には見えない三八〇ナノメートル未満の紫外線の波長に反応するということだ。人間は青、緑、赤の受容体を持つが、われわれに赤に見える部分はハチには黒にしか見えない。一方、トンボとチョウは五色型色覚を持つらしい。人間が生まれつき五つの色チャンネルを持っていたら世界はどう見えるのか、想像するのは難しい。

もちろん、視覚は色を見分けるだけではない。ハチのもののような紫外線フィルターを通して見た花は、私たちが「普通の」光と思っているもので見たものとまったく違っているだろう。あるものには、アラゲハンゴンソウのように、花粉媒介者を引き寄せるために的のような模様があるらしい。またあるものには、昆虫の着陸を誘導する滑走路のように見えるものがある。昆虫の視覚世界を、われわれとはさらにかけ離れたものにしているのは、日光の下で生きる昆虫の多くが、個眼と呼ばれる独立した光受容ユニットが複数個集まった複眼を持つという事実だ。個眼からの情報は脳で合成され、一つの正確な像が作られる。これは連立像眼と呼ばれる。

ホタルや蛾など夕暮れあるいは闇の中を飛ぶ多くの昆虫は、重複像眼と呼ばれるものを持つ。これは昼行性昆虫の連立像眼に比べ光感受性が一〇〇倍高い。重複像眼では、個眼が協力して、網膜に一つだけ像を結ぶ。私たち一家がジャワに住んでいたとき、私は街の灯でかすんでいない澄み切った空の星を見ようと、たまに暗い田舎に出かけていった。水をたたえた暗い水田を見渡すと、ホタルが一面にかすかに光り、同時に点滅しているのに心打たれた。当時の私が知らなかったのは、自分が見ているのは、相手を捜す雄のホタルが、種ごとに固有の光のメッセージを送っているところだということだ。同じ種の雌は独特の光で応え、このようにメッセージを送る。「ここだよ。準備ができて、いつでも待ってるよ！」

近縁種が発する信号の雑音の中で、適切な光信号を送り、解釈し、受け取れることは、この甲虫にとって死活問題だ。ポティヌス属のホタルの雄にとってはあいにくなことに、近縁だが別種のポトゥリス属の雌は、ポティヌスを含め他の数種の信号体系を解読している。「こっちにおいで」の信号にポティヌスの雄が張り切って反応すると、ポトゥリスの雌はそれを捕食してしまう。これは競争相手を減らしながら同時にごちそうにありつくうまい手ではないだろうか。

連立像眼のミツバチの眼も重複像眼のホタルの眼も焦点調節能力を持たず、眼窩《がんか》の中で動かすこともできない。しかしそれは、われわれの眼よりはるかに素早く動きを捉えることができ、効率がよい。だから昆虫を捕まえるのは難しく、またこれはあまり付随被害を伴わない養殖技術を作り出そうとする人たちに大いに関係がある。

世界各地で食用にされているタマオシコガネは、偏光パターンや太陽光線、星、より具体的には天《あま》の川のような星座からの視覚的刺激を利用する。昼行性の甲虫は、太陽光線に反応するコンパスであるニューロンを持つ。夜行性甲虫の脳にあるニューロンも、月からの偏光や、日勤組を導くものの一〇〇万分の一の明るさでしかない光の刺激に反応できる。甲虫は、競争相手や泥棒を避けるために、糞の山から一直線に去る必要がある。移動を始める前に、彼らは糞玉に登り、星と踊って、自分の位置を特定する。自分がどこにいるか、どこに行く必要があるかがわかると、玉を転がし始め、道に迷うとときどきまた玉に登って踊る。

視覚、聴覚、味覚、触覚の他に、磁気受容を利用する昆虫もいる。磁場を使って位置を確定し、新たな土地への進路を決める能力だ。この能力はアリ、シロアリ、ミツバチで詳しく記録されている。

人間と同様、昆虫にとっても、世界を知覚することは必要であるが、十分ではない。そうした感覚入力がどのようにまとめられ使われるかが、生存維持を決定する。昆虫はわれわれとまったく違った時間と空間の感覚を持つ世界に生きている。磁気や偏光のグラデーションに関わるもののような、言葉には表せてもほとんど想像のつかない感覚を別にしても、色や動きが全体に占める割合はごくわずかにすぎない。近所に親切な神経科学者がいたら教えてくれるかもしれないが、何かを見ることとそれを知覚することは同じではないのだ。それでは私たちが見ているものは、正確には何なのだろう？　知覚のプロセスには、複数の情報源を意思決定のために統合・評価することが含まれる。これは食べ物なのか？　敵なのか？　どうでもいいものなのか？　ミツバチは、このような知覚源をすべてまとめる方法を進化させ、それらを用いて、複雑さという面で私たちのものと肩を並べる言語を作り出している。彼女らは複雑なダンスの動きに、匂いと太陽の方向を組み合わせて、仲間と意思を通じ合い、蜜源や花粉源の所在や質を説明したり、分蜂群の新居候補地の中でどれがいいか協議したりする。

昆虫においては、私たちはプロセスを、ある種の神経生理学的または神経解剖学的アルゴリズムが生み出したものだと考える。人間において、同じ種類のデータは抽象的な推論を証明するのに使われ、われわれが心を持つことの証拠とされる。

ここまででおそらくはっきりしているのは、私たちが何とか理解しようとしている世界に昆虫が生きているということだ。ちょうど私たちの社会のごたごたが、古代のインド・ヨーロッパ祖語、アフロ・アジア語族、ドラビダ語族、シナ・チベット語族話者の物語と戦いの遺産であるように、私たちが住む複雑な自然界は、昆虫たちの「幾千万」という世界観と言語による対話の共同遺産なのだ。昆虫は世界を（人間と範囲の異なる）色、（人間と範囲の異なる）音、（人間と範囲の異なる）匂いで、そしてよりヒトの感覚に関わりのあるものとして味（甘味、酸味、塩味、苦味、旨味）、触覚（圧力、痛み、温度）で理解する。昆虫はこうした感覚をすべて持ち、さらに磁気受容のようなわれわれがほとんど想像もつかないものも持っている。昆虫は世界をヒトとは違う形で──質的に、そして根本的に異なるやり方で──経験し、理解するのだ。

ヒュー・ラッフルズは、二〇世紀の生物学者にして哲学者であるヤーコプ・フォン・ユクスキュルの研究を要約して、こう述べた。「すべての生物は独自の時間世界と空間世界……生物間で根本的に異なる経験を作り出す感覚器官によって、時間と空間が主観的に経験される独特の世界を生きている」[*53]

昆虫食の新しい緑の世界で、工業的畜産の行きすぎと乱獲による生態系への影響を避けたければ、われわれは昆虫とその世界の言語と対話に注意する必要があるだろう。技術的レベルでは、こうした対話は害虫の抑制と幼虫の管理において重要だ。私にとっては、これは単なる技術的なものにとどまらない意味を持つ。私たちが食と呼ぶ生態学的親密さの円環に、昆虫をもっと全面的に組み入れようと考えるとき、この昆虫の多元宇宙に私は畏敬の念を覚える。

# 第3部

# I ONCE HAD A BUG
# 人間はいかに昆虫を創造したか

昆虫と人間は太古より互いに敵対してきた。昆虫を見たら身構え、戦闘態勢に入り、あるいはそれができなければ、必死で逃げるように私たちは心構えができている。昆虫は私たちの文化的想像力にどのように組み込まれているのだろう？　われわれは、昆虫を簡単に、良心のとがめなく殺せるように、昆虫に怪獣やエイリアンの役を割り当ててきたのだろうか？

われわれの農業、食料、疾病対策方針を動かし、われわれを21世紀の戦いに傷ついた景観に連れてきた暗い物語を探究しよう。

# 第8章 破壊者としての昆虫——I'M CHEWING THROUGH YOU

ぼくは虫を捕まえた
虫に捕まったと言ったほうがいいか

## 虫への恐怖をかき立てるもの

人間は矛盾する形で昆虫の世界を想像し、それは同じように矛盾した反応を呼んだ。二〇世紀後半まで、西洋科学技術の偏狭な考えに駆り立てられて、世界の支配的な言説は、昆虫を悪——容赦なく殺すべき害虫——としていた。今もそのように考える人々にとって「虫を食べる」ことは悪くすればむかつくこと、よくてせいぜい問題のあることだ——昆虫に毒をスプレーしてからそれを食物として出すのは、普通は行儀のいいことに思われないのだから。

大部分の者にとって、昆虫は奇妙で人間的でない他者だ。コントロールできず、際限なく増える昆虫は、われわれの家や体内にまで侵入し、病気と破壊をもたらし、すばしっこく動き回って逃げてしまう。そして彼らを皿の上で見たときは、たちまち、無意識のうちに、理性とは関係なく、伝染病と害虫の歴史が生んだ恐怖と不安が、嫌悪感というさらに本能的な感覚へと変化することもある。新しい昆虫食者にとって、ここが生物学と文化が交差する重要な場面、生理的な個人的経験が抽象的な情報と絡み合うところだ。私たちはみな地球環境に優しくなろうとしている。私たちはみな、世界に持続的に食料を供給したいと思っている。でもイモムシとバッタで？　本当に？

こんな想像をしてみよう。ひどい腹痛を訴えている人がいる。圧力で下腹がふくらみ、やがてすさまじい痛みと共に筋肉がぱっくり割れ、動物の赤ん坊が顔を出す。もし、映画『エイリアン』シリーズのように、その赤ん坊が昆虫のような姿をしていたら、われわれは、大きな動物が人間の腹を裂いて出てくるという究極の不快を別にしても、ショックを受け、吐き気を覚え、恐れおののくだろう。しかし、どんぐりまなこのサル、ロリスが同じような状況で出てきたら、不快感のほかにもっと複雑な感情を引き起こすかもしれない――まあ、かわいい！　また、出現した生き物がE.T.（同名の映画に登場する）のようだったら、自分がドタバタ喜劇の世界に入り込んだに違いないと思うだろう。

暴力と商売を通じてその生活様式を全世界に押しつけようとしてきた非昆虫食文化において、大きな昆虫型生物は映画や小説の中で、いつも決まって恐怖を喚起するために使われているのだ。[*54]

J・B・S・ホールデンの科学マインドが、創造主は甲虫を偏愛していたと見なすとすれば、小説家マルカム・ラウリーの、アルコール依存症患者が破滅して地獄へ堕ちる暗く混乱した話、『火山の下』に出てくる鮮烈な昆虫のシーンは、ヒンドゥー教の創造神の片割れ、破壊神カーリーを呼び覚ますかのように思われるだろう。ラウリーの小説に登場する領事は、「蚊をつぶした跡」がついた周囲の壁に昆虫が群がり、「虫の全世界が近づいてきてぐるりと自分を取り囲み、いまにも襲いかかってくる」のを、「どうすることもできずに」じっと見ている（斉藤兆史、渡辺暁、山崎暁子訳）。スペインの映画監督ルイス・ブニュエルによれば、サルバドール・ダリは、身体の切断に至る寄生虫の妄想に苦しめられていたという。映画『メン・イン・ブラック』『エイリアン』から、カフカの『変身』でゴキブリのような虫に変身するグレゴール・ザムザまで、昆虫型の侵略者や昆虫への変身は、非昆虫食文化では決まって悪いニュースだ。

イナゴ、アリ、甲虫の大群を見ても、ウシの大群などとは違い、大草原の田園風景や聖書に書かれた千の丘のウシを思い浮かべることはない。昆虫の大群はうじゃうじゃと集まる。侵略する。はびこる。自然の中で分をわきまえているかぎりは、エジプトのスカラベのように崇拝されたり、イソップの寓話のアリやキリスト教圏のソロモンとミツバチのことわざのように、勤勉などの美徳の手本として引き合いに出されたりする昆虫もいる。だがたいてい、虫は私たちの背筋を震え上がらせる。

この怖気を震わせるもととなる物語は、あらゆる方向からやってきて、自然とその中でわれわれがいくつも持つ役割の複雑さを反映している。情報が増えれば、余計にどうすればいいかわからなくなるだけだ。ニューヨークの通りからゴミを片づけているアリの話が出るたびに、ワニの子どもを食うヒアリの話がついてくる。そこに含まれる暗黙の質問はこうだ。人間にも同じことをするのか？　そして、ガルシア・マルケスの『百年の孤独』で描かれた群がる赤アリのシーン、「世界中のアリすべて」が死んだ赤ん坊を巣穴に引きずっていく場面を誰が忘れられるだろう？

ネイチャーライターのデビッド・クアメンは、昆虫を恐ろしいものとして見たがる願望は人間の心理に深く根ざしていると論じる。その著書 *Monster of God: The Man-Eating Predator in the Jungle of History and the Mind*（『神の怪物：歴史と精神の密林に棲む食人獣』）は、歴史を通じて人間をただの新鮮な肉として忍び寄り、むさぼり食った恐ろしい肉食動物たちの哀しい挽歌だ。こうした動物たち――ライオン、トラ、クロコダイル、クマ、オオカミなど――は、今もときどき子どもをさらっては、世界中の原生自然の近くに隔絶された人々を恐怖のどん底に叩き込んでいる。私たちはみずからの手で絶滅に追いやろうとしながら、彼らは私たちの中にとどまり、心の中の暗いジャングルに潜んでいる。同書の最終章でクアメンは、故H・R・ギーガーが同名の映画のために生み出した昆虫型エイリアンについて考察している。「エイリアン・シリーズの成功は、『ベオウルフ』や『ギルガメシュ』が不朽であるのと同様に、人を殺す怪物への恐怖だけでなく、われわれがそれを必要とし、求めていることの表れだ。そうした生物は、われわれがもっともお気に入りの悪夢の中に躍動している。彼らは私たちを心底ぞくぞくさせる。彼らは並々ならぬ勇気の爆発を私たちに促す。……LV-426〔訳註：『エイリアン』の舞台となった小惑星〕に降下してエイリアンの巣を見つけるより恐ろしいのは、私が思うに、そこに到着して、さらに次々未探索の惑星に降りても何も見つからないことだけだ[*55]」

中にはこのように考える者もいる。科学は自然から神秘性を取り除いて、私たちが怪物を必要としないようにすることができる、あるいは自分たちのすばらしい技術と地球の支配によって、私たちはこうした怪物を、熱に浮かされた想像力の産物として見るようになる、と。だが、人間の心はそう簡単に区分けできるものではなく、非昆虫食者の昆虫への嫌悪は、想像力と同じくらい科学に根を持っている。科学的報告書と悪夢のような怪物は補強しあっているのだ。

たとえば空想のエイリアンを見た映画館を一歩出ると、われわれは生きた動物の肉を食らう昆虫に遭遇する。蠅蛆症《ようそ》というのは、ハエが動物の皮膚に卵を産みつけ、ウジ虫が生きている肉を餌にする状態だ。この歓迎されざる行動をとるハエはボットフライ（ヒツジバエ）またはブローフライ（クロバエ）と呼ばれるものだ。こうしたハエは小さいが、もしそれが（映画に培われた想像力は今や過剰に活動している）巨大だったらどうだろう？

ボット《bot》はゲール語でウジを意味する言葉に由来し、イギリスの法医昆虫学者、故ザカリア・エルジンチリオールによれば、ブロー《blow》という語は歴史的にはハエの卵の塊を意味したという。紀元前数百年にホメロスは「ハエのブロー」について記しており、一七世紀初めにシェークスピアは『恋の骨折り損』の中で「金蝿どもがこのおれに／うぬぼれのぼせた蛆虫を生みつけたのだ〔訳註：have blown me full of maggot〕」、『アントニーとクレオパトラ』では「裸のこの身を横たえて、蛆虫どもの住みかとし〔訳註：Blow me into〕、見るもいとわしい姿に変えてしまいたい」と書いている（小田島雄志訳）。幸い、生きた人間の肉を食べるウジ虫と遭遇することはめったにない。もっと普通に——そしていろいろな意味でもっとやっかいなことに——私たちは人間の血を吸うものたちに囲まれている。

## 人間を食べる昆虫たち

二〇〇七年、私は国際獣疫事務局（ＯＩＥとしても知られる）[*56]が後援する代表団に参加していた。われわれ三名——いずれもヨーロッパ系——はカンボジアの家畜防疫の能力を評価することを目的にしていた。一週間足らずの間に、私たちは南部の平らな水田のあいだを車で走り、田んぼからメコン川の数ある支流の一つへと延びるがたのきた囲いの中をちょこちょこ歩き回るアヒルの群れを吟味し、南部のベトナム・カンボジア国境からトンレサップ湖（この国の中央の大部分を占める豊かな湖）の北端まで事務所を見て回った。夜明け前から日没まで、私たちはさまざまな施設を訪問した。質素な公立研究所、贅沢な民間研究所、小さくて汚い薬局、急ごしらえの検死室、研究センター、ポルポト政権の野蛮な反知性主義によってほとんど破壊され、再建に苦心している大学、ブラーマン種のウシが日の光でいっぱいの空気を呼吸しながら死んでいける野外食肉処理場の「寝台」、破れて血だらけの半ズボンをはいた幼い少年たちが、プラスチックのバケツを手に、ほとばしるブタの血、飛び散った腸、捨てられた肉の切れ端を奪い合う半ば隠れた処理場。私たちはニワトリ、アヒル、ブタ、ウシ、放し飼いのものとケージ飼いのもの、みすぼらしいもの、太ったもの、死んで鉤《かぎ》からぶら下がったものを見た。プノンペンとシエムリアプのあいだの道中で、私は変わったものを見た――それでも、意味のわからないものは見えないというダグラス・アダムス流に言えば、私はそれを見ていないのだった。

緑の田んぼ一面と、水をいっぱいにたたえた灰色の水路とため池沿いに散在する構造物から、半透明のビニールシートがはためいている。それぞれの帆の下には同じ素材でできた長方形の「船」がある。昼間それらは通常丸めてあるが、夜になると広げて、縦長の四角い帆を垂直に張った形になる。私にとってそれ以上に興味深かったのは、それが夜にはぼんやりとした四角い顔の案山子《かかし》のように明かりで照らされ、風雨にカタカタと鳴りはためくことだ。これについて質問すると、ガイドは微笑んだ。次の路上市場で彼は、クルミ大のタガメが山盛りになった大きなかごを示した。この甲虫は光に引き寄せられてシートに飛び込み、下の容器に落ちたのだ。それは食べ物だった。人間の。

当時、私はこれを少々気味の悪い珍味だと思い、一九六八年に、重くフレームの入っていない緑色のキャンバス製バックパックを引きずって、同じ地域を歩き回ったときのことを思い出した。シャツの背中が汗でびしょ濡れになって、あとで脱ぐときにびりびりに裂けた。タイのバス停で、開いた窓から少年たちがしきりに勧めてくる甲虫の「ムシ・ケバブ」を私は辞退した。今回も、このゴキブリに似た虫を食べることを考えると、私はぞっとした。

タガメがタイ、ラオス、カンボジアで焼いたり揚げたりされていること、タイ人はそれをたくさん食べるので、近隣諸国から輸入していること、生息地の変化と汚染によって野生では数が減っていること、価格が上がっており、混み合うと共食いを始めるので養殖が難しいことなどを一九六八年、あるいは二〇〇七年には私は知らなかった。こうした虫について心配することが、獣医師としての自分の仕事に関わるものだとか、OIEとカンボジアの農務省がこれに興味を持つはずだとかは思ってもみなかった。あるいは、こうした昆虫が、全世界で地域的な食料安全保障を確保するための、多様な手がかりの一つだということも。

なぜそうしたことを私は思いつかなかったのだろう？　おそらく人類の福祉に対する目前の課題に気を取られていたからだ。

私が見ていたのは、昆虫に食われる人間の影響だった。オートバイの前に男性が、後ろに女性が乗り、あいだに子どもが挟まっているのを私は見た。これは東南アジアでは珍しいことではない。子ども二、三人と両親、満杯のショッピングバッグが小さなオートバイに乗っているのがよく見られる。ここ、二〇〇七年のプノンペンで違うのは、女性が点滴バッグを掲げていて、バッグから出た細いチューブが子どもの腕に差し込まれていることだった。カンボジアは出血性デング熱の流行のまっただ中にあり、二〇〇七年には四万人が病気にかかって死者は四〇〇人を超え、その多くが子どもだった。デング熱ウイルスは――ジカ熱や黄熱病のウイルスと同様に——蚊が媒介する。雌の蚊は哺乳類の血を餌とし、そのためウイルスをある血の食卓から次へと移動させる。皮肉なことに（明らかな種の壁を無視すればだが）、雌の蚊は、自分の子どもが命をつなげるようにヒトの血を吸うのだ。荒々しい母としての本能は、多くの種に、不利な条件の中で長きにわたり生き抜くことを可能にした。蚊は人間を「やっつけてやろう」としているわけではない。ウシの血を飲むマサイ族のように、血のソーセージを食べるフランス人のように、人間の血を利用する蚊、シラミ、ダニは、自分や子どもの栄養にしているのだ。

血を餌にするのは蚊だけではない。オオサシガメは約七〇〇〇種いるサシガメ科の昆虫で、半翅目（カメムシ目）の肉食・吸血昆虫である。中央オーストラリアにサシガメを食べる先住民がいるという報告もあるが、この昆虫について思い出すのは、食べられたときであることのほうが多い。オオサシガメは人間やその他の動物を餌とし、おそらく昆虫を食べる祖先から一億七五〇〇万年以上前に進化したと思われる。オオサシガメはクルーズトリパノソーマに感染していることがある。これは、うねうねしたヤナギの葉のような形で鞭毛を持つ住血寄生虫だ。トリパノソーマはさまざまな形の睡眠病をアフリカ、オーストラリア、南米で哺乳類と有袋類に引き起こしているが、最初は昆虫を宿主にした寄生虫から進化したものらしい。超大陸パンゲアは約二億年前に分裂を始めたが、アフリカと南米が分かれ、寄生虫もしっぽを振りながら後を追っていったのは二、三〇〇〇万年前のことだ。

オオサシガメは夜になると土壁の暗い裂け目から現れ、壁やハンモックのロープを這い降りてくる。眠っている人を見つけると、血を吸うのに都合のいい場所、たいていは眼や唇の脇の粘膜が露出した場所を探す。このためオオサシガメにはもう一つの俗称、キッシングバグ（kissing bug）がついた。眠っている人を起こさないように、虫は少量の麻酔薬を注入し、それから血を、たとえば目頭から吸い、糞をして家に帰る。人間は目を覚ますと、かゆい目をこする。そうして寄生虫（糞の中にいる）を目にすり込んでしまう。

刺されたところにアレルギー反応を起こす人も少数いるが、ほとんどの人は病気になることなく寄生虫を抱えている。約一〇パーセントが慢性疾患にかかり、心臓が弱って肥大し、また腸や食道が拡張してたるむ症状が起きる。こうした症状は数十年かけて進行することもある。想像通り、この慢性病にかかった人々は活力を失い、たいてい悲惨なことになる。

ダーウィンでさえ、科学と「客観的」観察を賞賛しながら、吸血昆虫への嫌悪感を抑えることも隠すこともできなかった。『ビーグル号航海記』の中でダーウィンはこう記している。「われわれはルクサン川を渡った。それは相当に大きな川であるが、その海へ向かう流路ははなはだ不完全にしか知られていない。平原を越える間に、蒸発して消失する疑いまである。われわれはルクサンの村に宿った。それは庭に囲まれた小区域で、メンドザの地方では最も南の耕作を施された地であり、主都から南へ五リーグある。夜間に、私はベンチュウカ *Benchuca* の攻撃（そうよぶより他はない）を経験した。これはレドュヴィウス Reduvius 属の一種で、パンパスにいる大形な黒いなんきんむしである。一インチほどの長さで、翅のない、柔らかなこの昆虫が、体を這い回る感じほど、気もちの悪いものはない。血を吸わぬうちは、この虫は全く痩せている。しかし、後には円くなって血でふくれ上がる。この状態の時は押しつぶしやすい」（島地威雄訳）

ビーグル号での航海から数年、ダーウィンは倦怠感、動悸、極度の疲労、鼓腸、漠然とした腸の不調に悩まされた。少なくとも四〇の異なる診断名が提示されている（やれやれ、素人医者は気楽だね！）。その中には、ダーウィンがトリパノソーマ病に感染していたと推測する著者が何人かおり、またザカリア・エルジンチリオールは、ダーウィンが慢性的な病気で家に閉じこもる必要がなく、野外を博物学者仲間と歩き回っていたら、『種の起源』を書いただろうかとまで言っている。ガウディがヤギの乳を（天然の栄養食として）飲むことでかかる慢性ブルセラ症を患っていなかったら、サグラダ・ファミリアを設計することはなかったかもしれないと言ったことのある私は、いくらか温かい気持ちになったが、この説には証拠がない。私は病気で家にいるとき、あまり書き物をしない。もっともそれは私だけかもしれないが。

また別の研究者は、ダーウィンの病気はミトコンドリアの突然変異によるものだと示唆している。つまりはダーウィンの母親の責任ということになる。ミトコンドリアは母系を通じて受け継がれるからだ。そうだとも！　いつだって悪いのはママさ！

## 害虫――農業被害をもたらすもの

人間と昆虫との戦いがすべて、人類に対する直接の攻撃の結果というわけではない。多くの場合、私たちの怒り、恐怖、嫌悪は、大好きな食べ物への攻撃によって引き起こされる。ヨーロッパ人、アフリカ人、アメリカ人の自然界との関係を形成した神話の中で、エジプトを見舞ったイナゴの大群〔訳註：イナゴと訳されることが多いが、実際にはトビバッタ〕の物語ほど強烈なものも少ない。かのユダヤ人の建国神話に描写された蝗害《こうがい》の話は、紀元前六世紀のバビロン捕囚の際に口承から集められたもので、それが今も力を持っているのは、その破壊を人類が、何度も繰り返し経験しては語ってきたからだ。

トビバッタは昆虫界のダース・ベイダー、悪に堕ちた善人だ。大半のバッタとは違い、トビバッタは二つの相を持つ。一つは孤独な生活（混雑してはいても）に適したもの、もう一つは群生することを意図したものだ。多産の年には、孤独相のトビバッタはウサギよりもよく繁殖する。それに伴う個体数の爆発的増加が、干ばつと餌不足によって悪化すると、糞の中に化学物質が放出され、混雑してくると脚の毛の変動が多くなる。このような状況では、雌が生化学的に刺激された卵を産み、かえった幼虫は過密状態に置かれ続けることでホルモンの変化が促され、翅を長く成長させ、実際に密集しようとする。帝国時代のヨーロッパの探検家や、中世ヨーロッパの超満員のあばら屋から逃れてきた人々のように、トビバッタはやる気満々、今にも群れをなして飛び立とうとしている。座して飢えるより故郷を離れろと、ホルモンが言う。群れで移動するあいだ、トビバッタは菜食主義を捨てて手当たり次第に何でも大量にむさぼり食うようになる。

一九世紀には大規模で壊滅的な蝗害が突然、予測できるパターンなしに起こり、争うように餌をむさぼる暗澹たる状況で、アメリカ中西部一帯を騒然とさせたようだ。政治家、宗教指導者、科学者はこの大発生を、宗教的伝統の重さと神秘的な大自然の恐ろしい怒りに見合った言葉で描写した。そして突然、世紀の終わりにトビバッタは姿を消した。蝗害は二度と起きなかった。

再発することはないのだろうか？　群れがどこから来たのか、大発生と大発生のあいだはどこに棲んでいたのか、なぜ消えたのかがわからなければ、アメリカ中西部の農家と移住者は、また破滅が近づいてくるのではないかと地平線を永遠に見張ることになるかもしれない。

一九九〇年代にジェフリー・ロックウッドらの研究が行なわれる以前、昆虫学者は、大発生の規模に匹敵するトビバッタの絶滅の原因を探していた。景観の甚だしい変化、バイソンの絶滅、アルファルファ栽培の拡大、気候変動。何年にもわたり労多くして実りのない調査が続いていたある日、ロックウッドは同僚とオオカバマダラについて話していた。オオカバマダラは北アメリカの端から端まで数千キロの渡りを行ない、メキシコにある小さな木立で越冬する。幼虫はトウワタだけを食べる。このチョウはその複雑な生涯のいくつもの段階で弱点を持つことから、飛行経路では農薬の使用を減らし、トウワタの栽培を奨励するなどの努力が払われてきた。それはそれで結構なことだが、オオカバマダラがおそらくもっとも絶滅の危険にさらされる場所は、メキシコの小さな聖域だ。ここがオオカバマダラの越冬地、唯一の聖域なのだ。もしここの木がなくなれば、農薬を減らそうがバタフライ・ガーデンを作ろうが、オオカバマダラは絶滅する。ロックウッドは考え始めた。群れをなすトビバッタが、オオカバマダラのように、ある小さな未知の聖域に頼っているとしたらどうだろう？　ロックウッドはこの可能性をさらに突きつめてみることにした。

蝗害を引き起こしたロッキートビバッタ

その昆虫学スリラー *Locust: The Devastating Rise and Mysterious Disappearance of the Insect That Shaped the American Frontier*（『トビバッタ：アメリカのフロンティアを形成した昆虫の破壊的な増加と神秘的な消滅』）でロックウッドは、トビバッタが何世紀にもわたりロッキー山脈北部の河川流域に撤退して再編成していることを報告している。その後、毛皮取引のためにビーバーが姿を消すと、トビバッタの聖域はだんだん春の洪水にさらされることになった。一九世紀後半、探鉱者と鉱山労働者が金銀を求めてこの山地を目指した。労働者には食べ物が要るので、続いて農民が肥沃な谷にヒツジとウシを連れ、アルファルファを持ってやってきた。イナゴが消滅・絶滅したのは、鉱山町を支えるために土地を開墾して集約的な耕作を行なったことの予期せぬ結果だった。さらに重要なのは、それが単にトビバッタの生息地全体を変えた結果ではなく、その産卵場への直接的だが意図せぬ攻撃のためでもある——おそらくそれが主である——ことだ。

私たちの多くは、大人になるまでに蝗害についてある程度のことを知るが、さまざまな昆虫が大発生して、私たちのお気に入りの食べ物を襲っていることを知る者は少ない。ブドウネアブラムシ（*Daktulosphaira vitifoliae*）はそうした害虫の攻撃の好例である。

二〇〇五年、『ニューヨーク・タイムズ』紙に掲載されたクリスティ・キャンベルの魅力的な本 *The Botanist and the Vintner: How Wine Was Saved for the World*（『植物学者とワイン醸造業者：世界のためにワインはどのように守られたか』）の書評で、ウィリアム・グライムズはこう断定した。「ブドウの木にとってブドウネアブラムシは、人類にとっての黒死病にあたる。それはフランスだけでなくほとんどすべてのブドウ栽培が行なわれる世界で猛威をふるった、止めることのできない謎めいた殺し屋だった[*57]」

一九世紀は欧米の探検家や自然科学者のような、世界に出て観察する人々にとって非常に面白い時代だった。それは、アマチュア博物学者のチャールズ・ダーウィンやアルフレッド・ラッセル・ウォレスが、鳥やフジツボ、甲虫を観察してそれぞれ独自の旅行記をまとめた、めくるめく日々だった。微生物ハンターのロベルト・コッホとルイ・パスツールが、細菌、酵母、菌類が作る微小な世界を探索した。こうした近代科学と医学の英雄たちが、われわれの住む世界の新たな概念を創造する一方、昆虫学者、植物学者、企業家らは、農業での蝗害と害虫の大発生に対する社会の懸念と共に、一儲けしようという願望に後押しされて、農業関連の応用科学、問題解決の科学の世界へと深く掘り下げていった。研究のために標本を殺すことも、農業の振興と改善のために海を越えて動植物を持ち込み持ち出すことも、大したことに思われていなかった時代だ。大西洋を渡ってアメリカからフランスに持ち込まれた植物の中に、ブドウの木があった。ブドウの木自体は丈夫で耐病性があり、生産力は高いようだったが、できたワインはひどいものだと考えられた。一八五〇年代半ばに到着した小さなアブラムシの密航者には、当初誰も気づかなかった。

ところが一八五〇年代から一八七〇年代にかけての二十数年、フランスのワイン生産者は、ブドウの葉が縮れ、根が黒くなって腐ってしまうことにいやおうなく気づかされた。商売は行き詰まった。ワインはフランスでは一大産業だったが、政治家は経済の規制緩和に忙しく、昔ながらのブドウ生産者は嘆き途方に暮れた。一八七五年から一八八九年までのあいだに、年間ワイン生産量は八四億五〇〇〇万リットルから二三億四〇〇〇万リットルに減少した。ヨーロッパのブドウ畑の三分の二ないし九割が壊滅した。フランスの植物学者ジュール・エミール・プランションとアメリカの昆虫学者チャールズ・バレンタイン・ライリーによる徹底的な調査研究で、ブドウネアブラムシが枯死の原因であることが突き止められた。二人はその複雑な生活環をつなぎ合わせ始めた。だが、どのように対処すればいいのか？　生きたヒキガエルを一本一本の木の下に埋めるというような苦しまぎれの策は、役に立たないようだった。不平不満は多かったが、結局フランスのワイン生産者は、自分たちで出した二つの案の一つ、ヨーロッパのブドウの木をアメリカのブドウの根に接ぎ木するという方法に賛成した。こうすれば、ヨーロッパのワインの質を保ちながら、アメリカのブドウの耐病性を利用することができる。少しずつ、フランスのワイン産業は回復していった。それでも、政治的・文化的・科学的争いは続いた。カリフォルニアではブドウネアブラムシが復活した。おそらく（あらゆる昆虫がそうするように）アメリカブドウの根に適応するように進化したのだろう。ヨーロッパのブドウ畑には枯死していないものもあったので、それらは新たな対策のために育てられ、研究された。いったん復活したアメリカブドウとのハイブリッドも、フランスにしかなかった。キャンベルによれば、メモワール・デ・ラ・ビーニュは、農民が飲めるワインがアメリカ産だけだった当時を後世に伝えることを目的にした協会だ。これは「抵抗のワイン、無政府主義者のワイン、気が変になるワイン」だと断言する者もいる。つまり、カナダ英語に翻訳すれば、フランス人はそれが気に入ったということだ（と、私は思う）。

## 非昆虫食者が語る「恐怖」の物語

昆虫はこのように、人間に寄生虫を注入し、われわれの皮膚や筋肉を食い破って侵入し、苦しいときに心を癒やす偉大な飲食物を壊滅の瀬戸際に追いこんでしまう。人間が彼らと戦ってきたのも当然だ。昆虫は、われわれが本質的に動物であり、死すべき存在であることを思い出させる。こうした害虫が重要なのは、それが私たちの意識と昆虫に関わる物語――昆虫を食品や薬品として無理なく利用することを目下妨げている恐怖と不安を吹き込まれた物語――を、より広く形作ってきたからだ。

ビンセント・M・ホルトは、一八八五年に発行したパンフレット "Why Not Eat Insects?"（なぜ昆虫を食べないのか？）で、こう述べている。「まったくなぜなのか！　昆虫を食べることに何の異論があるというのか？」。ホルトはビクトリア時代の読者の反応を想像する。「おぇ！　そんな気持ち悪いものに触りたくもないし、ましてや食べるなんて！」。それでも、昆虫を食べることは科学的に理にかなっており、社会的に妥当な、世界中で理由があって行なわれていることなのだと、ホルトは主張する。「労働者の変わりばえのしない食事、パンとラードとベーコン、あるいはパンとラードでベーコン抜き、あるいはパンだけでラードとベーコン抜きが、コフキコガネやバッタのフライへと変わるとは、なんと楽しいことではないか」。どうしたわけかビクトリア時代人は、ワラジムシのソース、コフキコガネカレー、蛾を載せたトーストといったものが入ったホルトのメニューに飛びつくことはなかった。

六六年後、昆虫学者F・S・ボーデンハイマーの*Insect as Human Food: A Chapter of the Ecology of Man*（『ヒトの食料としての昆虫：人間の生態学の一章』）と題する学術書も、同じような結果だった。その主張にアリストテレス、プリニウス、イマヌエル・カントの支持を取りつけたにもかかわらず、ボーデンハイマーの同僚の科学者・研究者と学生は、虫を食べようという彼の忠告をほとんど無視した。同書の冒頭にある挿絵――赤ん坊を抱いた裸のオーストラリア先住民の女性が、昆虫を探しているとされるところ――は、戦後の『ナショナルジオグラフィック』誌の読者の興味をそそったかもしれないが、「未開人」や「原住民」は昆虫を食べることになんのためらいもないというボーデンハイマーの主張は、肉、牛乳、卵、ジャガイモ、ゲフィルテ・フィッシュ〔訳註：魚のすり身を使ったユダヤ教徒の伝統的料理〕を渇望する戦後のヨーロッパ人を納得させることはできなかった。この本の植民地主義的で優越感丸出しな、おためごかしの物言いは、あいにく二一世紀の読者には抵抗がある。ボーデンハイマーは幅広い歴史的・実践的関心を持つ昆虫学の専門家で、その物言いさえやり過ごせば、その著書は興味深い経験談と学術的情報でいっぱいだ。

ホルトやボーデンハイマーはじめ大勢が気づいてきたように、非昆虫食者がメニューに昆虫を見たとき一様に示す反応に、むかつき（disgust）がある。この語は古フランス語とラテン語に語源を持ち、dis は「〜の反対」、gust は「味」（「賞味」を意味する gusto、「味覚の」を意味する gustatory と同様）を意味する。類義語の revulsion（嫌悪）はラテン語の「引き離す」が語源だ。私たちが何かにむかついたときよくとる行動だ。ディスガストやリバルションは進化に根ざした本能的な反応で、私たちが腐ったものや病原体がついたものを食べないようにしている。それでも、ある種の嫌な匂いがする、腐ってウジが湧いたチーズや腐った魚が珍味とされていることは、そうした食品が後天的な好みになりうることを表している。それを食べても気持ちが悪くならないことを私たちは学習する。私たちはそれを作った人を信頼するのだ。

二一世紀になって新たに台頭してきた折衷主義的なグローバル文化において、科学と想像力は思いもよらない形で収斂し、支え合う。新鮮なサケに載せたクロアリの美味な付け合わせは、一九七七年の映画『巨大蟻の帝国』やスティーブン・キングの『霧』を期せずして思い出させるかもしれない。数億年前に絶滅したオオトンボ目の巨大昆虫は、特に恐ろしげだ。同様にル・フェスタン・ヌの皿に載った虫は、バロウズの『裸のランチ』に登場する人間サイズのゴキブリや、デイヴィッド・クローネンバーグの『ザ・フライ』（一九五八年版と共に）、『極地からの怪物：大カマキリの脅威』（一九五七年の映画で、古代の巨大カマキリが北極の氷から解き放たれて人類に襲いかかる話）を思い起こさせる。二一世紀の今では、『極地からの怪物』はパロディか、地球温暖化のために北極圏の沼地から放出されるメタンについての教訓劇のように思われるかもしれない。だが製作された時代背景を考えれば、この映画は温室効果ガス放出量削減への哲学的反省や、社会の熱心な取り組みを促すものではない。

インターネットに目を通して虫を探すと――放棄された農家の庭で草をはむヤギとは違って――個人的あ

るいは文化的嫌悪感に基づいて気を引くためにデザインされたウェブサイトや見出しに出くわす。あるものは、小さなナンキンムシが人間のもっとも個人的な聖域に潜り込んで、体液を分け合う話のニュース記事。またあるものは、「日本旅行を考え直したくなる一〇の恐ろしい昆虫たち」とか「本物の怪奇」などというタイトルがついている。あるいは、情報伝達と不安を高める言い回しを混ぜた「昆虫の大群が多くのカナダ人を悩ませている。その理由は」というようなものもある（最近、天気予報サイトで注目された）。

記事は最初から怖がらせようとしているわけではないが、使われている言葉が結果的に恐怖を増幅する場合がある。二〇一四年、『ガーディアン』紙はインドネシアの野生生物写真家ユディ・ソーによる昆虫の頭のクローズアップ写真にリンクを貼った。画像はカラフルで奇妙だが、この小さな動物の不安定で奇妙な世界の探検に私たちを誘う代わりに、キャプションはこう言っている。「恐怖に向き合う：とんでもなく気持ち悪いクローズアップ」。写真によるミクロの世界の探検はなぜ、単に珍しいものとしてでなく、こんな企画になったのだろう？

エイミー・スチュワートの『邪悪な虫：ナポレオンの部隊壊滅！　虫たちの悪魔的犯行』を取り上げたアン・レイバーによる『ニューヨーク・タイムズ』紙の書評は、ホーム・アンド・ガーデン面に掲載された。この配置は、文化的イメージが期せずしていかに微妙に補強しあうかを物語っている。スチュワートは、人類史の進路を変えた虫にだけ興味があると言い切っているにもかかわらず、レイバーは自分のトマトを食べている侵略的なアジア産カメムシに関心を持っている。

スチュワートの「邪悪さ」のリストには、ブユが生み出す死と破壊の物語が入っている。この虫は、一九二〇年代にドナウ川沿岸で二万二〇〇〇頭のウシを殺したとされる。熱帯では、河川失明症の原因となる寄生虫である回旋糸状虫の幼生を媒介し、年間数千万人に影響している。アフリカに生息するこうしたブユの一種には、シムリウム・ダムノースム（有害なシムリウム）という簡潔な名前がついている。スチュワートは、ハリケーン・カトリーナの最中に起きた堤防決壊とイエシロアリとの関連についても語っている。スチュワートによれば、「シロアリ研究者のグレッグ・ヘンダーソンは、シロアリが堤防の継ぎ目をかじっていると（ハリケーン・カトリーナの数年前に）警鐘を鳴らした。しかし昆虫学者は、そんなちっぽけな虫けらにそんな力があることを、他の人々になかなか納得させられなかった」。

F・S・ボーデンハイマーは、その一九五一年の網羅的な論評の中で、シラミを食べることが「ほとんど世界中で行なわれている」と主張した。ヒトジラミはアタマジラミからわずか一〇万年前に進化したが、ケジラミ（フランス語で言えばパピヨン・ダムール、愛の蝶）は——いったいどうしてか——ゴリラから獲得したらしい。われわれがゴリラと深い仲になったあとの都市社会において、公衆衛生プログラムと、信心深さと清潔さとの関係の強調により、かつて世界中でどれほど行なわれていようと、私たちはシラミをかじる行動に魅力を感じなくなっている。私たちはスチュワートが語る、周知のようにナポレオンの軍をロシアで屈服させた、チフスを持ったヒトジラミの短く刺激的な歴史のほうが、人類が実際に食べていたものの歴史よりも聞いていて心地よいのだ。

歴史を変えた虫に注目するとの断り書きにもかかわらず、スチュワートは歴史的には重要でないカマキリとジョロウグモに数ページを費やしている。その雌は交尾のあと（あるいは最中）に雄を食べることがある——もっともスチュワートは「本当に邪悪な虫はいない。ただ食べているだけだ」と急いで付け加えているが。メイ・ベーレンバウムが言うように、「クモは昆虫ではないという概念をはっきりと理解できない人たちでも、カマキリが性的共食いを固守しているという認識には何の抵抗もないようだ」。性的共食いは、コオロギ、バッタからウスバカゲロウ、オサムシまでさまざまな昆虫の種に、少なくともときどきは報告されていると、ベーレンバウムは強調する。その中の頂点にいるにもかかわらず、一八〇種のカマキリのうちごく一部しかその行動は報告されず、またあったにしても時と場合によってでしかなく、多くは研究室での人工的条件下でのことだ。カマキリの捕食についての世評を広めたもともとの記述は五〇〇語の話で、一八八六年に著者の友人にペットとして広口瓶で飼われていた一匹の雄と一匹の雌を根拠にしたものだった。この行動に一般大衆が興味を抱くことについてのベーレンバウムの見解は、人は「物事を不快で病的なままにはどうしてもしておきたくない」というもので、それは人間の食人に関する話題についても言えることだ。もちろん敵（カリブ人、アメリカ先住民、ユダヤ人、スコットランド人、ピクト人、大部分のアフリカ人、中国人）の食人を非難してきたのは、たいていその権力を脅かされた権力者、あるいは侵略、植民地化を行なっている軍隊だ。ドイツのハノーバーやアメリカのウィスコンシン州ミルウォーキーで、あるいは大勢のラグビー選手が乗った飛行機がアンデス山中に墜落したあとで食人が報告されても、ドイツ人は、アメリカ人はあるいはラグビー選手はみんな人食い人種だとは誰も言わなかった。すべての人間はこっそり他人を食べているかもしれないというこのような報告から導かれるいかなる推論も（SF映画『ソイレント・グリーン』があるにもかかわらず）、ひねくれたモンティパイソン風の冗談として扱われるだろう。

これは、スチュワートの矛盾するメッセージが例外的だという意味ではない。メッセージの内容が「そんなに悪くない」、あるいは「有益である」という場合でさえ、昆虫のことになると宣伝文句は対象をおとしめることが多い。それでも、その著書 *Living Things We Love to Hate*（『愛すべき嫌われ者の生き物たち』）の中でデス・ケネディは、章見出しに「ハエ——恐ろしき多産」「ハチ——社会性テロリスト」のようなものを使っている。

病気を媒介する害虫たちは、何億といる中のごく一部にすぎないが、すべての昆虫に悪評を与えてきた。彼らは恐怖を吹き込み、私たちに弱音を吐かせる。虫を食べるなんて耐えられるだろうか？ 食べ物と身体に密接な関係があることを考えれば、これは一種の悪魔との交わりではないだろうか？ その悪名が今、昆虫それ自体をありのままに見る私たちの能力を妨げている。これは人間に対しても珍しいことではない。私たちはみんな、科学者も宗教的狂信者も、先入観に沿って世界を見ているのだ。本書を書いている最中、一人のシリア人テロリストの噂が、突然すべてのシリア人に疑いを投げかけた。キリスト教イデオローグが一人、イスラム教テロリストが一人、科学の名で人を叩く無神論者が一人いれば、たちまち集団の構成員すべてが同じ焼きごてで烙印を押される。昆虫を食べ物として考えることからためになることを一つ学べるとすれば、それは注意深く、世界中のカテゴリーを超えた微妙な美と恐怖をありのままに見る能力だ。ジョージ・ハリスンの歌詞にあるように、人生は自分の内にも外にも流れ続けているのだ。

だがそれは、頭の中のイメージを変えるのには十分ではない。害虫を見るわれわれの目は、それらにどう反応するかにきわめて実際的な形で左右されているのだ。このような文化的イメージは、ある種の科学的・経済的経験談に補強されて、農業のやり方や病気との戦い方を形作ってきた。そして農業と公衆衛生の方法こそが、今、世界が昆虫食へと移行しようとするのを妨げているのだ。その方法とはいったい何だろうか？ そして——変人か広告屋がわれわれの昆虫に対する態度において意識変革をもたらすとすれば——それに代わる方法はあるのだろうか？

# 第9章　昆虫との戦いとその結果——RUN FOR YOUR LIFE

このまま行けば
殺虫剤をかけられそうだ

## 工業的殺虫剤の出現

「何百万もの人々がフレッド・ソーパーのおかげで生きている。彼こそヒーローじゃないか?」。二〇〇一年、『ザ・ニューヨーカー』誌に掲載されたマルコム・グラッドウェルのエッセイ「モスキート・キラー」の書き出しだ。このエッセイでグラッドウェルは、DDT（ジクロロジフェニルトリクロロエタン、有機塩素系殺虫剤）の奇跡的とも思われる殺虫効果を基礎にした第二次世界大戦後のマラリアとの戦い、ソーパーの世界マラリア撲滅計画について詳しく述べている。ソーパーは、DDTを民家に散布すれば、マラリアを撲滅できると確信していた。グラッドウェルはその主張を繰り返して、ある推定によれば[*58]DDTは一九四五年から一九六五年にかけて「後にも先にも人間が作ったどの薬品や化学物質より」多くの命を救ったとしている。一九三〇年代末にDDTの殺虫効果を発見したスイスの化学者パウル・ミュラーは、一九四八年にノーベル賞を受賞した。一九六七年、レイチェル・カーソンが殺虫剤の乱用の予期せぬ影響を丹念に記録し始めるころには、DDT使用の過程で選択された、抵抗性を持つ蚊がすでに出現していた。

殺虫剤をめぐる論争は、昆虫食の議論の中を断層のように走っている。この論争は、熱帯の国で働く公衆衛生の推進者と、温暖化を研究する環境科学者の争いになることが多い。それは気候変動、環境保護、経済開発、農業、食料安全保障が互いにルールのない金網デスマッチを戦う中で発生すると考えられる、ある種の頭の痛いジレンマだ。

二〇一三年に発表された、新しい昆虫食ムーブメントについての論評「それではどう食べる? 昆虫食への意識と持続可能な食習慣」で、ヘザー・ローイらは南アフリカ・マリ共和国の村サナンベレの話を詳しく語っている。ここでは以前、子どもたちが、アワ、モロコシ、トウモロコシ、落花生、魚などからなる食餌の一部としてバッタを採っていた。マリの農家が、水の消費量が多く農薬に依存した綿花の栽培に移行すると、現金収入は増えたが、引き替えにタンパク質・エネルギー栄養障害も増加した。同様にマダガスカルでは、二〇一二年にトビバッタの大発生により、トビバッタを食べたい人たちと、食べ慣れた主要食料源を壊滅させるトビバッタを殺虫剤で駆除したい人たちとのあいだで争いが起きた。それは昆虫食をめぐる議論のすべての亀裂に波及し、もしうまく扱わなければ、昆虫食という体系全体を崩壊させかねない難問だ。

殺虫剤についての議論は昆虫食に強く関わるので、この問題はもっと詳しく検討する価値がある。産業革命と、アメリカのアイゼンハワー大統領が言う軍産複合体の出現以来、昆虫を殺すための兵器は、人間相手の戦争をするときのものと同様に、その致死性と無差別な付随被害の規模を増し続けている。空爆がミサイルランチャーを持った兵士にもズッキーニを売る商店主にも等しく破壊をもたらすように、DDTは食用コオロギと致死的なサシガメを、あるいは蜜を運ぶミツバチとマラリア原虫を運ぶ蚊を区別しない。一方で、こうした戦争の正当化は常識的知識として扱われるようになっている。二〇世紀における殺虫スプレーや薫蒸式殺虫剤の使用には、われわれには当然奴らを滅ぼす必要がある——さもなければ奴らがわれわれを滅ぼす——という前提が言外に含まれている。過去の宗教的迷信を私たちがどう考えるにしても、当時の人々は他の視点の可能性を、少なくとも考慮はしていたようだ。

　昆虫食の伝統がないヨーロッパでは、昆虫の大群の襲来は、道徳的問題として捉えられることがよくあった。イナゴの群れは悪魔からの攻撃として、あるいはわがままな人間を懲らしめるため神が送った軍勢として考えられたらしい。後者はイスラム教の見方であるようだが、キリスト教の見方はどちらでもおかしくない。蝗害が神の罰であるなら、人は耐え、悔悟し、行ないを改めることを求められる。この見方はギリシアの言い伝えに沿っていた。そこでは殺人が正しく罰せられないと、怒りが悪疫をもたらすと考えられていた。中世ヨーロッパでは、教会が単純に怒りの代わりに悪魔を据えた。これがカミュの小説『ペスト』で、パヌルー神父が格闘していた疑問だ。もし疫病が悪行に対する神の罰であるなら、医療は神との敵対にならないだろうか？[*59]　もし昆虫の大発生が悪魔の仕業なら、それはさらに複雑な二元論的善悪の神学——なぜ全能の神はこのような苦しみを許すのか？——と、より簡単な実際的解決策を生み出すだろう。手元にある武器で反撃すればいいのだ。

　紀元八八〇年、ローマ教皇ステファヌス七世は、トビバッタの群れをローマ周辺一帯から追い払うために聖水を与えた。しかし多くの場合、キラービーや蝗害への正しい対応は教皇直々の布告ではなく、教会裁判所が双方の代理人として任命された弁護士と共に決定した。弁護士の策謀と派手な弁舌を伴う、複雑な訴訟が提起されるのだ。[*60] このような法廷論争は、近年の殺虫剤使用をめぐる集団代表訴訟や政治的論争とあまり変わらない。ただ今では、私たちがそうした製品は持続可能な食料安全保障を促進するのか破壊するのかを議論するとき、それが「自然」――神という概念の現代的であいまいな代用品――に従ってはたらくか、不利にはたらくかについて話しているだけのことだ。

工業的に作られる殺虫剤の出現は、昆虫との戦いの枠組みを変えなかった。それは善（「自然」なもの、あるいは代わりに、より多くの食料生産を可能にするもの）と悪（手つかずの白然、人間と人間の食料を破壊する力、反テクノロジーの機械破壊運動《ラッダイト》）の概念に埋め込まれたままだ。だがこのような力の解釈のされ方は、特に人口過多と天然資源の過剰消費に関わる議論の中で、常軌を逸してしまうことがある。私は一九九〇年代、持続可能性に関するオンラインディスカッショングループのメンバーだった。私たちはみな何らかの分野の人文学者や職業的科学者だったが、グループのメンバーの一人は、私が疫学者だと知ると、「私の仲間たち」が問題なのだと宣言した。疫学者はあまりにも多くの人々を生かしておく方法をあまりにも多く発見し、実行してきた！　環境問題が善悪の戦いとみなされるのには慣れていたが、自分が悪の側にいると考える人がいたと知って、私は心おだやかではなかった。

工業化と、特にＤＤＴの発明によって変わったのは、われわれの武器の威力と到達範囲だ。第二次世界大戦中のＤＤＴの散布、薫蒸、噴霧は、ナポレオン軍を敗北させたような壊滅的なチフスの流行を防ぎ、橋頭堡の建設と戦闘の勝利を可能にした。マラリアを抑制し撲滅するための構想は、しばしば訓練、戦闘、戦争という言葉で表現される。

グラッドウェルによれば、フレッド・ソーパーは「ファシストだった――病気のファシストだ――なぜなら彼は、マラリアと戦うものはそうあるべきだと信じていたからだ」。グラッドウェルは『ザ・ニューヨーカー』誌の記事をこう締めくくる。「その姿勢には賞賛すべきものがある。ＨＩＶ、マラリア、その他数え切れない病気が第三世界で引き起こしている荒廃を見るとき、何よりわれわれに必要なのは、軍隊を指揮して各家庭に送り、その一挙手一投足を監視し、成功を導き、無関心から汗をかかない日があれば、彼らを解雇する、そんな人間だという結論に達さざるを得ない」

一方で、病気の扱いに戦争の比喩を使うことは、救急医療――知識や専門的な技術および技能に基づく迅速で効果的な介入――に便利な類推を与える。そして同時に、そのような比喩を使えば二つのまったく異質な活動をいっしょくたにし、環境社会学的生活の複雑な網目の中で、きわめて有害な結果を招きかねない混乱を作り出す。[*61] これは、比喩が現実と混同されたとき、特に言えることだ。殺虫剤と近代戦争のつながりは、医療と戦争のつながりよりもさらに強固だ。それどころか殺虫剤と戦争の密接な関係は、比喩と実践の両面で正当化されている。ＰＤＢ（パラジクロロベンゼン）は、第一次世界大戦中の爆薬製造の副産物で、のちに殺虫剤や防虫剤に利用された。第二次世界大戦が起こらなかったら、ＤＤＴがあれほど早く研究室から現場に出てきたかどうか疑わしい。さまざまな組成のヒ素化合物、有機リン酸化合物、シアン化水素、クロロピクリンも同様に、人間同士の戦いにも昆虫との戦いにも武器として使われた。

実際に害虫を相手に戦っているのと同じように、われわれは医療設備を使って本当に病気と戦争をしているのだと主張する者もいるだろう。飛行機もインターネットもやはり軍事が起源の技術だが、私たちはこれらの製品に価値を見いだしていないだろうか？　戦争のあるところ金がある。戦争の産物を取り入れて、剣を鋤《すき》に打ち直し、爆弾を発電所に作り替えて平和利用すればいいのではないか？　技術革新がどこから来てどう使われているかという一般的な議論を、ここで扱うつもりはない。私が懸念しているのは、われわれが昆虫全般との関係をどう形作るかであり、その中のあるものを食べようというわれわれの願望に、この枠組みがどう影響するかだ。私は、寄生虫を持った蚊をコウモリ、魚、鳥の食物源として保護することの賛成論を主張するつもりもない。こうした主張は、倫理学者、生態学者、昆虫学者、公衆衛生運動家のあいだにある未解決の、おそらく解決できない代表的な問題なのだ。

昆虫は、綱としても個体としても寄せ集めであり、人間のように、その行動の影響は善（たとえば他の種の食物源であり、われわれの食料システムはそれに依存している）とも悪（われわれが好んで食べる食物の消費者であり、病気の媒介者である）とも見ることができる。私たちが住む複雑な世界で、この二つを解きほぐすことは難しい。あいにく害虫との戦いは、それが可能だという神話に基づいている。

## 虫・環境・人をめぐる自滅的な戦い

ヘプタクロルは環境中で安定した有機塩素系殺虫剤だ。[*62] 一九五二年に初めてアメリカで登録され、シロアリのほか農家が害虫と見なす数種の昆虫に使われていた。一九七六年、レイチェル・カーソンの著書の余波と、ヘプタクロルがヒトの肝臓と生殖系に有害であるという実験結果が出たことで、米国環境保護庁（ＥＰＡ）はヘプタクロルの使用を全面的に禁止した——貯蔵中のトウモロコシの種子を守るため、ならびにパイナップルにつくアリを駆除するために使用する場合を除いて。アリはコナカイガラムシを保護し、コナカイガラムシは一部の他のカイガラムシ（たとえばヤハウェがイスラエルの民に砂漠の中でマナとして与えたものがそうだ）のように、アリが好む甘い分泌物を作る。コナカイガラムシはパイナップルの木の汁を吸う（面白いことに、パイナップルが属するブロメリア科には食虫植物も含まれている。これは詩的正義だと見なされる――明らかにドールやデルモンテによってではないが、たぶんほかの誰かに――かもしれない）。残留ヘプタクロルはパイナップルの実からは検出されなかったので、この取り決めは六年のあいだ大きな不都合もなく機能した。そして一九八二年、ハワイの保健局の化学者が、牛乳のサンプルからヘプタクロルを検出した。この結果は正確なのか？　どのようにヘプタクロルが牛乳に入ったのか？　その後、否認と再検査、殺虫剤が入っていても「過度の危険」はないとする歯切れの悪い宣言へと至る毎度のコースが続いた。何が起きたのか？　パイナップル栽培業者は、生態学的効率を高めようとして、パイナップルの木の茎や葉をウシに栄養食の一つとして与えるシステムを考案していた。栽培業者は、散布してからウシの餌にするまである程度時間をおくことになっていたが、ウシも農家もいつも予定に従うとは限らなかった。

アルディカーブはアザミウマ、アブラムシ、ハモグリムシ、ノミハムシ、ハダニ（これは昆虫ではないが、節足動物ではある）に効果のある殺虫剤だ。ジャガイモでは、これは土壌線虫を殺すのに使われていた。アルディカーブの活性化学物質はコリンエステラーゼ（通常、神経終末から筋肉に情報が伝達されたあと、アセチルコリンを非活性化する化学物質）の作用を阻害する。アセチルコリンが分解されないと、痙攣《けいれん》を起こし、時には呼吸困難を起こして死ぬ。一九八五年、カリフォルニア州とオレゴン州で流行した神経系の病気（吐き気、嘔吐、腹痛、下痢、目のかすみ、筋肉の痙攣、不明瞭な言語）の流行は、スイカを食べたこととの関係が疑われた。症状の原因はスイカの中のアルディカーブであることが突き止められた。アルディカーブは近隣の畑で栽培されているスイカ以外の作物に、あるいは同じ農地に前年（合法的に）散布されていた。

二〇一〇年にＥＰＡは、アルディカーブの製造と使用を段階的に中止することでバイエル社（アルディカーブの主な製造者）と合意したことを発表し、「アルディカーブはもはや私たちの厳格な食品安全基準に合致せず、特に乳幼児に対して容認しがたい食品リスクとなるだろう」と述べた。ＥＰＡのウェブサイトによれば、「バイエル社は、まず柑橘類とジャガイモへのアルディカーブの使用を停止し、地下水資源の保護のために他の使用法についてもリスク緩和措置をとることに合意しました。同社は二〇一四年一二月三一日までに自主的にアルディカーブの製造を段階的に中止します。残ったアルディカーブの使用は遅くとも二〇一八年八月までに停止します[*63]」。

一方、二〇一一年にアグロジック・ケミカルは、綿花、乾燥豆、落花生、ダイズ、サトウダイコン、サツマイモ用として、別のアルディカーブをもとにした殺虫剤マイミク15ＧＧの認可をＥＰＡから受けた。アグロジック・ケミカルのウェブサイトによれば、同社は「アルディカーブを二〇一六年の栽培期に向けて再販する」計画であるという[*64]。カナリア諸島で二二五の野生動物および家畜の死を調べた二〇一五年の研究では、一一七が意図的に毒殺され、四分の三以上の事例で欧州連合（ＥＵ）とカナダで禁止されアメリカでも規制されている二種類の殺虫剤――アルディカーブと、やはりカーバメイト系のカルボフラン――が関与していた。私の孫がよく歌っていたように、バスのタイヤがぐるぐる回る。

分解が遅い有機塩素をめぐる下手な広報の末、多くの殺虫剤製造販売会社は、即効性はあるが環境中で不安定な有機リン酸系殺虫剤へと移行した。このため残留農薬は減り、したがって都市の消費者からの苦情も減ったが、貧しい農場労働者のリスクははるかに高くなった。

殺虫剤（insecticide）は昆虫を殺すために作られた。接尾辞 *-cide* は「殺す」という意味で、自殺（suicide）、父殺し（patricide）、殺菌剤（fungicide）に含まれるものも同じだ。殺虫剤を売る者たちは時に、自分たちが——莫大なコストをかけて——新しい殺虫剤を作るように移行を強いられている、という印象を与えたがるようだ。それは単に、人間の健康や食料よりも昆虫や鳥のことを気にかける無責任な「環境保護主義者」の運動に配慮してのことなのだと。こうした環境保護主義者が科学者と呼ばれることはない（ほとんどはそうなのだが）。企業に異議申し立てをする者たちが科学の専門家として通っているにもかかわらず——もっとも彼らが厳密に何の専門家か、常にはっきりしているわけではない。しかし実際は、こうした強い化学物質を見境なく使ったため、多くの種で殺虫剤耐性を持つものが選択されてきた。このように薬剤への耐性が高まることは、基礎的な進化論を使って予測できたはずだ（殺虫剤メーカーは都合のいい科学しか信じないらしい）。原因が強欲にせよ甘い見通しにせよ、結果は見ての通りだ。問題は、どのように対処するかだ。

問題を作り出す一因となった企業にとって、解決は簡単だ。新しく別の、もっと高価な殺虫剤を開発することだ。通常、新型の化学製品はあたかも奇跡のように扱われる。ネオニコチノイドがいい例だ。敵にすらちょっとくだけてネオニコと呼ばれるこの化学物質は、ニコチンに似た神経刺激作用を持つ。一九九〇年代に吸汁性昆虫、咀嚼性昆虫、土壌昆虫の防除のために導入されたネオニコチノイドは、すぐに世界中でもっとも広く使用される殺虫剤になった。この製品が一種の奇跡を体現しているという認識と、これは矛盾するように思われるかもしれない。奇跡というのは、私の理解するところでは、奇妙でめったにないことだ。ネオニコは経済的に重要な農作物のほとんど、たとえばトウモロコシ、キャノーラ、綿花、モロコシ、サトウダイコン、コメ、ダイズなどのほか、リンゴ、サクランボ、モモ、オレンジ、ベリー、葉物野菜、トマト、ジャガイモなどの果物や野菜にも使用されてきた。

食用昆虫や、食物として用いられる昆虫の生産物への具体的な影響が研究されている殺虫剤は、そう多くない。ネオニコのミツバチへの影響を調べた最近の研究が例外だ。この研究は数多く行なわれている。世界各地で起きている壊滅的なミツバチの減少、より具体的には蜂群崩壊症候群（ＣＣＤ）の発生と時間的・空間的に関係があるためだ。ＣＣＤが起きると、成虫のハチが女王、多少の蜂蜜、若干の幼虫を残してすべて失踪してしまう。死骸は見られない。

一〇年以上にわたる徹底的な調査で得られた科学的な共通認識は、ＣＣＤは土地利用の変化、産業的養蜂の運営法、複数の農薬、ある種のミツバチへギイタダニや細菌（腐蛆《ふそ》病）や菌類の感染、ウイルス、免疫システムとミツバチの行動との相互作用の結果だということだ。ネオニコは至るところで使われ、いわば乱用されていることから突出している。そのうえ、ネオニコに曝露した雄バチは精子の数が減るという、直接証拠がある。問題になっている殺虫剤はネオニコだけではない。カナダとアメリカでミツバチの巣箱を調査したところ、一二一種類の異なる殺虫剤とその代謝産物が蜜蠟、花粉、ハチから見つかったことが二〇一〇年に公表されている。

もっともたたえられる貴重な昆虫の友が数を減らし、消えていく原因は、人間の昆虫との戦いと、食料生産と安全保障の拡大のために設計された工業的システムとの相互作用にあると言っても差し支えないだろう。半生をミツバチの研究に捧げたグエルフ大学教授のエルネスト・グスマンによれば、「ミツバチを殺しているのは、近代的養蜂術と農業だ[*65]」。

ミツバチ以外の他の昆虫が、局地的な土着の食物選択によって世界的貿易の商品になっていくなかで、私たちは工業的農業の虚飾と罠を避けることができるのだろうか？　この惑星に八〇億か九〇億の人類が住み、捕らえどころのない、倫理を基礎とするみずから設定した世界的な取り組み、つまり持続可能な開発、持続可能な生計、一つの健康、エコヘルス、すべての人々の健康、社会生態学的レジリエンスという、より大きな枠組みの中で食料安全保障を実現できるようなやり方で食べることができるのだろうか？　人間の食料を食べたり寄生虫を注入したりする虫を抑制し、同時に食べたいものを増やそうとするとき、私たちは目の前の難問に対処できるのだろうか？　この虫との終わりない自滅的な戦いの中に、平和へと至る道が見つかる可能性があるのだろうか？

# 第４部

# BLACK FLY SINGING
# 昆虫の新たな概念を構築する

もちろん、われわれの敵や破壊者が昆虫だけでないことはわかっている。われわれにはまた別の物語がある。

われわれがみずからに話し続けてきた物語の中でどれがいい昆虫で、彼らは何を教えてくれるのか？

より共生的な政策の選択肢をそれは示してくれるのだろうか？　私たちは、自分たちの健康と贖罪《しょくざい》のための一種のフェミニスト物語療法を、人類に施すことができるのだろうか？

虫との果てしない戦争に代わるものを探究しに行こう。

# 第10章　創造者としての昆虫
## ——MOTHER MARY COMES TO ME

私たちは恋してる。
今日は虫日和。

### 昆虫が負わされた物語

良好な栄養状態。エコロジカルな持続可能性。温室効果ガスの削減。ブラックフライは歌っているだろうか？　これは幻想なのか？

アメリカでは、ブラック・フライデー、つまりアメリカの感謝祭〔訳註：一一月第四木曜日。著者が住むカナダでは一〇月第二月曜日〕の翌日は、欲に駆られ興奮した、大混乱の買い物の日だ。二〇一二年、トロントにあるロイヤルオンタリオ博物館の自然史部長で昆虫学担当主任学芸員のダグ・カリーは、この日の中毒性のある商業主義に対抗して、ブラック・フライ・デー（Black Fry Day）を始めた。カリーの一九八八年の博士論文は、ブラックフライ（ブユ）についてのもので、北米のブユの多様性と生物地理を詳細に調査している。また、ピーター・アドラーとD・モンティ・ウッドと共著のブユについての著書は二〇〇四年アメリカ出版社協会賞を、単巻の科学参考書分野で受賞している。だからブラック・フライ・デーの提案は、必ずしもふざけた駄洒落ではなかった。それでも、こう聞きたくなるかもしれない。そんな嫌な害虫をどうして祝いたいのか？

ブユは世界各地で嫌われている。主に、血を吸い、死をもたらし、河川失明症を媒介する厄介者《ブラック・シープ》が身内に何種かいる（ブラック・フライにブラック・シープがいると言って本当にさしつかえなければ）ためだ。だが中には、いくつもの解釈ができる視点から見ることのできるものもいる。世界的に、ヒトは地球上でもっとも重要でとてつもなく複雑な生態系の多くに迷い込んでそれを破壊している。わずかに残された自然の避難場所を、ヒトによる略奪から誰が守っているのか？　北極では、めちゃくちゃには寒くない数週間、そうした偉大な環境戦士がブユなのだ。

およそ一八〇〇種いるブユの一〇分の一強がすみかとする北アメリカでは、それはほぼ利益のある厄介者だ。幼虫は気難しく、澄んで流れのある、酸素濃度が高いきれいな水にしか棲まない。だから泳いでいるときにそれを見たら、それはいい徴候だ。雄は花の蜜を吸い、受粉させる。彼らは昆虫界のフェルディナンド――花の匂いが好きで戦いが嫌いな牡牛――だ。四種のブユの雄は性行動をいっさいやめてしまい、雌は単為生殖をする。これらの種では雌は哺乳類の血を吸うが、人間以外のものを好む。カナダのツンドラだけに棲む九種のうち八種の雌は、吸血に必要な口器さえ持たない。

一九七九年、私たち一家は、私が初めて獣医師の職を得たアルバータ州北部から、二つ目の職場がある地へ向け、アルバータ州民がバナナ・ベルトと呼ぶ、トロントの北一一〇キロの地域まで車で移動した。果てしない寒帯林の中を数時間走ったあとで、スペリオル湖の田園風景を見ようと私たちが車を停めたときのことだ。外に出た二歳半になる息子が血まみれで車に戻ってきた。息子は嚙まれたことに気づきもしなかった。たぶん、他に哺乳類を見つけられなかった雌のブユが、腹を減らしてあたりにうようよしていたのだろう。いいほうに考えれば、それは湖が澄んでいてきれいだということだ。ブユは、トナカイを地形の中のある道筋に「誘導」し、先住民には現在で言う食料安全保障を確保する道具だったとまで考える者もいる。なるほど、こうした昆虫は食物連鎖における重要な食物の要素として、微小藻類と魚、鳥、皮の薄いさまよえる霊長類とをつないでいる。

終わりのない戦争のもう一つの物語は、害虫や病気の運び屋としての虫という物語に隣接し、しばしば絡み合って、たいていひっそりと存在する。こうしたもう一つの物語は、私たちと虫との関係を再構成し、六本脚の病気と災厄の源への反応が、昆虫食ともっと相性のいいものとなるきっかけを作る。「本物の怪物」のようなインターネット上の表現や「恐怖と対面せよ」などという懇願一つひとつに対して、たとえば「予想以上に美しい虫」や「ベリーズの美しい虫たち」というようなもっと愛情のあるタイトルがついたウェブサイトがあることを、まず気に留めればいい。『エイリアン』に対抗するには『ウォーリー』、ゴキブリをペットに飼っているロボットが世界を救う物語の話をすればいい。ロアルド・ダールの『ジャイアント・ピーチ』で、ジェームズの旅の道連れとなる冒険好きなバッタ、ムカデ、ミミズ、クモ、テントウムシ、カイコ、ツチボタルを思い出す人もいるだろう。ミツバチはほとんど世界中で賞賛されているが、アリにも文化的チャンピオンがいないわけではない。『箴言《しんげん》』にあるソロモンの知恵から映画『バグズ・ライフ』や『アンツ』まで、アリ科は協力と勤勉のお手本として持ち上げられている。時には、二〇一五年のマーベルのスーパーヒーロー映画『アントマン』のように、勇敢であることさえある。児童書 *The Cricket in Times*

*Square*（『都会にきた天才コオロギ』）の主人公はかわいらしいおチビさんで、『ピノキオ』のしゃべるコオロギはうっとうしいけれど本当は悪いやつではないので、コッローディの原作で木槌を投げつけられて頭を潰されてしまうのは、少しひどすぎたのではないだろうか。

こうした対立する文化的イメージと、そのもとになった科学的・文化的混乱をどう理解したらいいだろう？ 『エイリアン』と『アンツ』、マラリアと食用甲虫の、河川失明症とブユときれいな水を感情的・知的にどう混ぜ合わせるのか？ ボウル一杯の生きたシロアリを食べようというときの感情的葛藤、あるいは『スタートレック』のクリンゴンが、ボウル一杯のうごめくガーグを食べるのを見るときのあからさまな嫌悪にどう対処するのか？〔訳註：クリンゴンはヒューマノイド型異星人で、ガーグは彼らが食料とする大型ミミズに似た生き物〕

第一歩は、他者の物語にある欠陥だけでなく、私たち自身の物語にある偏見を認識することであろう。スウェーデンのかの偉大な博物学者にして博識家のカール・リンネが、生きとし生けるものの記述を規格化するという華々しくも困難をきわめた業績をなしとげたにもかかわらず、もっとも筋金入りのハードサイエンティストでさえ、今もって文化に基づいた比喩と物語に頼っている。物事自体を記述するためではないにしても、少なくともその自然界での役割について語るときには。こうした比喩と物語は、生き物についての私たちの考え方を、続いてそれを食べたいと思うかどうかを左右する。暗殺虫《アサシンバグ》（サシガメ）は、その名がほのめかすように、重要な指導者を政治的または宗教的理由で殺すのだろうか？ それとも単に他の昆虫を殺して食べるだけなのだろうか？ 大きな雌の昆虫——卵を持ち、ハチの巣やアリのコロニーの遺伝子構造を決定するもの——は女王だろうか？ 明らかにイギリスのエリザベスも、ルイス・キャロルの赤の女王だって、そうとは認めないだろう。同様に、「働き」「兵隊」という用語がアリやシロアリ、ハチに対して使われるのは、イギリスやインドの政治史や社会史の反映なのだ。

アリ、ミツバチ、スズメバチのような社会性昆虫は、特に植民地的想像力を背負わされやすい。第二次世界大戦中、動物行動学者のカール・フォン・フリッシュ（母方の祖母はユダヤ人だった）は、他の研究者がミシュリンク、すなわち混血と分類されて職を追われる中、ナチスからミツバチ研究の続行を許された。*Zeitschrift für die gesamte Naturwissenshaft*（総合自然科学雑誌）の編集者、エルンスト・ベルクドルトは、ミュンヘンの動物学会の役職からフリッシュを罷免させようとした。ミツバチの社会は非常に規律正しく組織化されていることでナチスのユートピアのモデルと見なしうるのだということを、フリッシュは十分に認識していないと、ベルクドルトは思っていた。フリッシュにとってミツバチは、単に自分の友達であり、人間以外の生命への畏敬の念を引き起こす、周囲の激しい混乱からの逃げ場だった。一九七三年、フリッシュはミツバチの複雑なコミュニケーションと意思決定方法の発見に対して、ノーベル賞を受賞した。それはハチの群れに対するフリッシュのゆるい有機的認識が正確であることを証明するのだろうか？　あるいは養蜂家で仏僧のマイケル・シールが述べたように、ミツバチは「この世界に生きるわれわれ自身のあがきを映し出し、その本能的な知恵で、私たちに「新たな生きる道」を触発する「菩薩である」のかもしれない。

バート・ヘルドブラーとE・O・ウィルソンは、その著書 *The Superorganism: The Beauty, Elegance and Strangeness of Insect Societies*（『超個体：昆虫社会の美と洗練と奇妙さ』）で、ミツバチの群れの意思決定は「最善の巣作り場所を見つけた探索バチ同士の友好的な競争という、きわめて分散されたプロセスである。それは、実質的には民主主義だ[*66]」と書いている。なるほど、わかった。だがそれは、女王のいる議会制民主主義

菜種の花を検分するセイヨウミツバチ

なのか？　それとも、このアメリカ人著者二人にはよりなじみ深い共和政体なのか？

自分たちの比喩を西洋科学に押しつけるだけでは満足できず、植民地帝国の建設者たちはその信条を世界中の国々に輸出し、その結果、アフリカ、ラテンアメリカ、ベトナム、日本の科学者は「科学的方法」を採用することで、王立協会に所属する一九世紀植民地主義的ヨーロッパ人の言語感覚に汚染されてしまった。

昆虫食推進者にとって、昆虫の名前が背負う文化的重荷は、評論家や人類学者の好奇心以上に意味がある。それはジレンマを生み出すのだ。ミツバチは直接食べると優秀なタンパク源になる――コオロギやミールワームに勝るとも劣らない。だが西洋人は、コオロギとミールワームならすぐに受け入れ、スズメバチを食べるのにも良心の呵責を抱かないかもしれないが、ミツバチの子どもを主な材料としたカレーには尻込みするかもしれない。それは私たちが、ミツバチは菩薩だとひそかに信じているか、群れが見せる統治と民主社会主義の道徳的教訓を絶賛するからだろうか？　アリや、シロアリや、スズメバチは同じような教訓を与えてくれないのだろうか？　ミツバチがハイイログマよりもパンダに似て「かわいい」からだろうか？それともミツバチは現在、工業化された単一栽培に欠かせない構成要素と考えられているからだろうか？こうしたことが複雑にややこしく絡み合っているのだと、私は想像する。

新しい物語の中には、昆虫食文化と非昆虫食文化を織りまぜて、双方の最善のものを活用し、新たな道を提案するものがある。

昆虫の歌は、このような昆虫の好悪両面についての異文化間の対話が豊富であると同時に、食用昆虫の研究とも関わっている分野だ。ハンガリーの作曲家で昆虫学者のバルトーク・ベーラは、一九二六年の組曲『戸外にて』の中でコオロギの鳴き声をまねた。バルトークは、昆虫を集めることは、民謡を集めるように、現代作曲家の責任だと感じていたようだ。一九七九年、アメリカの画家ジャスパー・ジョーンズは『セミ』を描いた。これは網状線をシルクスクリーンで印刷したもので、複雑で華やかなサラウンドサウンドのセミの声を思い起こさせる。ジャスパー・ジョーンズに触発された南アフリカの作曲家ケビン・ボランズは、二台のピアノのためのミニマリズム音楽『蟬』を作曲した。詩人のアンドリュー・ハッジンズは、やはりシンプルに『セミ』と題する詩の中で、この昆虫を「限りある夏の託宣」「私たちの頭上の歌／私たちの暑い実体を持った夕べの」と詠んでいる。

*Bug Music* は、哲学者でジャズミュージシャンのデイビッド・ローゼンバーグによる、昆虫の歌をたたえたものだ。詩と本格的音楽学――記譜法と虫たちが立てる音の再現に向いた技術の確立を含めた――の両面

で、ローゼンバーグはセミ、コオロギ、喉歌〔訳註：一人で二つの音程を同時に出す特殊な歌唱法〕を歌うキリギリスの奇妙で美しく、不思議な音楽を探究する。一方、「ミスター・フンのコオロギ・オーケストラ」というウェブサイトで、スウェーデンのコオロギ音楽学者ラルス・フレデリクソン――コオロギ・オーケストラの作曲家兼指揮者フン・リャオの名でも知られている――は、「中国コオロギ念珠合唱団」を紹介している。これは「普通一〇八匹の特に声のいいコオロギ、竹鈴、紫竹鈴、天鈴、金鈴、小黄鈴、大黄鈴のような種類のもので構成される」。フレデリクソンは、自分のオーケストラの演奏をこう描写する。「ウィーンの居酒屋、ミュンヘンあたりのオクトーバーフェスト、ボージョレーヌーボーの試飲会に少し似ている」[*67]

あるアメリカのブログが、テントウムシ、蛾、チョウ、ゴキブリ、糞虫、ブユ、トンボ、コオロギなど昆虫を描いた数十の曲とポップソングを集めている。なるほど、そのすべてが賛歌ではないが、それらは吐き気をもよおすような気味の悪い歌ではない。ポップカルチャーの中にはバディー・ホリー・アンド・ザ・クリケッツ、アイアン・バタフライ、エイリアン・アント・ファームがいる。そしてもちろん、ビートルズも。

昆虫食の領域にもう一歩踏み込むと、テネシー州ナッシュビルのアンダーソン・デザイン・グループは、食物、恐怖、昆虫の音楽を明確に一つにまとめる、セミ専門のウェブページを持っている。[*68] このウェブサイトのタイトルは「セミの侵攻」という不穏なものだが、その下のバナーはもっと感じがよい。「歌え。飛べ。つがえ。死ね」。ページ自体にはレシピ（私が最後に数えたときには六六種）、動画、読み物、写真が掲載されている。サイトはこのように痛烈に訴える。私たちは「たいていセミのライフサイクルが美しくも悲しいものであることを忘れて、騒音のことばかり気にしている」。

## エンターテインメントの中の虫

ヨーロッパでの昆虫に対する態度は、たいてい昆虫食よりも宗教、ポルノグラフィ、エンターテインメント、詩に根ざしている。しかしここでも、心の中の昆虫を愛とエンターテインメントに結びつけて、文化的創造力を再構成する可能性が見つかるかもしれない。

ノミはペットと人を悩ませるだけでなく、病原菌を媒介する。ジョン・ダンのエロティックな形而上詩「蚤」は、女性の聞き手への口説き文句という形をとりながら、ノミの旅を描いている。最初に男の血を吸ったノミは、さまよい歩いて次に女の血を吸い、二人の体液がノミの中で混ざり合う。ブロガーのブリジット・ロウは「ノミは恋人たちのために」と題して、読者にこのように言う。「ここで注意してほしいのは、『S』の活字が、ダンが詩を書いた当時『F』に似ていたということだ――おかげで詩人はちょっとしたおふざけをしながら、何一つやましいところはないと言い張れるのだ[*69]」〔訳註：SUCK＝「血を吸う」のSをFに代えると、性行為を意味する卑語になる〕。ダンの官能的な詩は、あまり褒められない、一部で昆虫ポルノと呼ばれる伝統（男性の三文詩人が、胸の谷間やスカートの中に飛び込む昆虫について、もっと露骨に述べたもの）の上品な例だ。

ノミのサーカスは、いったんは廃れたと言われたが、実はコロンビア生まれの美術家マリア・フェルナンダ・カルドーゾの手で生き延びていた。カルドーゾ・ノミサーカスは、ロンドンにあるテート・ギャラリーの常設展示の一部で、脱出（ハリー・フリーディニ）、綿の玉を持ち上げる（サムソンとデリラ）、綱渡り（テイーニーとタイニー)、おもちゃの機関車を引っ張る(ブルータス)などの訓練を受けたネコノミが登場する。

昆虫の評価は、家畜化の程度に応じてさまざまである。カイコは完全に家畜化され、人間が世話をしなければ生きていけない。群れ固まっているが、ミツバチのように自己組織化しているわけではない。私たちはその繭を衣服に、幼虫を食物に利用してきた。コオロギは家畜化されていないが、食物として、また闘蟋《とうしつ》や鳴き声を楽しむために、あるいは——ウォルト・ディズニーやジョージ・セルデン(『都会にきた天才コオロギ』の著者)を信じるなら——話術を評価されている。イナゴはまったく家畜化されていない。それは野生動物で、定期的にやってきて邪悪な敵に途方もない災厄をもたらしたり、砂漠の飢えた預言者に精神的な祝福を与えたりする。

ミツバチは昆虫の国の半野良猫だ。エジプトからマヤまで、ミノア・ミケーネの女神崇拝からヒンドゥー教、カトリックまで、ミツバチは人類の神話に名誉ある地位を占めてきた。この伝統は二〇世紀、二一世紀になっても続いている。ゲイル・アンダーソン=ダーガッツの *A Recipe for Bees*(『ハチのためのレシピ』一九九八年)、スー・モンク・キッドの *The Secret Life of Bees*(『リリィ、はちみつ色の夏』二〇〇三年)、ラライン・ポールの *The Bees*(『ミツバチ』二〇一四年)のような小説、『ビー・ムービー』(二〇〇七年)のような映画、キャンディス・サベージの *Bees: Nature's Little Wonders*(『ミツバチ:自然の小さな驚異』二〇〇八年)やマーク・ウィンストンの『ミツバチの時間』(二〇一四年)のようなポピュラーサイエンスや博物学の本が、私たちの文化的想像力の中でミツバチが特別な地位にあることの十分な証拠だ。

科学と文化における昆虫の肯定的イメージを引き上げ、拡大するのも一つのやり方だ。昆虫を含めた持続可能な食料供給法を創造しようとする人たちにとっての大きな課題は、長所と共に短所を認識して、高まる緊張とうまくつき合う手だてを探ることだろう。それどころか、混じり気なしのすてきないい話は、昆虫を不快で邪悪な略奪者とするものと同じくらい、昆虫食の妨げとなるかもしれない。

「浮気娘」と「夢の人」はどちらもビートルズのアルバム『ラバー・ソウル』の、アコースティックな伴奏がついた歌だ。「浮気娘」は独占欲と嫉妬に駆られた男の怒りを歌ったもので、ジョン・レノンはこの曲を何より嫌い、書いたことを後悔していた。「夢の人」はその前向きな歌詞「今まで知らなかった／こんなことは／ぼくはひとりぼっちで／見過ごしていた」と共に、ビートルズのアコースティック曲の最高潮だ。両方合わせると、これらは人と昆虫との二面的な関係を要約する。一方は、おまえが手に負えないなら、殺してやる。もう一方は、ああ、おまえは手に負えないほど荒々しく美しい。

マルティン・ハイデガーはドイツの哲学者であり、その一九二七年の著書『存在と時間』は二〇世紀におけるもっとも重要な哲学書に数えられている。ハイデガーはまた、少なくとも一九三〇年代半ばまで、ナチス党員であった。二〇世紀のもっとも影響力がある詩人の一人、エズラ・パウンドはファシストだった。未来の平等社会を目指した偉大な闘士であるカール・マルクスの家庭生活は模範的とは言い難く、家政婦を虐待していたとも言われている。哲学や詩をイデオロギーと分けたくなる人（私のように）もいるかもしれない。私がこのジレンマを哲学者のカレン・ハウルに持ちかけたところ、こうした人たちは、私たちがみなそうであるように、複雑で矛盾を抱えた人間であることを考えてみるように言われた。このことは、私にとって、人間と昆虫をより複雑に考える方法に気づくきっかけとなった。

昆虫や細菌、人間が善であるとか悪であるとかなどという考えは、きわめて危険な幻想の一つだ。論理的な左脳と言われていたものは、私たちに語りかける。昆虫はとんでもなく有用で、ほとんどは人間の役に立つものだ。食べよう！　本能的な右脳は昆虫を怪物として心に描く。殺そう！　この対立を虫が見ていたら、自分の運命という観点から、右脳左脳論争には疑問があると言うかもしれない。どっちにしても死ぬのだから。加えて、ロジャー・スペリーが理論化した右脳左脳の分離は、針小棒大に単純化されすぎていると現在では考えられている。脳の異なる部分が協力するとき、人間はもっともうまく機能する。脳の両半球を結ぶ神経線維の束である脳梁は、私たちを複雑な形で、完全に人間にするものだ。生態系の場合と同じで、部分と部分の対話は、伝達するものと同じくらい大切なのだ。昆虫食の推進にあたって、私たちはこうした複雑な関係を、あえて忘れているのだ。

　イナゴは凶悪な害虫だ。それはまた健康によい食品にもなる。それは両方とも事実であり、その矛盾した性質は、ハイデガー、パウンド、マルクスのものと同様に、その本質だ。長く続いているテレビアニメ『ザ・シンプソンズ』の第五一三話「マフィアのボスは会計士」では、リサがベジタリアン食が原因の鉄欠乏症を治療するためにイナゴを食べることにする。その後、夢の中で虫になじられてリサは考えを変え、すったもんだの末にイナゴを放してやる――するとイナゴはすぐにトウモロコシを食い荒らす。

　おそらくは架空の寓話作家イソップ（紀元前六世紀）の物語から『バグズ・ライフ』のような映画に見られるアリとキリギリスの物語の現代版まで、キリギリスはなまけ者、アリは働き者に性格付けされている。本来の話、そして「アリとキリギリス」が大衆文学に取り入れられてから数世紀のあいだ、キリギリスは実はセミで、それは鳴くというセミの性質を考えると、理にかなっている。数百年のあいだに、アリとキリギリスに対する見方は二転三転してきた。サマセット・モームの短編「アリとキリギリス」（一九二四年）では、なまけ者の弟が金持ちの未亡人と結婚する。ジョン・チャーディがこの話に脚色した“John J. Plenty and

Fiddler Dan"(『ジョン・J・プレンティとバイオリン弾きのダン』一九六三年)――バイオリン弾きのダンが因習にとらわれないアリと結婚する話――は、労働への妄執よりも詩を称揚している。ジョン・アップダイクが描いた浪費家のブラザー・グラスホッパーは、勤勉だが孤独な兄弟に山のような思い出を残す。

チヌア・アチェベはその傑作小説『崩れゆく絆』で、あるシーンをこのように描写している。「まったくなんの前触れもなく、一面に影が落ちた。太陽は厚い雲の後ろに隠れてしまったようだった。オコンクウォは仕事の手を止めて空を見上げ、こんな時期に雨が降るのだろうか、といぶかった。しかしすぐさま、あちこちでわっと……『イナゴが来るぞー』と喜びの声が至るところであがり……ウムオフィアにイナゴが来たのはうんと昔だったが、食べると美味いものであると、だれもが直感的にわかっていた」(粟飯原文子訳)。この小説の後半で、イナゴはこの国にやってくる白人の破壊的な大群を象徴している。

昆虫食の先進国と賞賛されることの多い日本では、昆虫は害虫であり、詩人であり、ペットでもある。ホタルの光で勉強した四世紀の中国の学者を歌った「蛍の光」からアニメ『蟲師』まで、小説の中で恐怖を喚起するために昆虫を使った江戸川乱歩から、クワガタムシを飼い、考えることを通じて親子の絆を新たにさせ、そこから家族関係の回復を願うカワサキミツヤまで、[*70] 昆虫は善としても悪としても描かれているようだが、それは確実に文化構造に織り込まれている。

ジョン・ヴァーノン・ロードとジャネット・バロウェイの絵本『ジャイアント・ジャム・サンド』(安西徹雄訳)では、チクチクむらが四〇〇万匹のハチの大群に襲われる。村民は殺虫剤をまいたり叩いたりといつもの手で対応するが、どれも効き目がない。ついに、パン屋のバップが村民を集め、村を挙げての大作戦に打って出る。巨大なジャム・サンドイッチを作り、そこにハチの罠を仕掛けるのだ。結果的に、村の住民は勝利する。物語の終わりで、ジャイアント・ジャム・サンドは「一〇〇週間」、鳥たちのごちそうになる。

改訂版を出すとするなら、村民が自分でサンドイッチを食べることになるかもしれないが、鳥に食べさせるほうが利己的でなく、エコロジカルであるように思える。いずれにせよ、チクチクむらのハチ問題の解決法は、村を困らせているものだけを標的にし、害虫を取り除くのに野生動物の行動を利用するというものだ。神経ガス兵器に出番はない。

『ジャイアント・ジャム・サンド』は私に、どうすればブラック・フライ・デーを祝うことができるかを考えさせた。私はそれを昆虫一般の祝典、ブユが気づかせてくれるきれいな水に、オーブンのコオロギクッキーに、すばらしくも恐ろしい荒野のトビバッタたちに感謝を捧げる日と考える。もし大祝宴を開いて、オーストラリアのアボリジニ、アフリカ、アマゾン、中国、東南アジアの先住民、オンタリオ州、サスカチェワン州、ネブラスカ州の農民を招いたらどうなるだろう？　それぞれの人たちに昆虫か昆虫の生産物、あるいは昆虫に（たとえば受粉を）頼っている生産物で作った食べ物を持ち寄ってくれるように頼んだらどうだろう？　コオロギやモパネワームやヤシゾウムシの幼虫、昆虫が受粉させたナッツ、穀物、果物、蜂蜜を塗ったパンを食べながら、虫の暗黒面、たとえば作物の害虫やマラリア蚊について探究したらどうだろう？　みんながみんな同意するとは思わないし、全員が虫を食べることを受け入れられるとも思わない。だが、私の考えでは、そこは重要ではない。おそらく、私たちがみずからを定義するのに使う文化的な物語と食べ物を修正し始めることはできるだろう。重要なのは、もう少しだけ自分自身と、自分が住む世界の豊かな多様性を理解し始めることだ。

# 第11章　昆虫利用の新時代——CAN'T BUY ME BUGS

てんとう虫は可愛い良い虫
（そして言いたいことは山ほどある）

## 保存法という難題

いくら金を積んでも多くの死んだ昆虫の種はあがなえない。愛は、受粉は、そして複雑でダイナミックな昆虫、植物、土壌、温室効果ガスの関係は、金では買えない。昆虫種が姿を消せば、不思議で謎めいた周期ゼミの音楽は沈黙し、木々、カメ、魚、鳥は定期的な肥料と餌の大盤振る舞いをなくして困窮する。昆虫食性の鳥はいなくなる。花が咲いても実を結ぶことなくしぼむ。ミツバチが——あるいはオオカバマダラや糞虫が——いなくなったら、株主利益はそれらを取り戻さない。殺虫剤と化学肥料の売春宿では一夜かぎり、数シーズンのトウモロコシやダイズやキャノーラを金で買える。殺虫剤は、おいしいものを食べたいという私たちの欲求に一時的・短期的・暫定的な満足をもたらす。

「地球温暖化と環境悪化を減らすエネルギー効率の高い食料生産：食用昆虫の利用」と題する二〇一一年の

学術レビューで、環境工学者のM・プレマラタは次のように書いている。「これ以上ない皮肉は、世界中で毎年数十億ルピーに相当する金を使って、一四パーセントしか植物性タンパク質を含まない作物を守るために、七五パーセントの良質な動物性タンパク質を含むであろう別の食物源（昆虫）を殺していることだ」。世界的な農業食料システムは、しかし——経済一般のように——皮肉では動かない。

どうすればわれわれは、理性と感情だけでなく実地において、虫に関わる相容れない経験と複雑な感情の折り合いをつけられるようになるのだろう？

一見したところ、殺虫剤を使わずに害虫を抑制する一つの戦略は、それを食べることだと思われるかもしれない。なにしろ、人間はすでにイナゴを食べているのだから。それは洗練されない戦略だが、すでに試されている。しかし、少数の例外を除いて、害虫を食べることはその抑制にあまり役に立たない。それでも、ヒトと昆虫と食物の関係を管理するための毒物によらない戦略を求めるにあたって、その例外は見る価値がある。

タイでは一九七〇年代に、タイワンツチイナゴ（*Patanga succincta*）——普段は森林に生息している——が、森を切り開いて作ったトウモロコシ畑の深刻な害虫になっていた。[*71] 殺虫剤の空中散布が失敗すると、政府はイナゴを食べることを奨励し、レシピの宣伝までした。今日、ツチイナゴのフライは人気のスナックで、この種は深刻な害虫とは思われていない。今では、イナゴがいい値段で売れるということで、その餌としてトウモロコシを作る農家さえいる。さて、イナゴは食べ物なのだろうか？　それとも害虫なのだろうか？　どちらも正しい。もっとも確かなのは、五〇年間イナゴを食べ続けるほうが、いくら残留量が少ないとはいえ五〇年間殺虫剤にさらされ続けるより健康にはいいということだ。

およそ八〇種のバッタやトビバッタが全世界で食べられている。その栄養価には大きな変動があるが、ほとんどのイナゴは約六〇パーセントがタンパク質、一三パーセントが脂肪（乾燥重量）で、ヒトの栄養源としてはウシやゴキブリと並んで上位に位置している。トビバッタは、ほとんどの人間にとって、「斬新な」食物源ではない。世界中にトビバッタやバッタを食べてきた長い歴史がある。ユタ州にあるレークサイド洞窟の人糞の調査で、四五〇〇年前までさかのぼるさまざまな時代に、グレートソルトレーク付近の狩猟採集民はトビバッタやバッタをときどき食べていたことがわかっている。何百万匹というバッタやトビバッタがグレートソルトレークの湖面に定期的に墜落した。湖岸に打ち上げられ、自然に塩をまぶされて日干しになったトビバッタはすばらしいごちそうだった。近年の民族学および民族歴史学の研究により、バッタとコオロギは、一九世紀後半から二〇世紀初頭に至るまで、この地域の一部先住民にとって食餌の一部だったことが明らかになっている。

だから二〇一二年から数年にわたってマダガスカル島の大半を荒らした蝗害について読んだとき、私は、秋のスープとレーズンパンもどきが作れるんじゃないかとぼんやりと考えた。作ればいいのに。まあ、できないこともなかっただろうが、ことはそれほど単純でもない。貪欲なトビバッタの大群は稲田と牧草地を食い荒らし、飢餓を引き起こして一三〇〇万人の食料安全保障を脅かした。状況をさらに悪化させたのは、大発生が過越《すぎこし》の祭りの直前にニュースとなり、したがって西洋社会のユダヤキリスト教的連想から、聖書の暗示と共鳴してしまったことだ。それは壊滅的な天災であり、広報という面でも悪夢だった。

国際機関と政府機関は、飢えた害虫を抑制するために殺虫剤を散布し、結果として代用食物源になるかもしれなかったものを汚染してしまった。だが子どもたちの中には、トビバッタを素手や蚊帳《かや》で捕まえて溺れさせ、焼いたり揚げたりする者もいた。農民は、トビバッタはいい食物源かもしれないが、米のように保存しておくことができないと説明した。腐ってしまうのだ。トビバッタへの一般的な、万能の対策はない。問題に適切に対応するためには、大発生を止めるという難題に取り組むと同時に、トビバッタを食料として収穫、貯蔵、保存する新しい方法を開発することが必要だ。ポストコロニアル社会の文化的ダイナミズムと、ヨーロッパ人の前で「虫」を食べることに伴う気恥ずかしさを考えると、そのような取り組み方には多大な勇気と、人々にその暮らしの中で関わり、農民、長老、料理人、子どもたちと話をすることが必要だろう——そして戦略の再考と適切で革新的な技術が。

アメリカの蝗害に関するロックウッドの記述によれば、農民の中には飼っている家禽がトビバッタを腹いっぱい食べられるので喜んでいる者もいたという。この喜びも、ニワトリやシチメンチョウが食べすぎで死ぬと消え失せた。鳥たちがトビバッタを好き勝手についばむ前に少し穀物を与えて、この危険なごちそうを管理しようとした。だがそれでも、トビバッタの数は多かった！ いや、あまりに多すぎた！ さらにやっかいだったのが、鳥の肉や卵が刺すような油っぽい臭いを放つようになり、食べられなくなったことだと、農民たちはあとで報告している。また、湖岸や池の中、小川、井戸で腐っていく死骸のひどい悪臭を嘆く者もいた。

やはり、この状況で持ち上がった問題——一万年以上のあいだあらゆる人間の居住地が直面してきた問題の極端で特異な事例——の一つが、思いがけず落ちてきた食べ物をどう収穫し保存するのがもっともいいかという問題だった。この問題は、発酵、塩蔵、砂糖漬け、冷蔵、乾燥、真空パック、さらに最近では生鮮食品の賞味期限を延ばす遺伝子組み換えなどの長い歴史の陰にある原動力だ。もし昆虫を真剣に食料として考えるのなら、貯蔵と保存の問題は、穀物、乳製品、生鮮食品がそうであったように解決できるという気が、私にはする。コロンブス到達以前のアメリカでは、先住民集団が昆虫、松の実、ベリーを一緒に潰して日干しにした「砂漠のフルーツケーキ」を作るという独創的なアイディアを思いついていた。ハニーレーク・パイユート族は干したコオロギとトビバッタのスープを作った。日本人はスズメバチの塩漬けや焼酎漬けを作ってきたし、ヨーロッパにはミードの歴史があり、アメリカにはハチが持っている酵母でビールの発酵を試しているグループがいる。可能性に限りはあるかもしれないが、保存法のリストが長くなるのは確実だ。

## 世界の害虫駆除史

メキシコでは、ある種のバッタがトウモロコシ、豆類、アルファルファ、ウリ類、ソラマメの深刻な害虫とされている。一九八〇年代から、多くの農家が有機リン酸系殺虫剤（主にパラチオンとマラチオン、いずれも人体には比較的害がないとされている）の散布で駆除しようとしてきた。一方でバッタは食物源としても考えられている。少なくとも五〇〇年前にさかのぼるアステカ族の伝統だ。今日なお、五月から九月まで、サンタ・マリア・サカテペック（プエブラ州）から収穫人が夜明け前に畑を目指してやってくる。彼らは一週間に五〇キロから七〇キロ、一年では七五トンから一〇〇トンのバッタを捕まえることができる。バッタ採りの年間売上は一世帯あたり三〇〇〇米ドルをもたらす。これは六カ月のあいだ、こうした人々の主要収入源となる。

収穫人にとってはまことに結構なことだが、害虫を駆除したい農家はどうなのだろう？　メキシコ国立自治大学の二人の研究者は調査することにした。二〇〇〇年代の二年間、レネ・セリトスとゼノン・カノ＝サンタナは、殺虫剤を散布した畑の区画でのバッタ発生率を観察し、バッタを人力で捕獲した区画と比較した。バッタ発生率がもっとも低かったのは殺虫剤をまいた畑だったが、手作業による駆除でも手に負える程度に発生を抑えられていることから、農家は年間一五〇米ドルの殺虫剤代を節約でき、村に臨時収入をもたらし、水質汚染や土壌汚染に伴うリスクを低減し、対象外の種への悪影響をなくすことができると、研究者は結論した。[*72] 手作業による捕獲には、農家と収穫人が話し合って両者の活動を調整する必要が生じるという、さらに社会的な利点がある。世界銀行は以前これを社会資本と呼んでおり、社会的分断が問題の地域では、その利益は小さくない。

長い目で見れば、私たちにはこのような既存の枠にはまらない関わり合いが必要なのだ。複雑でエコソーシャルなシステムは、もっとうまく害虫の発生に対処できるが、そのようなシステムを育てるには、自分たちの生き方を真剣に考え直すことが必要になるだろう。一方で私たちは、それがたとえどんなに落ち着かないものであれ、昆虫と共に生きる道を見つけられるだろうか？　ソビエト連邦とアメリカ合衆国は、イデオロギーに基づいて直接戦火を交えることはなかったが、グアテマラ、ニカラグア、ホンジュラス、ウルグアイ、アンゴラ、モザンビーク、カンボジア、ベトナムが代理となった。非ロシア人と非アメリカ人が、ロシアとアメリカが夢見る世界の支配を生きながらえさせるために大勢死んだ。帝国というのはそういうものだ。同様に、レイチェル・カーソンが記録した殺虫剤の意図せぬ悪影響が、公的な議論に上るようになって以来、害虫との戦争は止まってはおらず、単に形が変わっただけだ。こうした戦争の比喩はもともと医療行為に使われてきたが、現在では、外科的攻撃などと言うように、一周して第三者を殺すことはないという幻想を与える神話を作り上げている。

最小限の付随被害で昆虫の個体数を抑制するためにもっとも広く知られ、行なわれている戦略の一つが、コンパニオン・プランティング（共生栽培。気軽な園芸愛好家の場合）やインタークロッピング（混作。もっと真剣な職業農家の場合）と呼ばれるものだ。一五〇〇種を超える植物が、何らかの殺虫効果を持っているが、殺虫性でない植物でも、害虫の拡散を抑える効果を畑一帯に発揮するものがある。もう一つの戦略が、望ましくない昆虫を捕食したり、それに寄生する別の昆虫を連れてくること（害虫駆除において代理戦争に相当するもの）だ。より最近の戦略には、フェロモンや遺伝子組み換えを利用したり、不快でいらいらする音楽を流すというものまである。私はこうした戦略の、ごく一部についてだけ触れることにする。たとえアグリビジネスのリーダーに、世界を養うためには殺虫剤が必要だという議論の余地があるとする疑わしい主張を支持する者がいようとも、われわれには飢えるか革命を起こすかの他にも選択肢があることを強調するためだ。

農業はもちろん、工業的に作られる殺虫剤より数千年も歴史が古い。二〇一三年の米国科学アカデミーの報告は、中国の農業は二万年以上前にさかのぼることを示唆している。柑橘類はおそらく二、三〇〇〇年前から栽培されている。マンダリンオレンジ（子どものころ、カナダ西部の田舎では、私たちはジャパニーズオレンジと呼んでいた）はもともと、原産地のインド北部あるいは中国南部から東南アジア一帯、さらにそこからヨーロッパをはじめ全世界に広まった。

柑橘類を数千年間、昆虫学発祥の国で栽培してきた中国の農民が、害虫と、毒物を使わない害虫駆除に通じていることは意外ではない。彼らはたとえば、カメムシ、ミカンハモグリガ、柑橘類の葉を食べるイモムシ、アブラムシが、育てているレモン、オレンジ、ブンタン、タンジェリンに害をおよぼしうる――そして実際におよぼす――ことを知っていた。マラチオン、アセタミプリド、メチダチオン、シヘキサチン＋テトラジフォン、スピノサド、その他昆虫との戦争に使われる近代兵器を利用できなかった彼らは、直接自然に戦いを挑むより、自然と共に働くことを試みた。紀元前五〇〇年頃に書かれた孫子の兵法書の忠告を彼らは読んでいたのかもしれない。「戦わずして敵を抑えることこそ最上の兵法である」

中国の農民は、記録上初めて、昆虫を使って他の昆虫を抑制したとされている。約一七〇〇年前、彼らはツムギアリの変種――黄柑蟻（*Oecophylla smaragdina Fabr*）――が植物を食べるさまざまな害虫を捕食することに気づいた。初期のころには、あとを追って野生の巣を集めていた。のちに（紀元九八五年頃）、脂肪を餌にしてアリをブタやヒツジの膀胱《ぼうこう》に捕らえるようになった。一六〇〇年頃になると、木のあいだに竹の橋を作れば、二、三本の木にアリを放してやるだけで、果樹園全体に棲み着くことがわかった。アリは寒さに弱いので、冬を越させるのが難しい。そこで農民は、秋のうちにアリを集めて、暖かい春の日が戻ってくるまで柑橘の果実を与えるようになった。ついにめざとい農民が、ブンタンの厚い葉がアリをしっかりと守ってくれる――避難所と呼んでもいい――ことに気づいた。オレンジとブンタンを混植し、そのあいだに竹の橋を渡せば、アリはブンタンの木に巣を作って、年間を通じ再生可能な害虫抑制資材となってくれるだろう。

タイにおける食用昆虫の養殖、採集、販売に関する二〇一三年のＦＡＯ報告書 *Six-Legged Livestock*（『六本脚の家畜』）で、ツムギアリはマンゴーの木の害虫駆除にも利用できることを著者は記述している。自前の巣を維持している農家もいるが、女王アリと避難所になるいい木を見つけるのが難しいので、たいていアリは採集される。農民は木のあいだに籐《とう》のロープを渡してアリのハイウェイを作る。アリは――驚くべきエンジニアで――それを使って新しい巣作り場所に移動し、幼虫の糸を使って新しい巣を作る。ツムギアリはタイ東北部では歌と踊りでたたえられ、その卵、蛹、成虫はサラダやオムレツに入れられている（他の害虫駆除用製品、たとえば殺虫剤のようなものを食べることは、一般的には推奨されない）。

ヨーロッパと北アメリカの農業がもっとも急速に拡大したのは、殺虫剤が広く手に入るようになり、議論がほとんどなかったころのことだ。非昆虫食文化はこのような毒物に依存するようになり、その常習癖を積極的に海外に売り込んできた。殺虫剤依存から数十年を経た現在、中国、ヨーロッパ、そして全世界の多くの農家は「有益な」昆虫を再発見している。

## 生物的防除の研究

一般に、毒性が低く環境に優しい害虫駆除法――つまり、昆虫食ともっとも両立しやすいもの――には、殺虫剤を用いるよりはるかに洗練された農業慣行と知識が要求される。メキシコのウチワサボテン農場でのコチニールカイガラムシ駆除に関する二〇一六年の報告では、農家が報告している通り、六種の別個の天然捕食者が害虫の個体数を抑制していると研究者は結論した。ただし彼らは、このような「自律生物的防除」法は、複雑な構造と種の多様性を備えた農業生態系に依存することに注意を促している。[*73]

農薬メーカーがあおる恐怖を目の前にしてリスクを分散するために、二一世紀の農家は天然の捕食者と殺虫剤を併用することがよくある。総合的病害虫管理（Integrated Pest Management＝ＩＰＭ）は、あらゆる形態の昆虫管理を考慮および利用し、作物の成長サイクルのある時期だけに殺虫剤を使用する。これについての医療と戦争の比喩は、外科的攻撃だ。ＩＰＭ方式の多くは細菌や原虫のような昆虫の天敵を利用する。たとえば溜まり水に接種すると、さまざまな菌株のバチルス・チューリンゲンシスは蚊やブユを殺し、乳化病菌はマメコガネを殺す。

ルネ＝アントワーヌ・フェルショー・ド・レオミュールは、早くも一八世紀に、温室にクサカゲロウを放してアブラムシを食べさせることを提言しているが、生物的防除が非昆虫食文化の農家のあいだである程度の魅力を持つようになったのは、わずかここ二、三〇年のことだ。悪名高い小さな捕食寄生バチ（人を刺すことには興味がない）を含む数百種（数百万個体）の昆虫が、特に温室と畑の作物に放すため、世界中で何百万と育てられている。寄生バチは、地下のアメリカタバコガやアワヨトウの蛹を見つけ、その上や中に卵を産みつける。かえったハチの幼虫は蛹を食べる。市販用として三種のハチ――シロイチモンジヨトウを襲うディアペティモルパ・イントロイタ（*Diapetimorpha introita*）、オオタバコガを攻撃するクリプトゥス・アルビタルシス（*Cryptus albitarsis*）、その他アメリカで害虫とされている一〇種の昆虫を攻撃するイキネウモン・プロミッソリウス（*Ichneumon promissorius*）――の利用が、現在調査対象となっている。二〇〇〇年までに、全世界の六五社以上がこのような「天敵」を生産しており、多くは温室市場向けだ。

北アメリカの農家と園芸家のあいだでは、テントウムシが生物的防除の価値を証明するテストケースだった。それは微妙な区別の重要さを示すものでもあった。テントウムシ（レディバード、北米ではレディバグとも言われる）[*74]は、賞賛されると同時に誤解されている。賞賛は、聖母マリア《アウア・レディ》の鳥《バード》を略したその名前から明らかだ。この甲虫にこのような名前がついたのは、作物につくアブラムシに悩まされた中世の農民が、聖処女マリアに助けを求めて祈ったところ、アブラムシを食べるこの昆虫がやってきたからだと言われている。五〇の言語でこの甲虫を呼ぶ約二五〇の名前のうち、六三に「処女」の、五二に「神」の何らかのバリエーションが含まれている。メイ・ベーレンバウムも、この甲虫に与えられた「雌牛のレディー」「ビショップが燃える」のようなそれほど高貴でない名前について記しており、またワルドバウアーは「ラビ・モーセ」を意味するヘブライ語の名前を挙げている。

誤解のほうは細かい区別の重要性に関係している。一部のテントウムシ信奉者は、聖母マリアがすべてを支配していると思っていたが、それは思慮が足りなかった。一九世紀末、カリフォルニアの柑橘産業は、オーストラリアからうっかり持ち込まれた害虫であるイセリアカイガラムシ（*Icerya purchasi*）の襲来を受けていた。米国農務省（ＵＳＤＡ）の昆虫学長官で、アメリカの蝗害対策の立役者であり、ヨーロッパのブドウ畑でネアブラムシ駆除計画を練ったチャールズ・バレンタイン・ライリーには、カイガラムシ防除に効果がありそうなアイディアがあった。農務省職員に課された旅行制限を回避するため、ライリーは助手のアルベルト・ケーベレをオーストラリアのメルボルンで開催される国際博覧会の米国国務省代表に任命させた。一八八八年、ケーベレは数百匹の生きたテントウムシ（ベダリアテントウ、*Rodolia cardinalis*）を、寄生バエ（*Cryptochaetus icerya*）と共に送り、それらは果樹園に放された。その後、移入されたテントウムシのおかげでイセリアカイガラムシの制圧に成功し、すぐに世界中の農家がそれを欲しがるようになった。

この成功は、しかし、昆虫学の知識の欠如と相まって、私のような普通の人々のあいだに誤解と混乱を生んでいる。テントウムシはすべて同じテントウムシではなく、そのためジェネリックな聖処女を庭に入れても、うまくいくかもしれないし、いかないかもしれない。それは、海岸性の気候を好むか、ぴりっと引き締

イセリアカイガラムシを駆逐したベダリアテントウ

まった、しかしおだやかで涼しい気候を好むか、理想のつがいにどんなものを想定しているかにもよるが、主に餌の好みに左右される。世界には約六〇〇〇種のテントウムシがいて、多くは食性が違う。たとえばマダラテントウムシ亜科はウリ科などの植物を食べる。園芸家は、ウリをかわいいレディから守るため、寄生捕食性のハチを使った防除（カイガラムシの防除にも使われている）を試してきた。

天敵を新しい地域に導入することの否定的な面は、移入された捕食者が他の食べ物を好むようになるかもしれないことだ。そしてあらゆる戦争でそうであるように、友軍や無辜《むこ》の市民を殺すこと——いわゆる「付随被害」——が、昆虫との戦争では大きな問題なのだ。

不妊の昆虫を養殖して放すことは、昆虫学者が害虫の防除に使うほうが、政治指導者が人口の抑制に使うよりも見込みの大きな技術だ。この戦略を応用して、放射線照射で不妊化された昆虫（たいてい雄）が害虫とされる昆虫の群れに放される。殺虫剤を使わない方法の例にもれず、この戦略には昆虫の繁殖行動と生態を、かなり明確な生態学的限界と共に理解することが要求される。この技術の効果がもっとも高いのは、島に生息するもののような孤立した個体群、餌とする種の選り好みが激しい昆虫、雌は一度しか交尾しないが雄は手当たり次第交尾する種だ。不妊化雄放飼法のテストケースの一つが、北アメリカの一部でラセンウジバエ（*Cochliomyia hominivorax*）を根絶したことだ。この方式は数種のミバエの防除にも使われている。日本では一九七一年から一九九三年にかけて、いくつかの島で数千万匹の不妊化雄を放し、ウリミバエ（*Bactrocera cucurbitae*）の撲滅に成功した。

うらやましがる人間もいるのではないかと思われる技術がある。甲虫、ハチ、チョウの多くの種の雌は細菌を持っていて、交尾の際に雄に感染する。感染した雄は死ぬ。雌は子どもを持ち、遺伝子を渡すが、雄がよそへ行って他の雌と体液を分け合う心配をしなくていい。昆虫学者はまだこの選択的殺害のメカニズムを解明していないが、もしわかれば、害虫防除プログラムの一環として利用できるかもしれない。

不妊化昆虫放飼法の一種が、二〇一二年と二〇一五年の二度にわたりアメリカの研究者によって報告されている。ＣＲＩＳＰＲ／Ｃａｓ９というＤＮＡを改変する「カット・アンド・ペースト」技術を使って、彼らはプラスモディウム・ファルキパルム（*Plasmodium falciparum*、マラリアを引き起こす寄生性原生動物）の感染に完全な抵抗力を持つが、それ以外は誰が見てもまったく健康で繁殖もできる蚊の変種を作り出した。この科学者たちは、自分たちの「ブランド」（彼らの用語で、私のではない）を野外に放すと、その地域では改変された蚊がマラリアの伝染を完全に阻害すると期待している。

私は、研究室での遺伝子組み換えがあまり好きではない。それは、ゆっくりとした品種改良計画に見られる文脈の複雑さ、現実性の確認、予期せぬ結果の精査を欠いているからだ。予期せぬ結果にはどのようなものがあるだろう？　これまでに、クロバエとツェツェバエについて行なわれた同様の疾病抑制プログラムでは、不妊化雄を個体群の中に放し、ある程度の成功を収めている。やがて子孫が生まれなくなり、少なくとも島や谷のような限定された地域ではハエの数が減り、いなくなりさえするかもしれない。しかし、こうした新しい提案は違っている。遺伝子操作された蚊はまだそこにおり、繁殖しているが、感染することはない。もし寄生虫やウイルスが、野生生物の病気が多くの場合そうであるように、自然界における蚊の個体数の限定要因だとしたら？　寄生虫を排除すれば蚊の繁殖の成功率が――そして個体数が――増加しないだろうか？　大きくなった個体群が、まだ抵抗力を持たない他のウイルスや寄生虫を獲得して持っているということはないだろうか？　こんな心配を公言してしまうと、この活動が成功してマラリアが撲滅されたら、私は誰にも褒められない惨めなへそ曲がりということになるだろうが。

一方で、エチオピア（島ではなく、したがってハイテクなブランドものの解決法は、そこでは新植民地主義的なお荷物だ）の研究者は、枕元にニワトリを入れたかごを吊るすと近くの蚊の個体数を大幅に減らせることに気づいていた。どうも蚊はニワトリの匂いが嫌いらしい。魔法の弾丸とはいかないだろうが、病気の予防と晩のおかずをひとまとめにしたのは、かなりうまい手のように私には思える。

新しく提案されている防除法の中には、現実性に乏しく、さらに倫理上の問題が大きなものがある。サザンパインビートルとアメリカマツノコキクイムシは似たような木を好むが、この二種は一本の木に同時に生息することはない。昆虫の音響生態学を研究している音楽家で作曲家のデイビッド・ダンは、サザンパインビートルの音をアメリカマツノコキクイムシに聞かせたら何が起きるかと考えた。なにしろ一九八九年には、アリス・クーパー、ヴァン・ヘイレン、スティクス、キッス、ラット、ジューダス・プリーストを一〇日間大音量で流して、パナマの指導者マヌエル・ノリエガを、逃げ込んだバチカン大使館から追い出したのだ。では、甲虫に嫌な音楽を聞かせたらどうなるのだろう？　どうなったかというと、アメリカマツノコキクイムシの雄は交尾し――それから雌をバラバラに引き裂いた。ダンはこの発想をさらに探究し、非線形でカオティックな電子音楽を作曲して昆虫のオーディエンスに聞かせた。「ダンはそのような音を再生して甲虫に聞かせる」とデイビッド・ローゼンバーグは言う。「すると虫は、互いにずたずたに引き裂きあう。自分の音楽に対してこれ以上の説得力のある反応が他に望めるだろうか？」（自分用の覚え書き：デイビッド・ダンのコンサートには行かないように）。私の知るかぎりでは、殺虫音楽が大規模に試されたことは今のところない。

ダンの虫をいらだたせる音楽が暗示するものがある。昆虫同士、あるいは昆虫と周囲の世界とが関係を持つための手段すべて――音、視覚、匂い、フェロモン、磁気――が、ヒトが昆虫と対話し、昆虫に説教し、被害ができるだけ小さくなる形で相互関係を保つ見込みを与えてくれるということだ。このような言葉は、対昆虫戦争の兵器ではなく、議論、対話、そしてジェフリー・ロックウッドがエントマパティア（昆虫無関心）と呼ぶ相互不干渉の態度を促進している。*75

第５部

# GOT TO GET YOU INTO MY LIFE
# 食料としての昆虫の可能性

われわれ非昆虫食世界にいるものが、虫を食べ物として受け入れられるようにしようと思ったら、どのようにとりかかったらいいのだろうか？

それはすでにここにいて、裏口から、台所の窓から、家畜小屋から食卓にはい上がっているのに、ただ私たちが気づいていないだけなのか？　数千年間昆虫を食べてきた多くの非ヨーロッパ社会から、私たちは学ぶものがあるのだろうか？

この昆虫食という新大陸に深く分け入ろう。どのように昆虫が食べ物に、飼料に、そしておそらくは――われわれの新しい、万華鏡のような眼には見えるだろうか？――友達にさえなりうるのかを、もっと注意して見てみよう。

# 第12章　過渡期にある非西洋文化の昆虫食――LEAVING THE WEST BEHIND?

あのバンブーワームにすっかり夢中

## 非昆虫食者のやっかいな問題

初めて私がそれと知りつつ意識的に昆虫を食べたのは、中国・昆明でのことで、単なる文化の違いからの行為だった。よその国で客として招かれ、虫を食べるように勧められたとき、断るのは不作法にあたる。

二〇一〇年一月、中国の少数民族と共に働いている民族植物学者の許建初は、多様性に富む祝宴をわれわれ、新しい疾病の発生につながる生態学的・社会的相互作用に関する作業部会のために開いてくれた。回転テーブルは、私にはチベットの六道輪廻《りんね》図のように見えた――繊細で、色鮮やかで、注意深く配置された混沌だ。炒められ、串焼きにされ、スパイスで味付けされた花、根、莢、葉、ロブスターの寿司、鶏肉、豚肉のあいだに、かご一杯のカリカリに揚げたイモムシがあった。タケイメイガ（*Omphisa fuscidentalis*）はツトガ科の蛾だが、厨房と食卓では、その幼虫は単純に「バンブーワーム」と呼ばれている。異文化協力の名の下に、自分のカナダ人としての小心さを懸命に乗り越えようとしながら、私は少し試した。フライドポテトのような味に思えたが、カリカリした小さい頭がついていた。許は、にこにこと私を見ながら、自分はそんなに揚げていない、もう少し軟らかくてジューシーなほうが好きだと言った。それから、彼がそれまでに食べてきたありとあらゆる食べ物の話で、われわれを楽しませた。それは地を這い回るもの、空を飛ぶもの、塩水と真水を泳ぐものすべてに及んでいるようだった。私は許に、昔からやっているように竹を採るのは環境破壊につながらないか、竹農場でイモムシを養殖できる見込みはないかと質問するのを忘れた。

今でも許に質問したいことが他にたくさんある。草食昆虫の糞を原料にした昆虫茶でも飲みながら。二〇一三年の学術レビュー論文は、伝統的な中国の昆虫茶は血中脂質を下げ、抗高血圧および血糖降下の作用があるとしている[*76]。私は、雲南に戻って許建初に、ワ族が食べている一〇種の繭のことや、チベット人がノムシタケ、つまり身体を菌類に乗っ取られたイモムシをどうしているかなどを質問しなければならないと思っている。

それ以外に世界中の少数民族や先住民が食べている虫を探究しつくすのは、一生かかっても無理だろうが、彼らは台所の多様性についてさまざまなことを、われわれ非昆虫食者に教えてくれるだろう。昆虫食を普通のことにするのが、私たちの過去を取り戻しヒトとしてのアイデンティティをよみがえらせる道だと考えるならば、そのやり方についてのアイディアを求めるのに、こうした昆虫食社会はうってつけではないだろうか。

われわれの世界的な農業食料技術文化は、壁を築いたり繕ったり、工程の効率や規模の経済のことで大騒ぎするが、このような少数民族以外のどこから再生の声が上がるだろう? 昆虫を食べることが、ダニエラ・

マーティンの忘れがたい言葉にあるように「地球を救う最後の大きな希望」であるとすれば、それ以外のどこに聖域を、的確な問いをはっきりと発することのできる声、奪われ沈黙させられた声を見つけることができるだろう?

トマス・カヒルは、その著書『聖者と学僧の島:文明の灯を守ったアイルランド』で、豊かで強力なローマ帝国が、自身の驕りたかぶりとゴート人、西ゴート人、バンダル人の侵入という二つの重圧によって滅亡すると、小さく活気に満ちたアイルランドの修道院から、ギリシャ語学習、古文書、ユーモアのセンス、洗練された会話の種が、闇に包まれたヨーロッパの文化的風土に再びまかれたと主張する。同様に、カヒルによれば、われわれの傲慢なグローバル化された利益第一主義の文明が、それ自体の不公正と無法の重圧に耐えかねて宗教戦争と貿易戦争の中に崩壊しても、社会と人間の再生は「芽をだし、成長しはじめている……しかしそれは、ロンドンの役員会議室ではないだろう。ワシントンの事務所でもない。東京の銀行でもない。それはいくらか風変わりな前哨地といったところかもしれない」[*77](森夏樹訳)――つまり、周縁から。

私は、少なくとも議論の糸口として、カヒルの言い分を受け入れてもいい。だが依然として私には多くの疑問がある。われわれは周縁に何を求めるのか? ここでしているのは、ユーフラテス川やハドリアヌスの長城を国境として宣言するローマ帝国の話ではない。一九七三年、社会計画者のホルストとウェッバーは、境界がぐちゃぐちゃだったり、相互関係が複雑だったり、何をもって解決とするかの見方が異なったりするために、旧来の問題解決法や科学的手法を使って対処できない問題があると言い出した。[*78]彼らはこうしたものをやっかいな問題と分類した。私たちが個別の問題と考えているものは、実はもっと大きく、混乱した、不確かな状況の一部であることが多く、技術的問題解決者は、それを考えないようにしている。

やっかいな状況では、単一の問題と思われるものを、あたかも文脈から独立したものであるかのように解決すると、もとの問題よりも面倒な結果を生み出すことが多い。たとえば蚊が棲む沼地を舗装してしまえば、ある国からマラリアを一掃することはできるだろう。だが、水が浸透しなくなり、地下水の補充が減って長期的な水不足を引き起こし、また舗装面から発生する放射熱が一帯のヒートアイランドに拍車をかけ、地域の温暖化を激化させる。皮肉にも、駐車場のよどんだ水たまりや雨水渠《うすいきょ》は――昆虫を捕食する魚のようなものがいないので――健全な沼よりも多くの蚊にとっていいすみかなのだ。あるいは食料生産の不足を、規模の経済で解決できるかもしれないが、そのために病害虫にとって理想的な状況が生まれ、零細農家を失業させることになる。

ソフトウェア開発や企業経営から遺伝子組み換え作物、保健、気候変動まで、さまざまなテーマにわたる数多くの書籍や論文が、そうした問題を「飼いならす」のに使えそうな戦略を扱っている。もっとも有効な戦略には、共同作業、想像力、そしてはっきりとした解決がないことの認識が含まれているようだ。小説家ダグラス・アダムスの（『長く暗い魂のティータイム』に出てくる）言葉をやさしく言い換えれば、「われわれは行くつもりだったところには行かれなかったかもしれないが、行くべきところにはたどり着いたんじゃないだろうか」。

昆虫食は、少なくとも持続可能な世界的食料安全保障の問題解決策として見られるかぎりにおいて、より大きな、やっかいな問題の一要素だ。この動物に名前をつけ、何らかの境界を示すことができれば、たぶん私たちはそれを馴らすことができる。では、その大きな問題とは何だと考えられるだろう？　ほのめかされはするものの、常に明言されているわけではない。というのも、これについて昆虫食運動の内部に対立する見方がある（これがやっかいな問題であることの表れだ）からだ。だが、現代の工業化された農業食料システム――前世紀にこれほどの豊富な食べ物をもたらし、絶賛され、時に軽蔑されるわれわれの「生活様式」を可能にしたのと同じもの――こそが、その大きな、やっかいな問題なのだ。

## 先住民の文化に学ぶ――食料安全保障を求めて

私たちの「生活様式」がグローバル化していることを考えると、どこに問題の周縁を見つけられるのだろう？　二一世紀の昆虫食の基礎として歴史的および人類学的な情報源を取捨選択しながら、一時的な境界を探せばいいのだろうか？　ダニエラ・マーティンらはこのように主張している。私たちが本物の狩猟採集民のパレオ・ダイエットをしたければ、虫を食べるべきだと。進化論的生存に基づいた現代の食の流行が、これからの一〇〇〇年においても私たちのためになるか、私は確信が持てない。それでも、八〇億人か九〇億人が住む世界で、見過ごされていた食べ物のオアシスを求めて涸《か》れ川や渓流を探し回るという考えにも、まったく価値がないわけではない。

今日の世界は、われわれの祖先がアリ塚からシロアリを掘り出したり、甘く貴重な貯蔵品を誰が手にするかをミツバチと争い始めたりしていたころとは、根本的に別の惑星だ。それでも名残が、つまり産業進歩主義の津波を今のところ逃れている知識と営みの潮だまりがある。このようなエコカルチャー的残滓《ざんし》は、二一世紀に生き残っているかぎりにおいて、今日的な意義がある。それは環境、政治、文化、気候の根本的な変動にあたって、生き延びることと、回復力を保つことまでも可能にしてきたのだから。私たちがここに確認できる境界は一時的なものにとどまらず、文化と地理の結合でさえある。

世界的に、私たちは周縁の人々が住む小さな飛び地をアジア、アフリカ、南北アメリカに探しに出かけてもいい。それはエコロジカルな、あるいは生存のための知識が孤立しているアメリカの山中の盆地やメキシコの森林の峡谷のような、ジェフリー・ロックウッドが、トビバッタが大発生と大発生の狭間をどう生き延びているか、オオカバマダラが今どのように生き残っているかを語るなかで、聖域と呼んでいるような場所だ。こうした場所では、昆虫の同定、養殖、処理、調理が今も保たれているのだ。

しかしその前に、そもそもなぜこうした営みが周縁化されているのか、それを主流に取り込むうえでの難関は何かをよく考えてみる必要がある。進歩主義的あるいは近代主義的な考えでは、それは単に非効率で、自給自足にはいいかもしれないが、近代的な科学を基礎とする世界には合わない。これが事実だという信頼に足る何らかの根拠はほとんどない。多くの思想、人間、文化が、いわゆる啓蒙科学（つまり非昆虫食文化の科学）、宗教的熱狂、植民地主義的傲慢、テレビ、ソーシャルメディア熱、ポップスター、資金をつぎ込んだ広報キャンペーンなどのごった煮のために片隅に追いやられてきた。社会ダーウィニズムはとうの昔に（大半の）進化生物学者の手で信用を失わされ、放棄された。その発想は、しかし、われわれの行動の多くに忍び込み続けている。科学や計画の方法に、そして「人々を貧困から抜け出させる」ため、あるいは保健と持続可能性を推進するために繰り返し作り出している活動に。社会性昆虫を描写するために使うビクトリア時代の言葉が、イデオロギーによって記号化されているように、新しい昆虫食運動に懐疑的な人々からの批判もまた同様だ。その主張によれば、昆虫は歴史的にきわめて多くの人々に食べられてきたかもしれないが、それはその人たちが貧しく飢えていて、他に選択の余地がなかったからだ。昆虫食は生きていくだけの手段としてはいいだろうが、それが世界の食料安全保障を、何らかの実質的な形で改善できるのか？

前に紹介したオーストラリアの生態学者ティム・フラナリーは、狩猟採集民は現代社会で提供される仕事を何でも十分こなすことができるが、その逆は真ではないと言う。フラナリーは続けて、次のように証明する研究を引用している。「文明化によって能力を失う傾向は、われわれに物理的な印を残している。それは、われわれが作り出してきた小生態系の成員が、みな脳組織の多くを失っている事実だ。ヤギとブタについては、野生の祖先に比べると三分の一ほどだ。ウマ、イヌ、ネコに関してはもう少し少ないかもしれない。だが、何よりも驚かされるのは、ヒトも脳の容量を失っていることだ。ある研究では、男性は約一〇パーセント、女性は約一四パーセントの脳容量を、氷河期の祖先に比べて失っていると推定している」[*79]

だから私たちは、グローバル経済から見えないことで生き残ってきた生活様式を持つ、また、私たちの足りない脳容量を、薬の量を増やすことなく補う方法のヒントを知っているかもしれない人々から、確実に学ぶことができる。しかし、この学びの方法には気をつける必要がある。そうした人々に恥ずかしい思いをさせて、昆虫食行動を「地下に潜らせ」、さらに周縁化したり、彼らが継承した知恵を求めると共に主流に吸い上げて、力を奪ったりしてはならない。それは、数世紀にわたる植民地支配の暴虐を背負った微妙な対話なのだ。

こうした態度は、非昆虫食社会に深く根を下ろしている。アダム・ホックシールドによる胸が締めつけられる歴史書 *King Leopold's Ghost: A Story of Greed, Terror and Heroism in Colonial Africa*（『レオポルド王の霊：植民地アフリカの強欲と恐怖と英雄的行為の物語』）に載っている一枚の小さな挿絵が多くを物語る。一八八六年、ヘンリー・モートン・スタンリーは、悲惨で自信過剰で無分別な遠征を指揮して、エミン・パシャ

「救助」のためにコンゴ川を遡行した。エミン・パシャはドイツの博物学者、医師で、赤道州の総督に任命されていた――そして実のところ、救助など必要としていなかったのだ。スタンリーが雇った現地人ポーター三八九名の半分が死亡した。生き残った者たちは、ホックシールドによれば「食料がつきると、アリを捕まえて炒った」。当時、アリは絶望的状況での食べ物、「本当の」食料がつきたときに食べるものと思われていたのだ。だが絶望的状況で食べるものさえも、食べられる可能性があるものとして文化が規定しているものに限られる。ポーターはアリを食べ物として見た。それを記録したアメリカ人はそう見なかった。ザイールの先住民集団ヤンシ族の言葉が思い起こされる。「食べ物として、イモムシは村では普通のものだが、肉は見慣れないものだ」。それは、伝統食の中でイモムシが占める重要性を物語っているのと同じくらい、「肉」をどう考えているかも物語っている。

この章を執筆しながら、私は、一九二〇年代のウクライナの飢餓について書いた祖父の日記を読んでいる。その中では絶望的状況での食べ物として、昆虫については触れてもいない。あるとき、祖父はこう書いている。「それで私たちは何を食べたか? ネズミ、イヌ、カラス、馬肉、カボチャで作ったパン、ビーツ、粟のかゆ、粟のもみ殻だ」。北ヨーロッパ系の大半の人間と同様、祖父は昆虫を知っていたが、食べ物について考えるとき、それは害虫にしか見えなかった。祖父は変わった考え方の持ち主ではない。何が食べ物になるか、何が食べ物として考えられないかについてのこうした根深い傾向は、世界の食料安全保障の絶望的状況に対処するために昆虫食を推進しようとする者にとって、困難な障害だ。

先住民の知識と文化に対しても、環境の回復力に対してと同様に敏感であろうと積極的な人たちのあいだでさえ、私たちは植民地文化の言葉へのそれとない追従に出くわす。ヤママユガの一種 *Gonimbrasia belina*

の幼虫であるモパネワームは、有史以前からアフリカ南部の多くの部族集団で、食文化に不可欠なものだった。にもかかわらず、近頃出版されたこの重要な食物源に関するレビューは、モパネワームを食べる習慣について、それ以外の「生計の手段」が限られる周縁化された世帯の「生計戦略」として言及している。生計戦略は、開発スペシャリストが、経済的・政治的な力を奪われた集団が何とか編み出した生活の手段を記述するとき、よく使う言葉だ。この用語は食料や住居の供給、収入源、日常生活習慣などを広く含む。一九九〇年代に持続可能な開発が世界的なキャッチフレーズになると、持続可能な生計という表現は開発援助サークルで次第に使われるようになっていった。国際農業開発基金は、持続可能な生計アプローチ（よくSLAと略されるが、パティ・ハーストを誘拐したシンバイオニーズ解放軍と――私のような一部の世代に――混同させようとしているのではない）[*80]を「貧しい人々の生計への理解を高める手段」と呼んでいる。

私は、SLAという用語を使うこと自体に反対なわけではないが、それが北米やヨーロッパの都市部に住む都会の専門職や、ハイテク産業従事者に対して使われるのを聞いたことがない。とはいえ、持続不可能なのはこれらの生計であって、マラウィの村人のものではないと主張することはできるかもしれない。これは私に、動物の衛生施設を評価するＯＩＥプログラムを思い起こさせる。ある獣医局長が、西欧と北米がこのような評価を受けることを提案したとき、ＯＩＥの職員は機嫌を悪くした。これは「われわれ」ではなく「開発途上」国の評価をするための道具なのだ、と。

## アジア・アフリカの事例

昆虫食は一種の新植民地主義なのだろうか？　それとも、私が願っているように、現代の都市生活者がSLAを発展させる手段なのだろうか？　今世紀になって続けて開催されたFAOの研究会が、世界の食料論議の隙間活動であったものを表面化させた。こうした研究会の報告についてはすでに述べた――『食料としての森林昆虫：ヒトの逆襲』（二〇一〇年）と『食用昆虫類：未来の食糧と飼料への展望』（二〇一三年）――これらが世界的なビートルマニアのようなものを送り出したのだ。報告書は、アフリカ、アジア、ラテンアメリカで昆虫を食べていた、そして今も食べている「民族集団」（私たちはみんな、何らかの形で民族ではないのか？）の実地調査と事例報告を満載している。にわかに昆虫学者、考古学者、人類学者が、虫を食べている、またはかつて食べていた人々のさらなる報告を求めて世界を結びつけた。すべての陰には、新しい昆虫食者に「発見」されるまで静かに、ほとんど騒ぐことなく普通の食べ物のようにイナゴやゾウムシやシロアリを食べていた、何億もの人々がいた。こうした人々の物語は、まったくの文字通りに、地図上の至るところに散らばっていて、それが現れる生態系が多様であるように、文化的にも多様だ。

昆虫が料理のレパートリーに入り込むにつれて、私たちはそうした物語に注意を払ったほうがいいだろう――どの昆虫が食べられているのか、それはなぜか、どのように処理するのか？　皿に普通に昆虫が載るようにする道は、相互の尊重を通じて、生態系と文化への理解を深める道だ。

アフリカ南部には、モパネワームが地中で蛹になり、手に入らなくなると、エンコステルヌム・デレゴルグエイ（*Encosternum delegorguei*）というカメムシを食べる地方がある。だがカメムシは「そのまま」食べられるのではない。おいしくするために三度湯洗いし、それから茹《ゆ》で、さらに日干しにする。アーマード・グラウンド・クリケット（*Acanthoplus spiseri*）というキリギリスの一種を毒抜きするには、食べる前に頭を引き抜き、腸を取り去り、最低五時間茹でてから油で揚げる。この忠告を無視して無謀な食べ方をすると、膀胱炎を起こしてひどく難儀することになりかねない。モパネワームは食べる前に内臓を抜き、糞虫も体内を掃除する必要がある。オリジナルのレシピを元に即興で料理することもできるが、中国やアフリカやラテンアメリカの少数民族のあいだで昔から昆虫を食べてきた人たちは、新昆虫食運動のジュリア・チャイルド〔訳註：一九六〇年代に人気を博したアメリカの料理研究家〕として扱われるべきだ。

ジュリアの子どもたちはすでにいなくなっていることも多いかもしれない。たとえば、砂漠のフルーツケーキやイナゴスープの一番うまい作り方を教えてくれるアメリカ先住民のコックを見つけるには、すでに遅すぎるのではないだろうか。

だが、現代の慣習の中に生き続けているレシピもある。世界各地で昔から食物源とされてきた昆虫の中で、ポストモダン経済においてうまみのある仕事を見つけられたのはヤシゾウムシ、ミールワーム、コオロギだ。ミールワームについては、栄養成分と家畜飼料の関係ですでにざっと見ている。コオロギについては、もう少しあとでまた見てみよう。

私たちのように温帯で育った人間にとって、この三種の中でもっともなじみが薄いのは、熱帯のヤシゾウムシだ。その自然の生態学的ニッチについては前に述べた。熱帯アジア原産のヤシゾウムシは、木から木へと寄生虫を移すため、害虫とされることが多い。この昆虫は、非ヨーロッパ世界の多くでは珍味でもある。

タイの昆虫料理屋台

ヤシゾウムシの半養殖（農家兼採集者が木を切り倒して髄を露出し、ゾウムシに産卵させて幼虫を育てるもの）は、パラグアイ、コロンビア、ベネズエラ、パプアニューギニア、タイで報告されている。ベネズエラアマゾンの半遊牧民ホティは、アブラヤシゾウムシ（*Rhynchophorus palmarum*）とキクイサビゾウムシ（*Rhinostomus barbirostris*）の二種を養殖しているが、後者のほうが味が濃くて好まれている。東南アジアでは、この幼虫はサゴ・ワームの名で知られ、揚げたものは「サゴ・ディライト」と呼ばれる。カメルーン料理の本には、ココナツ虫としても知られるヤシゾウムシの幼虫が「気のおけない友人だけに出す人気料理」と書かれている。

　タイでは、かつてはたまのおやつとして、あるいは害虫駆除の対象として集められていたサゴ虫の需要増に農家がついていけないほどになっている。昔ながらの養殖法は、キャベツヤシかサゴヤシの木を切り倒し、その中に穴を開け、穴のそばにゾウムシのつがいを置くというものだ。需要の増加と伝統的採取法の力関係の変化は世界的な現象であり、人口の増加と農業のためのヤシの伐採は、すでに生態学と文化の一部に感じられている。ベネズエラのホティ族は、今では四時間から二〇時間歩いて、以前より遠くまでゾウムシ養殖のためのヤシを探しに行く。タイでは、伝統的なやり方に代わって、つがいをプラスチックの容器に入れ、ヤシの粉末とブタの飼料を与えるようになった。二〇一一年には、タイの農家は年間四三トンのゾウムシの肉を生産し、同時にできる木くずや糞は肥料として使われるようになっていた。

ガーナでは、壊滅的な乱獲を防ぐために、アスパイア・フード・グループがヤシゾウムシの幼虫に、古い腐ったヤシの木とヤシ酒を混ぜたものを与えて育てている。アスパイアは、マギル大学のMBA課程の学生五人（一人として農業や昆虫を専門とする者はいなかった）が「若き新進社会起業家のための開業資金」一〇〇万ドルのハルト賞を受賞した二〇一三年に設立された。彼らの計画は、まずガーナ、アメリカ、メキシコで事業を行なうことだった。ウェブサイトでは、自分たちの使命は「昆虫および昆虫由来の製品の供給と開発によって、経済的に恵まれない人々、栄養不良の人々に高タンパクで微量栄養素に富むフードソリューションを提供する」ことだと公表していた。[*81]

アスパイアの創業者の一人、ショブヒタ・スーアが、モントリオールのカフェでコーヒーを飲みながら、ヤシゾウムシの幼虫の驚くべき栄養価と、アスパイアのガーナでの事業について初めて私に語ったとき、私は疑ってかかっていた。農業や国際開発や昆虫についてよりも、表計算ソフトと携帯メールに慣れたMBAの学生が作った小さなグループに、何を期待できるだろう？　裕福な善意のヨーロッパ人や北米人が、自分たちができるかどうかわかっていない持続可能な生き方をガーナ人に教えようとしている、ありがちな新植民地主義ではないのか？　二〇一六年一月、『ガーディアン』紙がこのプロジェクトを報道したとき、私は冷笑を浮かべて悲しげに首を振る用意をしていた。しかし、ガーナの都市化された中産階級のあいだで失われた昆虫食習慣を復活させる可能性について述べたガーナ人教授の発言を読んだことは、私が考え直すきっかけになった。スーアが持続可能な農業とビジネスの方法を重視していることもだ。「私たちは、人の食べ方を変えようとか、何を食べろと言うために起業したわけではない」と、彼女の発言が引用されていた。「私たちはタンパク質と鉄の望ましい摂取源を、もっと手に入れやすい形で提供しようとしている。ヤシゾウムシは鉄とタンパク質の優れた摂取源だ」[*82]。たぶん『ガーディアン』には腕利きの記者がおり（たしかにそうだ）、スーアは巧みなPR担当者なのだろう（疑いもなく）が、裕福な高齢の白人男性が束になって金をばらまいてもできなかったことが、理想主義的で熱心な若者のグループにはできるんじゃないかと思わずにはいられなくなった。

ヤシゾウムシ以外にも、アフリカ東部および南部でのモパネワームの重要性が挙げられる。それは生態系の中で有益な役割を果たしているのみならず、栄養豊富な補助食品でもあり、農村世帯（ジンバブエ南部の一部地域では二五パーセントにおよぶ）にかなりの現金収入ももたらしている。アフリカ諸国からは続々と昆虫食に関する記事と研究報告がやってくる。中央アフリカ共和国の森林地帯の住民ほとんどすべてが、タンパク質の摂取を昆虫に依存しているという報告がある。コンゴ民主共和国（ＤＲＣ）の先住民族バヤ族に関する研究では、彼らのタンパク質摂取量の一五パーセントを昆虫が占めていることが明らかになった。別の研究では、ＤＲＣの首都キンシャサの「平均的世帯」は一週間に三〇〇グラムのイモムシを食べていると発表した。

シロアリ、特にキノコを栽培するマクロテルメス（*Macrotermes*）属のシロアリは、サブサハラ・アフリカ一帯で理想的な食品だ。食料としてのシロアリに関する二〇一三年のレビュー（先に私が引用した体系的なレビューには含まれていない）は、シロアリは「タンパク質、脂質、無機質をかなりの割合で含む。油は多価不飽和のオメガ3脂肪酸を相当量含んだ質の高いものである。シロアリには独特の栄養価があり、特に鉄不足、亜鉛不足、不飽和脂肪酸を含む食品の不足に悩まされている開発途上国において、良質な食餌の供給に役立てることができる」[*83]と述べている。

シロアリを食べる人はアリ塚を作っている粘土も一緒に食べることがある。これは胃の不調時の薬になるカオリンを豊富に含んでいるらしい。一見もっと洗練された西欧諸国では、下痢を止めるためにカオペクテイトを食べて育った者もいる。それは、少なくとももともとの処方では、ほとんど同じものなのだ。妊婦や授乳中の女性は特にアリ塚の土を食べることに効果があると言われる。その効果とは、ある研究報告によれば、カルシウム摂取量を増やし、胎児の骨格を丈夫にして出生時体重を増やし、妊娠に伴う高血圧を軽減するというものだ。

クサキリの一種ルスポリア・ニティドゥラ（*Ruspolia nitidula*）はウガンダでも好まれており、相当な定期的収入源となっている。市場での単位重量あたりの価格は牛肉をしのぐ。これは一九九〇年代、コーヒー価格の急落により多くのガーナ人が現金収入源を失ったときには、特にそうだった。欠点としては、このバッタの仲間は日持ちせず、また捕まえておいた容器から取り出すときに噛みつくことがあると報告されている。

アフリカやアジアでは、バッタやカメムシやバンブーワームを食べる話をしてもまったく問題はない。だが、虫がそこからカナダやアメリカの食料品店に移動するには、ひとっ飛びというわけにはいかない。新しい昆虫食の推進者のあいだで繰り返される疑問の一つが、どうすれば昆虫食を、消えつつある伝統的な、生態学的基礎を持つ共同体から取り出して、新しく生まれた、欧米主導のグローバル食文化に組み込むことができるのかだ。

## 日本の昆虫食事情

かつて周縁にあり今では主流となった食べ物として、もっとも引き合いに出される成功談が、寿司だ。ヨーロッパ人と北アメリカ人が、一世代で、日本で調理されているような生の魚を食べられるようになったのなら、昆虫も同じではないだろうか？　このマーケティングの方針に沿った進化論的主張まである。最新の遺伝子研究によれば、昆虫は陸生甲殻類の子孫だと考えられるかもしれないという。その現生のもっとも近い親戚は、眼がなく、洞窟に棲むムカデエビ綱だ。昆虫食の視点からは、おそらく昆虫と甲殻類のこのような「姉妹関係」は、社会の想像力を変えるために利用できるだろう。ダニエラ・マーティンには申し訳ないが、ユーチューブに投稿したサソリを食べるパフォーマンスには敬意を表するものの、食べられる陸生甲殻類とクモやサソリとを区別して、想像上の距離を置くことで、もっと効果的なマーケティングの可能性が生まれるだろう。

日本は、欧米人を寿司に夢中にさせ、今度は新しい昆虫食運動の先頭に立っている。日本文化には、娯楽、自然現象、食料として昆虫と目に見える形で関わってきた長い歴史がある。日本語のムシには、虫全般昆虫、微生物、精神などの意味があり、この複雑な文化的視点を反映している。

このような昆虫との関わりは、西洋の昆虫食に対する関心と日本の伝統文化の近代化との相互作用の両方により、急速に変わりつつある。日本では、たきぎを集めながらイモムシを捕獲するというような慣習は、ほとんど失われてしまった。たきぎで煮炊きをする人はもうそんなにいないからだ。昭和天皇は蜂の子の甘露煮を好み、炊いた米と一緒に食べたというが、大日本帝国から未来世界のインスピレーションを得る者は普通いない。絹の生産の副産物であるカイコの蛹は、中国や韓国と同様に、今も日本で広く食べられている。五〇〇〇年ほど前に中国でカイコが家畜化されて以来、カイコガ（*Bombyx mori*）――世界の絹生産の九〇パーセントを支える――の繭の大きさ、成長速度、飼料要求率はすべて野生のものと比べて改良されてきた。中国の絹産業には約一〇〇万人が雇用されており、一年間で一四万トンを超える絹、八〇万トンの生繭、そしてここでの議論により重要な四〇万トンを超えるカイコの乾燥蛹を生産する。糸を採ったあとの蛹には、肥料、人間の食料、家畜の飼料などさまざまな使い道がある。マグワの木（*Morus alba*）がカイコガの好む餌だ。中国北部原産だが、現在では日本を含め他の多くの国で栽培され、帰化している。

イナゴを食べることは、かつて日本では広く行なわれていたが、現在では廃れかけている。ハチ、オオスズメバチ、クロスズメバチを狩って食べることは、ドキュメンタリー映画、学術報告、大衆メディアで報告されているが、供給が減っているものもあり、韓国や中国から輸入されるようになっている。

どの虫が昆虫食のすばらしき新世界に居場所を見つけるのか、虫たちは誰の台所に飛んでいくのか、まださだかではない。私の見聞の範囲では、ある一人の人物が昆虫料理を変える波の先頭に立っているという。昆虫食が普通だった日本の中部地方に生まれ、もっとも先進的な都市である東京に住む内山昭一は、日本、そして全世界で昆虫食推進の急先鋒となっている。昆虫食の楽しさを書いた本を数冊出している彼は「昆虫料理研究会」を主催し、盛り上げている。ダニエラ・マーティンは彼との忘れがたい出会いを『私が虫を食べるわけ』に記している。内山さんを[*84]ユーチューブで見て、その評判を大衆紙の記事と、日本の昆虫食を特集したNHKワールドのドキュメンタリー番組で知った私は、彼にも会わずにはいられなかった。

日本ユニ・エージェンシー（私の前著『排泄物と文明』の日本での出版を交渉した）の有能でてきぱきした栗岡ゆき子と一緒に、内山さんは私の到着の日に合わせて読書会と講演会を企画してくれていた。読書会はデパートの二階全体を占める非常に広い書店で行なわれた。店内には多くの客がおり、グラフィックノベルか漫画を探していたのかもしれないが、私は感銘を受けた。私の講演のテーマは「大自然の模倣：昆虫食と排泄物と持続可能な社会」だ。私の友人であり同業者でもある川端善一郎の娘、川端歌れんが通訳を務めてくれた。

聴衆は、夢中でとはいかないまでも、少なくとも礼儀正しく聴いてくれ、「グローバルな」冗談をいくつか飛ばしてみると、笑いさえした。たとえば、ウォルト・ディズニーと、バンビの母親が生まれたばかりの子どもの糞を食べるのを考えることくらいグローバルなものがほかにあるだろうか？　質疑応答の時間、一人の男性が、土壌改良のためには庭でウンコすべきだろうかと尋ねた。私はやめたほうがいいと答えた。別の男性は、ヨーロッパ人が昆虫を食べないのは、食べてはいけないと聖書に書いてあるからではないかと言った。宗教よりも気候や地勢の関係のほうがはるかに大きいと思うと私は答えた。

私は内山さんに、カナダのエントモ社が販売しているモロッコスパイス味のコオロギを一袋預けており、何皿かをみんなに回した。サイン会の時間に、ある女性が雑誌を私の手に持たせ、とあるページを開いた。若い女性たちが昆虫を料理しているところの写真が載っているようだった。帰国して初めて、私はその雑誌を開いて、それが『ボナペティ』誌の日本版か何かではないことに気づいた。私へのEメールで、ゆき子が説明してくれた。「『フライデー』は主に有名人とそのスキャンダルやトレンド・カルチャーが載っている雑誌です。付箋は誰か他の人に宛てたもののようで、こう書いてあります。『もっと早くこの本を送らずごめんなさい。サガ（人の苗字）』。この記事は昆虫を食べる女の子についてのものです。彼女たちはコオイムシ科［タガメ。昆虫学者にとっては半翅目、昆虫恐怖症気味の人にとっては刺し虫］を漬けたウオッカを飲んで、揚げたイナゴとチョウの幼虫をつまみに食べています。記事はFAOが昆虫食を推奨していることに触れています。記者は五月一八日に内山さんのイベントに参加しています。この記事は別の料理と昆虫食の魅力についても解説しています」

まさしく昆虫食の魅力だ。それからウオッカの。それからフォトショップ加工されたパンティ姿の日本の女の子の。でも読者はきっとこの雑誌を、昆虫食の記事のためだけに買うに違いない。いずれにしてもこれは、昆虫食が都会の大衆文化へとすでに浸透しつつあることの一つの形を示すものだと、私は思っている。

翌朝、恭子と現地ガイドの飯塚健一郎に連れられて、私は内山さんほか数人が、多摩川の河原で昆虫を捕って焼いて食べるという集まりに参加した。都心から三〇分電車に揺られ、数ブロック歩いた小さな店で、内山さんは自転車を回収した。自転車には採集とピクニックに必要な装備と機材が満載されていた。タープ、捕虫網、プロパンガスのキャンプ用コンロ、袋に入ったセミ（地元で捕まえたもの）とアリの幼虫（中国からの輸入品）。われら恐れ知らずの狩猟団は焼けつく暑さの中、河原に歩いていき、橋の下に陣取った。それから私たちは昼食を捕まえに出発した。

背の高い草と灌木に囲まれた狭い小道を歩いていくと、すぐそばでカズーのようなブーンという音がした。

音のする枝に近づくと、あまり見たくないものを見てしまった。親指くらいの大きさのスズメバチが、もう少し小さな緑色の昆虫、おそらくバッタかカマキリをむさぼり食っていた。アジア産オオスズメバチの恐怖をたっぷり聞かされていた私は、ゆっくりとあとずさった。それから、科学のために本能を乗り越えて、私は木の中から聞こえるもっと大きな羽音を調べに行った。カマキリ――体長五～六センチの――がセミに食いついていた。両方とも網で捕らえて内山さんに見せると、カマキリは抱卵していると言った（だから余計に栄養が必要だったのだ！）。日本語のカマキリは、文字通りには「鎌で切る」ということ（キリはハラキリのキリと一緒）だ。

初め、私が網を振り下ろすたび、たくさんのバッタやカマキリがぴゅんぴゅんと飛んで逃げていった。ようやくバッタを一匹捕まえたが、二匹目に網をかぶせてジップロックバッグに入れようとしているとき、一匹目が逃げてしまった。そのうち辛抱することを覚え、虫がとまるのを待ってから電光石火のごとく動いて捕らえ、袋を振って前に採ったものを底に落としてから新しいのを入れるようになった。

コンクリートの橋の下のキャンプ地に戻ると、内山さんと助手たちがコンロとフライパンを設置して、さまざまな虫や幼虫を忙しくてきぱきと料理していた。味は「ナッツみたい」と言われ、私はそうだろうなと思った。何のナッツだろうと思っていると、何人かが、フライパンで炒ったセミの幼虫はアーモンドにちょっと似ていると言った。これからアーモンドはどんな味がするのかと聞かれたら、私はこう答えればいいのだ。「炒ったセミの幼虫にちょっと似ているよ」

この冒険のあと、内山さんは仲間たちとあと片づけのために家に帰った。私たちは数駅先の駅でまた落ち合い、目の大きなアニメ絵とテレビゲームと映画と漫画のワールドセンター、秋葉原へと向かった。日本国際ボランティアセンター（ＪＶＣ）は、秋葉原のちょうどはずれの路地にあった。この団体はラオス人民民主共和国で、昆虫の採集と森林保全を結びつけた、地域社会を基盤とする事業を運営している。私の予想通り、ＪＶＣの事業の結果は有望ではあるものの不確かなようだ。地元住民が保護地域で狩猟採集の権利を与えられる場合にありがちなことだ。理屈としては、先住民にこうした権利を付与すれば、彼らは資源を保護するだろう。だがこのような戦略では、その資源が自由市場で勢いづいたときに発生しうる、政治的な操作や強烈な経済的締めつけが説明できない。私は排泄物について、それからラオスでのＶＷＢ／ＶＳＦ（国境なき獣医師団カナダ）コオロギ養殖プロジェクトについて短く話した。内山さんとスタッフが軽食を用意した。塩味のクラッカーに私の見たところ何かの昆虫のパテを塗り、砕いたコオロギ、アリ、セミのどれかを散らしたものだった。

次の日の午後、ホテルのロビーで恭子と健一郎と待ち合わせ、内山さんの事務所で開かれる昆虫料理と試食の会へ向かった。オハイオ大学のＥＳＬの大学院生、築地書館の編集者をはじめ一二、三人がそこにはいた。スペースは狭く、本が積み上げられていた。健一郎によると、内山さんはロシア文学が専門の出版社に勤務しているのだという。だが棚にある数少ない英語の本の一つは、アレン・ギンズバーグのものだった。突然、すべてが腑に落ちた（まあ、ギンズバーグが腑に落ちるくらいには）！　ビート詩人は主流への道なのだろうか？　内山さんとル・フェスタン・ヌが先導者だとすれば、答えはイエスだ。

メニューには蜂の子、カイコの蛹、カイコがあった。これらの昆虫の原産地は、私にははっきりとわからなかった。中には輸入品もあったと思う。カイコの繭は白とピンクと黄色だった。絹の生産者はさまざまな色の品種を掛け合わせたようだ。端を切ると蛹が転げ出してきた。善一郎がキャンプ用コンロと小さなフライパンを使って路上でそれを炒り、「殻」を取り除いた。スズメバチは、人家からハチの巣を撤去する会社から購入したので、それを食べることは二重に道徳的なことだ。私たちはサクラケムシの糞からお茶を作った。お茶には桜の香りがあり、出所を知らなければ、軽くて風味があった。カイコのウンチで作った緑茶も試した。これはカイコのウンチから作った緑茶の味がした。内山さんの助手の一人が、ハチを丸ごと粉にしたものを混ぜたそば粉でそばを打った。

あとで考えると、この種の屋台料理から北米の台所やレストランまでの道はどこにあるのか、私は見きわめようとしていたのだ。はっきりした道筋はないようだった。

## 長野の「ビー」・ハンティング

日本での予定の第二部は、名古屋の近くでスズメバチ狩りをすることだった。ホテルで朝七時三〇分に落ち合ったゆき子は、新幹線の切符と、私が通る改札口の写真を添えたスケジュール表を手渡して、行き先を示した。日本の鉄道、特に新幹線は時間が正確で順調だ。名古屋駅で私は、恵那行きの快速列車に間に合うように急がなければならなかった。恵那からは一両編成の汽車に乗った。それは一九六〇年代に私の未来の妻が運転していた、手塗りのフォルクスワーゲン・バスを連想させた。汽車はトンネルと深緑の谷間を抜けて山へと入り、明智に到着した。そこで私はショウコと、二歳になる娘のソヨカと落ち合った。町から出る途中、私たちは小さな食料品店に立ち寄った。私は棚にスズメバチのピクルスのような瓶があるのに気づいた。それから私たちを乗せた車は人口一〇〇〇人に満たない串原という村に向かった。ここにはランバージヤックという名の民宿が所在している。ショウコの夫で実際に小さな製材所を経営している本物の木こり《ランバージャック》のダイスケさんが、あらかじめEメールで「ビー・ハンティング」に行くことを請け合ってくれていた。

かなりの時間をこの地域の研究に費やし、昆虫食に関する必読の論文をいくつか発表している研究者のシャーロット・ペインは、彼が言っているのはスズメバチ（ホーネット）のことだと断定した。また、この地域の人々は、オオスズメバチを狩ることもあるが、私が訪れた時期には、私たちが追いかけるのはクロスズメバチ――*Vespula shidai* または *Vespula flaviceps*――だろうと教えてくれた。英語では一般にワスプと呼ばれるものだ。

あとで私が、このホーネットとワスプの混同について質問すると、シャーロットはこう説明した。「この用語の混同は日本語の癖から来るものだ。「ハチ」という語はアリ以外の膜翅目すべての一般名につく――だからホーネット（スズメバチ）もビー（ミツバチ）もワスプ（クロスズメバチ）もこの言葉で呼ぶことができる。「ビー」はほとんどの子どもが最初に知る膜翅目の種なので、たいていの人は「ハチ」を「ビー」と翻訳する。だから、昆虫食に興味のある人の多くが、日本人はミツバチの幼虫（よく英語話者にビー・ベイビーとして売られている）を食べるんだと思いながら日本をあとにする。実際には彼らは *Vespula flaviceps* か *shidai* の幼虫を食べている。これが日本でもっとも一般に食べられる種類だ（別のコミュニティでは違う種類のクロスズメバチを食べているとされるが、私は直接見たことがない）。

翌朝、米、納豆、ナスとキュウリの漬け物、味噌汁という普段の朝食のあと、私たちは野生のスズメバチ（この形容詞はたぶん必要ない。なぜなら家畜化されたスズメバチやクロスズメバチはいないからだ）を狩りに出発した。私はダイスケさんの小型トラックに乗り込み、別の小型車を運転する製材所従業員のあとに続いた。スギとヒノキに囲まれた谷間の一車線道路を半時間走る。道路脇に家屋が密集した場所に到着すると、そこで私たちは七六歳のハルオ、ベテランスズメバチハンター、通称ハルさんと落ち合った。小柄で日焼けし、野球帽とジーンズと爪先の分かれた長靴――私を除いて、当日の制服のようだった――を身につけたこの男性は、これを五〇年間やっている。そのほかに、立場が（私には）わからない七一歳の、コミュニティの長もいた。

私たちは車を連ねて、急峻な丘陵に挟まれた、時にぬかるみ、時に砂利の道路を上っていき、ついに大きな地ならし機のそばで車を停めた。道路はここからさらに延長されることになっている。ハルさんが一方の端をとがらせた棒を何本か用意し、それぞれに細長いイカの身を突き通した（ウナギを使う人もおり、ダイスケさんは最初そう呼んでいたが、妻のショウコがあとでイカと訳した）。棒にはそれぞれピンク色のリボンで印がついており、バラバラの間隔で道路脇に突き立てられた。それから私たちは待った。

待つあいだにダイスケさんが、白く細いひもが入ったプラスチックの箱を見せてくれた。ひもの一方の端は幅が広くなっているようだ（ちょっとデンタルフロスに似ている）。ついにわれわれの一人が小さく黒いスズメバチが餌をかじっているのを見つけると、ハルさんがイカの小さな切れ端を取り、真珠くらいの団子にして、そこにひもをつけた。それからハルさんはスズメバチに近づき、つついてイカ団子を手から取らせた。ハチはひとかじりして、勢いよく飛び去った。白いひもをあとに引きながら。私たちはそれがスギのあいだ、緑の葉の中に消えていくのを見守り、それからダイスケさんが、濡れて朽ちかけた丸太、シダ、ガレ場、伐採くずのあいだを抜けて、急斜面を登っていったが、見失った。私たちは次が来るのを待ち、同じ手順を繰り返した。今回はもっと先まで追うことができた。餌をつけたスズメバチを三匹ほど追い、腐った丸太とシダのカーテンの陰に隠れて、地中に引っ込んだ穴をいくつか見つけた。私を含め三人は巣のそばで待ち、ダイスケさんがハルさんの手伝いに降りていった。しばらく私たちは、スズメバチが巣穴を出入りするのを見ていた。私が不安になってあとずさるのをよそに、七一歳氏は地面を数回叩いて、ハチが侵入者を確認しにあわてて出てくるのを見ていた。

ようやくハルさんとダイスケさんが三〇センチ四方の木箱を持って登ってきた。ハルさんが養蜂用の帽子と面布をかぶり、分厚い手袋をはめると、穴の下の地面を掘り下げた。五分ほどで、大きなグレープフルーツくらいのスズメバチの巣が、赤い腐葉土と土の中から掘り出された。ハルさんはそれを箱の一つに放り込んだ。箱は小さすぎたが、ダイスケさんが斜面を下りて大きな箱をトラックから取ってくるあいだ、ハルさんは掘り続け、スズメバチと巣を何度も手ですくっては箱の中に落としていた。ダイスケさんが大きな箱を持って到着すると、ハルさんは巣を新しい箱に移し、さらにハチを入れた。その中には女王がおり、すぐに巣の中に隠れた。ハルさんが箱のふたを閉じ、私たちは全員車に戻った。

家に戻ると、ハルさんは自分が持っている二〇個の巣箱を私たちに見せてくれた。餌にはニワトリのレバー（ひもで巣箱の正面に吊るしてあった）と氷砂糖を与えている。巣には一一月の祭りまでの二、三カ月、餌を与える。祭りの日、誰の巣が一番大きいかのコンテストを開く（と、私は理解した）。それから大部分は食べてしまい、いくらかを放してやる。

日本滞在の最後の朝、普通の朝食（昆虫はなかった）の最中にダイスケさんが、内山さんと日本の昆虫食を特集したNHKワールドのビデオを、製材所の従業員二人に見せた。若いほう、たぶん二〇代の男性は顔をしかめていた。ビデオが終わり二人が仕事に戻ると、ダイスケさんが来て、木のテーブルにいた私の隣に腰を下ろした。何か大切なことを言おうとしているのだが、どう言えばいいかよくわからないような、いらだった様子だった。

心配なんだと、彼はようやく口を開いた。外国の撮影隊や研究者がこの村にやってくると、彼らは住民が昆虫を食べることにばかり注目するからいらいらするのだと。たしかに自分たちは昆虫を食べる。でもそれが自分たちのすべてではない。ここは多様でさまざまな顔を持つコミュニティだ。暮らしていくために、生きがいのある人生を送るために、普通に生活して、持続的であろうとしているのだ。昆虫を食べることもあるが、それが自分たちを定義するわけではない。本を書くときには、そのことを忘れないでほしい。

羽田空港で遅れているフライトを待ちながら、私はダイスケさんが言ったことをもう一度考えていた。たしかにそうだ。私は地元で取れたメープルシロップや、地元で栽培したリンゴで作るアップルバターを食べることがあるが、そうした食べ物は私を定義しなかった。私が食べて育った食べ物——ベレニキとボルシチとポーゼルチェとプフェッフェルニュッセとパスカ——は、歴史的に、また家族の中で重い意味を担っているために、私のアイデンティティ意識の一部となっている。虫をひとつかみボルシチの中に放り込んだり、コオロギのプロテインパウダーをパスカに加えたりすれば、その生態学的・栄養学的な価値は変わるだろうが、私の文化的アイデンティティ意識との関係に変わりはない。食べ物と味は、個人、家族、生態系の歴史を織りなす縦糸と横糸にきわめて深く根を下ろしている。もし私たちの食べ物の形式は残しつつ内容を変えたら——たとえば豆スープの中のハムを虫に置き換えたら——それは、数世代を経るうちに、私たちに意味を、つまり自分は何者かという感覚を与えた文化も変えるのだろうか? 私はそう思ったが、どのように変えるかについてはまだ自信がない。

二〇〇四年三月、私はエジプトのアレクサンドリア図書館にいた。きっかけは二一世紀初めの大規模な世界的構想であるミレニアム生態系評価の特別会議だった。会議が強調していたのは、尺度と認識論の橋渡しと銘打った通り、文化を超えて耳を傾け、異なる世界観とのあいだに相互を尊重した対話を持ち、個人、村落、政府、さらには地球全体にわたる効果的なつながりを作り出すという困難な課題であった。昆虫を食べる世界が何らかの目安だとすれば、この橋の設計に着手するために必要な対話は、まだ始まったばかりであるように私には思える。

# 第13章 周縁からの新たな料理法——SHE CAME IN THROUGH THE KITCHEN WINDOW

冷たいカメムシクリームと
おいしいゾウムシタルト
離れていてもその味は片時も忘れない

## ドンマカイ——ラオスの市場

東南アジアは、多くのユーチューブの動画と熱心な旅行者が教えてくれるように、昆虫食の本場であり、昆虫食文化と非昆虫食文化の料理をつなぐ最先端であるようだ。

コンケン大学で開発された技術に基づいて一九八八年にタイに導入されたコオロギ養殖と、その製品のタイ内外での需要は、もっとも楽観的な期待すらしのぐものだった。二〇一一年までに、二万のコオロギ養殖農家が年間七トン以上を生産していた。学校は給食の栄養を強化するプログラムを導入していた。特に高い投入コストは、餌関係だった。多くはコオロギにニワトリの飼料を与えていたが、出荷直前には味をよくするために、カボチャ、キャッサバ、アサガオの葉、スイカのような植物性のものが与えられた。

隣国のラオスでは、コオロギ養殖の商業化の歩みは遅く、ようやく二〇〇〇年代の初めごろから始まった。

それでも、この地域のさまざまな民族集団は、長年昆虫を食べてきた。今でも、テレビに触発されたグローバル化の圧力が、「原始的」な風習をやめさせようとするにもかかわらず、約九五パーセントのラオス人が何かしらの昆虫を食べていると報告されている。現存する昆虫食習慣には、水田のような水辺に住む人々がゲンゴロウ、ガムシ、タイコウチ、タガメ、カメムシ、トンボの幼虫などを集めるというものがある。乾期には、糞虫の幼虫や成虫を食べる。カメムシは炒って売られていることも、生きたものを家庭で調理することもある。調理人は茹でて臭いを抜き、ペースト状にして副菜として供する。南アフリカ、マラウイ、パプアニューギニア、メキシコの住民もカメムシを食べる。

二〇一五年八月、トーマス・ウェイゲル（VWB／VSFのコオロギ養殖プロジェクト・マネージャー）は、私をビエンチャン郊外にあるドンマカイ市場へと連れていった。そこでは商人がラオスの森で採れるさまざまな産物を売っている。『食料としての森林昆虫：ヒトの逆襲』の著者の一人は次のように報告している。「［ドンマカイ市場にある］食用昆虫の中でもっともよく売れるものがツムギアリの卵（二三パーセント）、バッタ（二三パーセント）、コオロギ（一三パーセント）、ミツバチの巣（一三パーセント）、ハチ（九パーセント）、セミ（五パーセント）、ミツバチ（五パーセント）だ。もっとも高値で取引されるのはセミの幼生で、一キロあたり二五米ドルである」

報告書に書かれていた通り、びっくりするほど多彩な食品が市場に並んでいるのを、トーマスと私は見た。陳列台にはキノコ、種子、カエル、カメ、何かの苦い薬草でできた製品を加えた蜂蜜（ヌテラ〔訳註：チョコレート風味の甘いスプレッド〕に似て、そこそこ食べられるものであることがあとでわかった）、それに多種多様な六本脚の野生生物――大小さまざまなバッタ、小さな白いコオロギ、イエコオロギ、ケラ、ハチ、ハチの卵と幼虫、トンボ、糞虫が山積みになっていた。こうしたものの多くはすでに焼いたり炒ったりされていたが、生きたコオロギが陳列されていることもあり、深さのあるプラスチックのボウルをよじ登って逃げようとしている様子から、活きのよさは折り紙つきだ。ボウルに住みついたハエが、縁をぐるぐる回っている。トーマスと私はフライドチキン二人前と、出所が（私には）わからない幼虫を少し買った。それをかじりながら、私たちはほかの取れたての売り物を見て回った。昼食（スープに入った麺、昆虫はなし）に立ち寄った露店では、数人の若い女性（と、その母親）が、結婚相手にもってこいだよと私たちに自分を売り込んだ。

別の露店では、もっとありふれたもの（結婚の申し込みに比べれば）を勧められた。新鮮な、太った白いスズメバチの幼虫だ。ここで私たちは勧めを受けた。軟らかくなめらかな幼虫は、つるんとした舌触りで、心地よく冷たく、バターっぽく、カスタードのようにとろりとしていた。テーブルでは、体長数センチに太ったオオスズメバチが、死んだ幼虫たちのゆりかごだった壊れた巣の上を、うろうろとさまよっていた。それを見ると私は悲しくなったが、食べ物のことを考えると、私はいつも、その予想された死、予期せぬ美、必要な喪失により、揺れ動く矛盾した感情、自分自身の生命が有限であることと、生命の網にがっちりと捕らえられ、あがいていることを感じさせられる。南アメリカ、メキシコ、アフリカ、オーストラリア、アジアの、ミツバチ、ハチ、スズメバチの幼虫をごちそうだと考える多くの先住民への敬意から、私は幼虫が入った巣の一片を、死んだオオスズメバチと一緒に買った。店員はハチをコブミカンの葉に混ぜた。[*85]

家に帰った私は、スズメバチと幼虫のカレーを即興で作り、これがうまくいったら、次はもっといいレシピを、いずれかの先住民族文化出身のシェフに教えてもらったほうがいいだろうと思った。

## 養殖工業化への不安

二、三日して、われわれ数人――中にはラオス国立大学農学部副学部長フォンサムート・スータムマボンと同学の動物学者ダオビィ・コンマニラもいた――は、VWB／VSFコオロギ養殖プロジェクトを見学するために、平らで緑の景観の中、車を走らせていた。その一つには、ビエンチャン近郊にあり、大学近くのハートビアンカム村（HVK）の一六戸の農家が参加している。その狙いは、ビエンチャンで市販できるコオロギの付加価値商品を作り出すことだった。もう一つ、ボーリカムサイ地区は少し前に深刻な洪水と食料不足に見舞われた困窮地域で、首都から南へ車まで三時間半ほどのところにあった。私が来るのがほんの一週間早かったら、道路はまったく通行できなかったところだ。実際私たちの滞在中、遺体――おそらく水害の犠牲者だろう――が見つかったという話を聞いたその時点でさえ、赤くぬかるんだ水路が広範囲に残っていた。

設計講習会を受けたあと、農家は各自、一メートル×二メートル、高さ一・五メートルほどのコオロギ飼育箱を作っていた。コオロギは這い回り、私が見ている前で飼育箱の壁にもたせかけた大きな紙製卵パックに逃げ込んだ。コオロギの産卵場所として、おがくずか米ぬかを入れたトレーが置かれた。農民（全員女性だった）はコオロギにニワトリ用の飼料を与え、時折空芯菜やキャッサバの葉のような青物を補充した。収穫の五日前から、コオロギは植物性の餌だけを与えられる。四五～五〇日後、次のサイクルの卵を産んだ直後、約五キロのコオロギを収穫すると農民は言った。繁殖のとき、雄は狂ったように鳴いて雌を取り合うので、収穫の時期がわかるのだそうだ。それから雌が卵を産むのを待つ。糞は畑の肥料に利用される。

昼食は、フォンサムートの大学時代のルームメイト、現在は県農林業部長の招待だった。私たちが乗った四輪駆動車は、丘を抜け人造湖の岸を通る曲がりくねった赤土のぬかるんだ道路を、跳ねたり滑ったりしながら進んでいった。道路の終点で、私たちは湖水を見渡す東屋へと歩いた。部長の部下がバーベキューの火をおこしているあいだ、私は手すりにもたれていた。電線が丘の斜面から湖面の上にぶら下がった電球まで張られている。これは夜に点灯され、湖の肉食魚の餌となる昆虫を引き寄せるのだと、部長は言った。魚は食用に捕まえる。キャッサバの葉が湖に入れられ、草食魚の補助食品にされる。高床式の木造の家が、小さなアースダムの対岸に立っている。その脇にあるのは、以前カンボジアで見たことがあるような誘蛾灯だった。垂直に立てた屋根用のトタン波板の真ん中に、蛍光灯を縦に取りつけ、下に水桶を置いたものだ。これが昆虫を捕獲する方法としてラオスで好まれており、多くの世帯で使われているのだと聞いた。私は歩いていって、水槽をのぞき込んだ。タガメ、トンボ、蛾、虹色のタマムシが何匹か入っていた。カナダのエンテラ社のアンドリュー・ビッカーソンは、カンボジアで働いたことがあり、こうしたシステムに伴う「混獲」問題について心配を口にしていた。これは、あらゆる大規模な昆虫養殖で問題になるかもしれないと私は考えている。

このやり方を使って虫を捕まえ、自分で食べたり魚や動物の餌にしている人はたくさんいると、ダオビィは説明した。ある朝、彼女と夫がいつもより遅く起きると、飼っているニワトリが家の脇にある罠に落ちた虫を全部食べてしまっていたという。

別のVWB／VSFのプロジェクトは、コオロギ養殖とチップスとサルサ（いずれもコオロギが原材料に

コオロギの調理法の一つ、フライ

含まれる）の製造の両方を伴う。チップスはキャッサバ粉、乾燥して粉末にしたニンニクとタマネギ、乾燥コオロギで作られる。キャッサバの生地はソーセージのような形に丸められ、プラスチックで包まれ、蒸される。それを冷蔵庫で一晩冷やし、薄くスライスして、熱した油で揚げる。最終製造工程の前に、トーマスと同僚たちはパブや酒屋を訪問して（それが仕事だからね）試供品を配り、注文を取った。だがHVKの農民の中には、注文がまとまるころにはすでにコオロギを食べてしまったり、地元の市場で売ってしまったりした者もいた。この穴を埋めるために、トーマスは半キログラムのコオロギを調達しなければならなかった。だから、ボーリカムサイを訪問したあと、市内へ向かう途中、私たちは海外援助や開発事業とつながりのない農家に寄って、買えるかどうか聞いてみた。

その農民は二〇代の若者で、コオロギの飼育箱を七台持っており、ニワトリの飼料で育てていた。その生産額——六週間ごとに八〜一五キロを、一キロあたり三万五〇〇〇ラオスキップ[*86]で市場の店に売る（市場ではキロ五万ラオスキップで転売される）——は良好だった。私たちは彼に、どうやってコオロギの養殖を学んだのかと質問した。インターネットと他の農家からと、彼は答えた。今では同じ地域の興味を持った人たちに卵を分ける段階にまでなっていた。私たちが話していると、近くの建物からもう一人ふらりとやってきた。彼は、自分は農林省農業普及協同組合局の係長で、趣味でコオロギを育てていると説明した。彼は飼育箱を六個持っていた。開発事業はこの状況のどこに当てはまるのだろうと、私は思った。それは不正な競争なのだろうか？　外国人はまたしても、自分たちのほうがものを知っていると思って首を突っ込んでいるのだろうか？　それとも（私が気に入っている解釈だが）開発事業は新しい農法と食習慣を推進する刺激となるのだろうか？

翌日、大学の食品化学研究室で私は、スタッフがコオロギサルサを五パターン、消費者テストのために用意しているのを見ていた。彼らは研究室の乳鉢と乳棒、タマネギとニンニクを焼くためのバーベキューコンロで作業をしていた。支度ができると、彼らはキャンパスやその付近にいる人たちに、さまざまなパターンのサルサを試食してもらった。そのあと研究室に戻ると、集めた情報——たとえば色、匂い、味——を表計算ソフトに入力した。「一番の」サルサはＨＶＫ村民に発表される。村民は（以前の経験をもとに）「好みに応じて」分量を変え、ちょうどいいと思えるようにレシピを改良する。このやり方だと、私が思うに、村民はこの製法について所有権と関与を主張できる。

二〇一五年に *Trends in Food Science and Technology*（『食品科学技術動向』誌）に掲載された記事で、マックス・プランク化学生態学研究所の博士研究員であり、昆虫の消化酵素の進化遺伝学の専門家、マタン・シエロミは、西洋の食料システムにおける昆虫を、ナッツと同じように考えてはどうかと言った。私たちはすでに、昆虫にはナッツのような風味があると描写しており、ミールワームやコオロギのようなポピュラーな昆虫は、すでにナッツと同じような使い方——それがなくても完成している食品に好みで加えられるもの、おやつ、調理用油の原料——をされている。実際、塩、ニンニク、コブミカンの葉を加えて炒め、切ったばかりのキュウリの上に盛った、カラオケ・クリケットをトーマスと私は分け合ったが、フレッシュでサクサクした味わいがあり、ナッツアレルギーのある酒飲み向けビアナッツのようだった。この類推は便利だが、あらゆる類推がそうであるように、完全ではない。傷みやすさと食品安全という面で、昆虫はむしろエビに似ている。

ラオスと近隣諸国のコオロギ養殖は、必要な初期投資が少なく、大都市の周辺に住む貧しい人々が生計を立て、家族の栄養状況を向上させるのによい方法だと思われる。国際開発の論理では、次のステップは「拡大」であり、トーマスは、国営ビール会社と連携して、醸造かすをコオロギの餌として使う案を検討している。この方法で成長が促進され、コストが減り、ずたずたになった生態系のつながりが閉じられる。これはまったく結構なことに聞こえるが、より多く現金収入を得られるようにと、農家を工業的なグローバル・アグリフード・システムに誘うことについては不安がある。一つには、小規模養鶏のようになるとすれば、コオロギ養殖が自給自足から商業ベースになったとたん、経営と収入が女性から男性の手に移ることだ。また、一九六〇年代にタイの人々が地方からバンコクへと大挙して押し寄せたように、ラオスの農村の住民が増えた可処分所得で巨大ショッピングモールを建設し、車が大量に売れて、通りが高層ビルの狭間の騒々しい渋滞の峡谷に変わってしまうことも、私は心配している。すでに中国が出資したマンションとショッピングモールが、ビエンチャン郊外の緑の景観を押し潰していることを、トーマスは私に指摘していた。これが未来なのか？　家族が健康で十分に食べられるようにしたいだけの小規模コオロギ養殖農家の居場所は、はたしてあるのだろうか？　彼らが増えた収入で何をするかは、私が口出しすべきことなのだろうか？

## 供給側持続可能性——カナダのコオロギ養殖場

コオロギ養殖は東南アジアでは家庭の栄養状況を改善し、小規模農家の収入を増やし、農村の女性に関わる多くを改善するが、それは北アメリカという産業化された家畜システムが確立している地域では、どのような役割を持つのだろうか？

カナダのエントモ社は、何ができるかの一例となる。エントモ社は、消費者の欲求から出発するのでなく、農場から出発し、昆虫を食卓に載せるためにより近道のアプローチを取ろうとしている。生態学者のティム・アレンと同僚のジョー・テインター、トム・フークストラは、このアプローチ——消費者でなく資源ベースから始めるもの——を「供給側持続可能性」と呼んでいる。みずからを「食品の未来」として売り込むエントモ社は、「世界でもっとも持続可能なスーパー食品」を製造していると宣言している。爬虫類や魚の餌を製造する「爬虫類の餌屋」として発足した同社は、私が二〇一五年に訪問するほんの一年前に種の壁を飛び越えていた。献身的で熱心、機敏でメディアに通じたオーナーたちは、カナダの新聞やラジオ番組で紹介され、その革新的な食品は、トロントで開催される農業見本市ロイヤル・ウィンター・フェアで政治家たちに絶賛された。「北米最大のコオロギ養殖場」とされるエントモ社を扱った『カナディアン・ビジネス』

誌の記事では、ジャーナリストのキャロル・トーラーが、この企業を経営する三兄弟の一人の娘、九歳のケイラ・ゴールディンがためらいなく楽しげにひとつかみのワックスワームをむしゃむしゃと食べる様子に驚嘆している。トーラーは、昆虫食を支持するいつもの合理的な主張を並べている。対重量比で、他の家畜より使用する土地と水がはるかに少ない。単位重量あたりでは、たとえばウシよりも飼料を肉に変換する効率が高い。

この記事の見出しと副題は、しかし、普及にあたっての第一の難問をほのめかすものだった。「最先端の新進食品ビジネスはどうやって私たちに虫を食べさせようとするのか?」と、見出しは告げる。その下にはこう書かれている。「コオロギは飢えた二一世紀に奇跡の食品となるかもしれない。問題はただ一つ。尻込みする買い物客をどう納得させるのか?」

エントモ社は私の家から車でほんの二、三時間のところ、オンタリオ州ピーターボロという小さな街の近くにある。そこで二〇一五年の夏、昆虫食調査の世界旅行に出発する前に、私は自分の目で何が行なわれているのかを見に行った。途中、道路脇のこんな看板が目についた。「この土地はわれわれの土地。政府は口出しするな」。オンタリオの農村のことをよく知らなければ、田舎のサバイバリスト集団と、昆虫が彼らのメニューにあるかどうかを気にしだしたところだ。コーマック・マッカーシー〔訳註:終末もの小説の作家〕がオーガニック・プレッパー〔訳註:サバイバル情報サイト〕に出会ったのかと。*87

自分が何を期待していたのかわからない。ただ、酪農場や肥育場なら見た目で、養豚場なら匂いでわかるというように、これがコオロギ養殖場であることを知らせる特別なものはなかった。養殖場の建物は見たままのものだった——倉庫のような鶏舎を転用したもので、広さ約一万平方フィート、おだやかに起伏した田園地帯、寒帯林、トウモロコシ畑、牧草地のパッチワークの中に位置している。

このビジネスはダレン・ゴールディンが二人の兄弟、ライアンとジャロッドと共に始めた。パートナーのカリン・ゴールディン（調理部長）とステイシー・ゴールディン（メディア・スペシャリスト）も明らかに重要なチームの一員だ。建物の大きく開いた戸口に車を停めると、ダレンが私を迎えた。虫の糞を詰めた袋がアスファルトの駐車場の片側に並べてあった。以前の住人、引退した養鶏業者は近所の農場に住んでおり、この新しい昆虫養殖業者がやっていることにどうやら満足しているようだ。

ダレン・ゴールディンはトロントにあるヨーク大学の環境学部を卒業間近だったころ、ブリティッシュコロンビア州クラクワット・サウンドの原生林皆伐に対する抗議行動に参加するため、西部へ向かうことにした。その後、ダレンと友人の一人はクートニー山地に小屋を建て、自給自足の生活を決意した。結局、自分が社会や家族とのつながりを捨て切れないことに気づいて、オンタリオ州に戻った。ダレンとパートナーのカリンは、打楽器を製作し、その後ペットの爬虫類や両生類の餌にする昆虫の生産に興味を持った。そこに、将来の食料として昆虫を扱った二〇一三年のFAO報告書が発表された。その年は、マギル大学のアスパイア・フード・グループが一〇〇万ドルの資金を受賞した年でもあった。ダレンは兄弟と話し合った。「なあ、俺たちは何の賞ももらってない」。彼らは言った。「でも、もうやり方はわかっている。何も問題はないさ」

ダレン、兄弟たち、彼らのパートナーにとってエントモ社は、環境負荷の大きな農業に代わる生態学的に持続可能な手段を生み出して、環境破壊への懸念を有益な行動に転換する手段だった。私は数多くの畜産農場に行ったことがある――肉牛、乳牛、ニワトリ、シチメンチョウ、アヒル。私はウシと交流し、その低く呟き込むようなうなるような声を聞くのが好きだし、時にウシたちが生態系に果たす職務を実現できるようにすることは、私の喜びだ。だがコオロギ養殖場は――雌を呼ぶ雄コオロギのコーラスは――私にとってまったく新しい体験だった。

ダレンは工程を案内してくれた。卵は、清潔で少し湿らせたピートモスの上で孵化する。この上に設置されているのが、ワインの瓶が割れないようにする梱包材に似た柱を組み合わせたボール紙の構造物で、孵化幼虫は生まれてすぐに上へと登っていく。光とは関係のない本能のようだ。

幼虫はこの「育児室」から(組み合わさった柱の中を)青い保管箱へと移動する。箱は細長い部屋の棚に積み上げられる。コオロギはひき割りにしたトウモロコシとダイズ(養殖場で栽培されている)を与えられる。餌は青いプラスチック容器の底にまかれる。二週間、二度の脱皮を経験するあいだ、ここが彼らのすみかとなる。コオロギアパートだ。

次にダレンはもっと大きな部屋に私を案内した。そこではコオロギは青い箱から出される。ボール紙の柱が、点滴システムで給水される長いゴム引きの樋の両側に並べられている。この部屋は、建物のどこより温度が高く(約三〇℃)、コオロギはここで四週間飼育され、完全に成熟する。私はコオロギが、どの動物もやるように細い流れに沿って並び、水を吸っているのを見た。小さな動物たちがちょろちょろ歩き回る真ん中で、私は落ち着いた気分になった。コオロギはそれまでと同じ配合飼料を与えられている。成熟すると、雄はつがいを求めて鳴くようになり、それから(その気のある雌が見つかれば)交尾する。抱卵した雌は、受精卵を産みつける場所を探す。産卵場所として、端が傾斜しピートモスが敷き詰められた浅いトレーが与えられる。卵は新しい世代を始めるために収穫される。水の入ったバケツにトレーごと入れると、ピートモスは浮かび、卵は沈む。卵は育児室に入れられ、そこで孵化する。

交尾して卵を産むとすぐ、コオロギは死ぬ。この直前、繁殖と死のあいだが収穫の時期だ。コオロギはボール紙の塔から青い箱に振り落とされ、金属の漏斗《じょうご》を通ってはかりに載った袋の中に落ちる——一度に五ポンドだ。ドライアイスが加えられ、コオロギは寒さと酸欠のダブルパンチでたちまち死ぬ。

コオロギを収穫すると、樋にまず塩素を含んだ水、次に清潔な真水を流すと、ダレンは言う。糞は床から掃き集められ、袋に入れられる。残されたわずかなコオロギが、「ホテル」（ボール紙を組み合わせて作った備品）に逃げ込むが、袋の中に振り落とされる。

外ではダレンが、フェンスの隣に積み上げた糞の袋のところで手を振っていた。糞はリンとカリウムが豊富で優れた肥料になると、ダレンは言う。彼はそれを自分の作物に使い、地域の農家にも売っている。私には、庭用に好きなだけ持っていっていいと言った。まだ販売計画はなく、ベンチャービジネスとして誰か拾ってくれないだろうかと思っている。すでに主力商品の需要に追いつくだけで忙しいのだ。

コオロギは別の敷地、隣町のノーウッドにある建物で加工される。数軒のレストランと他の会社のある角を曲がったところで、小さな建物から匂いはせず、近隣ではエントモ社の存在を気にしていないようだ。中に入ると、待合室とコンピューターがある事務室の奥に、ピザオーブンのようなステンレス製オーブン（引き出しがたくさんあり、コオロギが天板に載っている）を備えた部屋があった。エントモ社の加工部長デレク・ドライエが、流しで大量のコオロギを洗って、天板の上に広げている。コオロギに味付けするなら、この時点で行なう。そうでなければこんがりと焼かれ、挽《ひ》かれて粉末になる。この粉の最大の市場は、エネルギーバーやプロテインバーを製造する企業だ。デレクはそうした企業の名を、少なくとも五、六社挙げた。

デレクの他に二人が厨房とそのまわりにいた。高校生くらいの年代の若い男女だ。しばらくのあいだ二人はコンピューターの前に座っていたが、そのうち部屋の中を動き回り、梱包をし始めた。カナダやヨーロッパで訪問した他の昆虫ビジネスと同様、この現象は二〇代、三〇代、四〇代の人々が主な原動力となっているらしいことに、私は強い印象を受けた。この世代が、われわれベビーブーマーが作り出した持続不可能なアグリフードの混乱を受け継ぐ世代であることを考えれば、彼らは革新的な解答を思いつくのにふさわしい者たちかもしれない。

そこに立ってこぢんまりした厨房を眺めながら、私はコオロギを二、三匹口に放り込んだ。初の本物のコオロギスナックだ。そして話をしながらさらに、オーブンからじかに、ロースト前の味つき（バーベキュー、ハニーマスタード、モロッコ風）のものを試した。目玉と脚、それから虫だという観念をやりすごして口の中に放り込むと、それはダレンが言っていたように、食べ物の味がすると私は結論した。すこしナッツっぽい。脚が歯に挟まるんじゃないか、絞扼《こうやく》反射〔訳註：口内への刺激で誘発される叶物のない嘔吐反応〕を引き起こすんじゃないかと思っていたが、まったくきれいに噛み砕けた。ヘルシーなスナックだ。コオロギはタンパク質、オメガ3脂肪酸、ビタミンB群、カルシウム、鉄を豊富に含むと、ダレンが教えてくれた。ミールワームは（善玉の）脂肪が多く、ポテトチップのような少し濃厚な味がした。

二〇一五年の夏、エントモ社は一週間に四〇〇〇ポンド（約一八〇〇キログラム）のコオロギと一五〇〇ポンド（約七〇〇キロ）の糞を産出した。使った水の量は一日に約三〇ガロン（一〇〇リットルを少し超える）だ。私はダレンに、コオロギには――ブタやニワトリやウシのように――病気の問題があるかどうかを質問した。ダレンはうなずいた。北米のコオロギ養殖業者は、以前はヨーロッパイエコオロギ（*Acheta domesticus*）を育てていた。これは成虫になるまでが早く、飼料要求率がいい。しかし二〇〇九年、ヨーロッパイエコオロギのデンソウイルスが流行し、北米のコオロギ生産者の半分が廃業するか、別の種を選ばざるを得なくなった。ダレンはウイルスにやられたアルバータ州の農場を知っていた。その農家は飼育小屋をほとんど解体し、徹底的に清掃してから新しいコオロギを入れた。九週間後、それはまた全部死んでしまった。今ではカマドコオロギ（*Gryllodes sigillatus*）という種類の違うコオロギを使っている。これはウイルスに抵抗力を持つが、あまり大きくならない。

なぜコオロギなのか？　エントモ社だけでなく、他の同業者にとっても根本的理由は、それがもっとも北アメリカ人の味覚と好みに合いそうだからだ。昆虫食支持者が大きな変化、つまり昆虫を北アメリカ人の味覚に適応させることを望むのであれば、それは客単価五〇〇ドルの高級レストランでは起こらない。丸ごとの動物であるコオロギやミールワームは、パブの食べ物——ポップコーン、ピーナッツ、鶏手羽——に似ている。それは簡単にプロテインパウダーにしてスープ、パン、エネルギーバーの栄養強化に使うことができる。

周縁に再生の源泉を探すうえで私たちは、食料を確保する現在の方法の起源を歴史的に見ること、つまり近代的なシステムがまだ伝統的慣習を消し去っていないところを地理的・文化的に見ることができる。すると、どうすればこうしたさまざまなアプローチがシステムに浸透し、それを変えることができるのかを考えられるようになる。ヒトが未来の地球に居場所を持つ希望があるとすれば、私たちは何らかの形のアグリフードシステムを維持することと、環境社会学的な多様性の必要性のあいだにある「解決できない」緊張に取り組み続けなければならないだろう。緊張のない唯一の動物——そして唯一の世界——は、死んだものだ。

カヒルによる問題の定式化に戻れば、われわれがその境界を定めたいと思っているやっかいな獣は、九〇億の人類の食料安全保障から現代の都市生活そのものというもっと漠然とした怪物まで、大きさや形がさまざまだ。きわめて割り切ってしまえば、境界は昆虫そのものが定めるだろう。昆虫は、グローバル化するアグリフードシステムを動かす人たちが、食用と考えるものの境界にあるからだ。昆虫を、システムの設計は現状のまま効率を改善するための手段として見る人々がおり、一方マイケル・ポーランの批評精神で、現在のシステム自体を窮地と見る人もいる。後者を支持する人たちが、昆虫食はより革命的で変化をもたらす可能性を持つと主張している。この観点によれば、昆虫を食べれば古いシステムが打倒され、新しい食べ方が取り入れられる。古いアグリフードシステムは、われわれが近代として考えるものと深く絡み合っているので、この新しい食べ方は、この地球上での人類の生き方を根本的に変える可能性をもたらすのだ。

# 第14章 飼料としての昆虫生産
## ——SHE CAME IN THROUGH THE CHICKEN WINDOW

目には見えないかもしれないが、
彼らはそこにいる。

### 食料廃棄物をアブに、アブを動物に

二〇一五年、一八カ国の四〇名を超える研究者が "Protecting the Environment through Insect Farming as a Means to Produce Protein for Use as Livestock, Poultry, and Aquaculture Feed"（「家畜、家禽、水産物養殖の飼料に利用するタンパク質生産手段としての昆虫養殖を通じた環境保護」）と題するレビューを発表した。彼らはこのように主張する。「世界の漁業は過剰開発され、現在の慣行は持続可能ではない。このことは、魚粉と魚油の生産が、一九九四年の三〇二〇万トン（生体重）から二〇一二年の一六三〇万トンまで減少していることにより明らかだ。したがって、水産物養殖業を維持するための代替タンパク源が早急に必要とされている」[*88]

FAOの昆虫食ファイルに載っている人物でも特に行動的な一人、ポール・バントムはEメールで私にこ

う言った。「昆虫に関する大きなイノベーションは、動物飼料（主に水産飼料とニワトリ）だろう（ただし人間向けの食品と競合しない有機廃棄物を餌にした昆虫による）」。同様に、新たに創刊された *Journal of Insects as Food and Feed*（『食料・飼料としての昆虫』誌）の編集長アラン・イェンからのメールには、少なくとも昆虫生産部門では、飼料としても人間の食品としても使えるプロテインパウダーの製造へと重点を移しているのを見ているとあった。

カナダのブリティッシュコロンビア州のエンテラ社は、昆虫飼料ビジネスにおいて世界をリードしていると考えられている。二〇一五年五月、環境における健康の決定要素と、社会的なそれを関連づけた公衆衛生に関する会議に出席するため、すでにバンクーバーにいた私は、同社に電話した。その時点では、昆虫食のビジネス面に関して考えが甘く無知だったが、同社のウェブサイトを見ると有望なように思えた――もっとも、有望に思えないようなウェブサイトが何の役に立つだろう？

エンテラ社のウェブサイトによれば、同社は、世界的に有名な環境活動家デイビッド・スズキと起業家のブラッド・マーチャントが、ブリティッシュコロンビアのファース川で釣りをしているときに誕生した。スズキは、養殖魚に与える魚粉を作るために天然の魚資源を枯渇させる非持続的なやり方を、強く憂慮していた。[*89] マーチャントがどうすればいいだろうかと尋ねると、スズキは「釣り竿の先を指さして言いました。『昆虫とその幼虫を使ったらどうだろう？』」。こうしてエンテラ社の旅と、リニューアブル・フード・フォー・アニマルズ・アンド・プランツ™の創生が始まったのです」。

タイミングは絶好だった。二〇一四年、バンクーバー市はすべての有機廃棄物のリサイクルを義務づける法律を可決し、それは二〇一五年に施行された。一部の企業は、現実性がないと非難したが、大量の売れ残り——古くなったブロッコリー、キャベツ、出来合いのサラダ、熟しすぎた果物など——を廃棄する大手食料品店の中には、建設的に考えているところもあった。一部の自治体や農場が排泄物と残飯でやっているような自前のバイオ燃料システムを構築してもいい——あるいは、それをやろうとしている誰かに廃棄物を売ることもできる。エンテラ社にはその用意があった。

バンクーバーの低層ビルにあるエンテラの事務所で、私は最高技術責任者のアンドリュー・ビッカーソンに会った。ビッカーソンは小柄で壮健な三〇代、あごひげと口ひげをきれいに刈り込み、私の顔を見るや、本当にこれがわが身に起きていることなのか信じ切れないが、気持ちよく受け入れようとでもいうような、やや戸惑った笑みを浮かべていた。彼は家庭菜園で育ち、水耕栽培を学び、その後ボランティアとしてカンボジアで働いて水田で魚を養殖するのを見た。これが魚の餌としての昆虫について興味をかき立てたのだろうと、彼は考えている。私がカンボジアで見た昆虫トラップのことを話すと、ビッカーソンは食べられる昆虫を採集する際の混獲問題を挙げ、雑な方法が使われれば生物多様性が失われかねないと言った。彼はこれを海の漁業で起きていることにたとえた。

エンテラはバンクーバーに残飯を運び込み、独自の施設で処理を始めた。規模は小さかったが、近隣住民は少し警戒した。そこでエンテラは養殖場を、フレーザー川流域をさかのぼったラングレーに移した。ある温室苗床の持ち主が同社の事業に投資して、自分の地所と古い温室を使わせてくれたのだ。当初、地元自治体は昆虫の養殖が「実体のあるもの」かどうか疑っていた。当局は初め、養殖場は有機食品廃棄物の中継所で、バンクーバー市外にこっそりゴミを持ち出して郊外に捨てるためのものだと考えていたのだ。だが最終的に、彼らも納得した。

養殖場は、テラスハウスと軒を接した戸建てが並ぶ住宅地を過ぎてすぐのところにある。舗装された私道に車を乗り入れると、私を迎えたのはずらりと並んだ大きな温室と腰折屋根で壁のない物置、ベルトコンベヤー、配管だった。ニンジンの皮、古い果物、野菜など甘酸っぱい匂いのする湿ったゴミの山を積んだダンプカーが入ってきて、満載重量を量ると、積荷を下ろしていく。あとで空車の重さを量る。エンテラ社は「廃棄物」を受け取り、ミキサーにかけてどろどろにし、アメリカミズアブ（*Hermetia illucens*）の幼虫の餌にする。

私は、高い網を張った区画で、アブの成虫が羽化するところを見た。雄の成虫は螺旋を描いた円形ダンスのような行動をとっていた。最初は単独で、そのうち雌のまわりを回り始め、雌は繁殖の相手を選ぶ。交配のあいだ、二匹はくっつき合って離れない。ある交尾中のつがいが、機首が二つあるヘリコプターのように飛び回っているのを私は見た。それから雌は、小さなハチの巣状のプラスチック皿に卵を産みつける。なぜアブはそこに卵を産み、他の場所に産まないのか、私は質問した。アンドリューは私を見て、微笑んだ。企業秘密です。これはその後数カ月、私がしょっちゅう出くわすことになる答えだった。大勢のエンジェル投資家が、こうした新興昆虫企業に大金をつぎ込んでいる。だから関係者が、儲けを生む可能性のあるプロセスについて詳しく語りたがらないのも当然だ。

エンテラ社は何らかのフェロモン誘引物質を使っているのだろうと、私は推測した。足早な見学で、産みつけられたばかりのアブの卵は、発芽した苗を育てるような大きな平たいトレーに入れられることを私は知った。トレーは重ねられて、三、四日で卵は孵化する。幼虫は最初、購入したビールかすを与えられる。四度の脱皮を経て、食品廃棄物の餌に切り替えられ、このころには蛹化して収穫できるくらいまで大きくなっている。そこでサイクルは最初から繰り返される。プロセス全体には約一カ月かかる。幼虫は群れで時間差をつけて育てられ、それぞれの群れは収穫サイズに育つまで毎日給餌される。数匹の成虫のアブが古い温室の中を飛び回っていた。網を張った繁殖ケージから逃げ出して、迷っているのだ。満足げな鳥が一羽、扉の内側にとまっているのを見た。私はアンドリューに脱走者のことを尋ねた。できるだけ逃がさないようにしているが、アブは侵略的な種ではなく、また成虫はまったく餌を摂らず数日しか生きていないし、幼虫は有機物と堆積物を食べていると、アンドリューは言った。

五キロのアブの幼虫は一〇〇トンの餌を処理し、六トンの肥料（糞と蛹の抜け殻）と、六トンのタンパク質添加物としての幼虫ができると、アンドリューは言う。有機物である糞は地元の農家、温室の操業、家庭菜園に利用されるが、ある実験データによれば、糞には防虫あるいは殺虫効果があり、他の害虫を庭や作物に寄せつけないという。これは意外ではないだろう。進化の面で、それはより多くの幼虫の生存を可能にしてきたのだから。

つまりエンテラ社は基質（有機廃棄物）を受け入れて稼ぎ、それを使ってニワトリや魚の高品質の飼料を生産するわけだ。同社は大量のタンパク質を作るのにわずかな土地しか使わず、余分な水も必要としない。餌として使う果物や野菜から水分を回収できるので、実質的に水の生産者ということになる。エンテラ社のウェブサイトは、同社が年間四〇〇万ガロン（約一五二〇万リットル）の淡水を回収できると主張している。やはりウェブサイトによれば、これは牛肉、豚肉、鶏肉を一ポンド生産するのにそれぞれ一四〇〇ガロン（約五三〇〇リットル）、五〇〇ガロン（約一九〇〇リットル）、四〇〇ガロン（約一五二〇リットル）が必要なのと対照的だ。人間が消費する昆虫タンパクは生産しないのかと私はアンドリューに質問した。アンドリューは笑った。エンテラ社の施設を合法的な、動物飼料の認可生産者としてカナダ食品検査庁（CFIA）に登録するためには、大量の事務手続きが必要だった。だから人間用の食品を生産するという形態は考えていないそうだ。[*90]

環境上の利益を勘定に入れなくても、私にはそれはうまい商売のように思えた。私は小さい、初歩的な研究室を見渡した。より高度な実験のほとんどは他の場所で行なうのだと、アンドリューは説明した。私が会った研究員は三〇代に見えた。未来が到来したのだ。

エンテラ社の温室と残飯トラックは少なくともある程度、生態学に基づく昆虫生産農場として、スズキの環境分野における信用とブラッド・マーチャントの商才が融合したものへの私の期待と一致していた。同社のウェブサイトが宣言するように「エンテラの使命は、世界の食料供給の未来を安心なものとするために、二つのグローバルな問題、食品廃棄物と栄養不足を解決すること」なのだ。

## ヨーロッパの昆虫会社

エンテラ社が飼料と養殖に関する私の一般的認識と一致するとすれば、みずから「昆虫会社」と宣伝しているインセクト社には不意をつかれた。その本社は、パリ郊外の研究団地にあるセキュリティの厳重なビルに置かれ、西洋社会で昆虫の未来が輝かしいものだと考える者たちに、まったく違う物語を示している。インセクト社はバイオテクノロジー起業家の夢だ。そのウェブサイトはこう告げる。「この唯一無二の技術的解決は、産業規模の昆虫養殖と、昆虫を分子へと変換して、栄養化学とグリーンケミストリーの市場に役立つものとすることを両立させるものです」。環境問題を動機としているのだろうが、これはデイビッド・スズキが書いたシナリオではない。

私はインセクト社のCEOであるアントワーヌ・ユベールとの面会を取り決めていた。農業工学の教育を受けたユベールは、製紙工場、食肉処理場、石油およびガス産業での廃棄物処理の経験を持つ。ユベールは、有機廃棄物を減らしリサイクルする新しい技術に関心を持つようになり、そこを出発点としてアレクシ・アンゴー、ファブリス・ベロー、ジャン=ガブリエル・レボンの三人の協力を得た。二〇一一年、四人は、彼らが昆虫生物精錬所と呼ぶものの開発を目標としてインセクト社を創業した。予備的研究を行なったあと、彼らは目標と財政基盤を拡大した。

インセクト本社の清潔な白い廊下を歩きながら、同社の最初の大口投資家や市場――ペットフードの――への参入についてユベールが話しているあいだ、私は妻とよく冗談を交わしていたことを思い出した。年を取ったら、私たちはキャットフードを食べてもいい。人間向けの食品の大半より栄養分が慎重に管理されているから。以前、私の研究のいくつかを、マース・チョコレートバーとペットフードのメーカーであるマース社に資金提供してもらったことから、私はペットフード市場が、どういった金を生み出すかについてよく知っている。

二〇一五年八月には、インセクト社はまだ「有望な展開」という段階にあったが、自分たちは信頼できる昆虫ベースの製品を効率よく市場競争力のある価格で大量生産することを目指していると、ユベールは説明した。計画としては、ロボット技術、埋め込みセンサー、規格化された研究プロトコルから得られたデータを利用して、廃棄物ゼロのプロセスを開発することだ。ユベールは構内を案内してくれた。そこは最近までヒトゲノム研究所だった。セキュリティが厳重で、空気の流れが調整され、扉は施錠されている。ここは彼らがさまざまな遺伝的種、血統、飼料、管理についてあらゆる実験を行なうところだ。イメージは清潔で、ハイテクで、未来的な企業のもので、あらゆるハイテクアグリフード企業と同程度には「環境に配慮」している。

ユベールと同僚たちは、その最先端の技術を用いて、他の動物を使った場合に比べて一ヘクタールあたり一万倍のタンパク質を、年間一〇〇分の一の水使用量で生産することができるとはじき出した。投入飼料は農業と食品産業からの廃棄物だ。その工程は環境への影響が少ないものになる。他の昆虫ベースの飼料会社、たとえばアブを使うエンテラ社などとは違い、インセクト社は甲虫を扱うことにした。甲虫はアブよりタンパク質をより多く含み、灰分が少ない。加えて、高価値の化学物質や薬品の製造に使われるキチンの含有量が多い。来ることがわかっている質問をあらかじめ封じるかのように、同社は遺伝子組み換えには関心がなく、通常の品種改良と遺伝子選択の手順を使うと、ユベールは言った。

私は最終生産物について尋ねた。目下の、数十億ドル規模の大きな市場は、高品質で規格化されたペット、魚、ニワトリの飼料や、他の昆虫ベースの化学製品・医薬品のためのものだと、ユベールは説明する。それは今後、人間用食品の原料へと拡大するだろう。シンガポールの投資会社と共同で、インセクト社はその勢力を全世界に拡大し、営利農場の「土台」をヨーロッパだけでなくアジアと北アメリカに築いている。こうした高い投資収益率を約束することで、同社は投資家を説得して数百万ユーロを提示させることができたのだ。それでも、ＥＵの規定により、それはペットフードに限定されている――小さな市場ではないが、長期的な環境的・経済的利益が見込まれるものでもない。

将来像についての熱心な説明を聞きながら、私は考えた。インセクト社はユベールが想像しているような変化と破壊をもたらす、ほとんど革命的な力なのか、それともむしろ改良主義的なもの、飼料と製薬の業界への原料供給に関する新しい考え方なのだろうか。たぶんそれは互いに補い合いながら、持続可能で友好的で環境に優しいレオン・トロツキーの永続革命のようなものにつながっていくのかもしれない。

帰る前、私はユベールに、主な競合相手はどこかと聞いた。エンテラ社がアグリプロテイン社（南アフリカの企業で、エンテラ同様飼料用昆虫タンパクに力を注いでいる）と共に、リストのトップ近くにあった。アグリプロテイン社は、新興企業の浮き沈みが激しいこの業界で、他の企業と同様、環境と経済的理由の両方を強調しているが、経済面にやや重心を置いている。たとえばそのウェブサイトは、自社のビジネスについて明確にダイズと魚粉タンパクの価格高騰の文脈で述べている。

その方法と立地がまったく異なるのに、なぜエンテラ社がヨーロッパのインセクト社と競合するのか。EUの規制のためだとユベールは答えた。それと生き馬の目を抜くビジネスの動向だ。インセクト社はシンガポールの投資家と共同しているが、エンテラ社は政治的な迂回路——スイス——からヨーロッパに入ってきている。

二〇一五年六月、エンテラ社は、スイス（EU加盟国ではない）を拠点とする企業との合弁を公表するプレスリリースを出した。「弊社はエントミール社と提携してヨーロッパに営業を拡大できることを、大変喜ばしく思います」と、エンテラ社CEOのブラッド・マーチャントは述べた。「エントミール社はすでに、廃棄食品を価値の高い飼料の原料に変換するアメリカミズアブの利用技術において非常に進んでおり、創業者はビジネスと飼料産業界に確固たる実績があります。この合弁を通じてエンテラ社の世界最先端の技術に、エントミール社の地域での専門知識を合わせれば、弊社のこの地域への展開は実証され、促進されるでしょう」

しかし、EUの規制が改定されるまで、合弁会社は小さなスイス市場に限定される。あとの章で、そうした規制についてまた触れることにする。それは近い将来、食料および飼料としての昆虫を見すえた動きの形と方向に強く影響するだろうからだ。

二〇一五年一〇月、ユベールは、インセクト社がイエローミールワーム（チャイロコメノゴミムシダマシ、*Tenebrio molitor*）から飼料を開発したと公表した。実地試験では、新しい飼料は同じ飼料投入量で魚の体重が三〇パーセント増加するほどに、飼料要求率を改善した。新しい飼料は、サケ科の幼魚に与える魚粉を完全に置き換えることができると、同社は発表している。これが大々的に導入され、この新しい飼料が試験が示す通りの性能を発揮すれば、養殖魚の餌として現在すり潰されている野生の魚にとって、ある程度の救済となるかもしれない。

インセクトのような企業を、破壊的ではなく継続的だと見る人もいるかもしれない。それは、食物の生産と分配の方法に革命を起こすのだろうか、それともカヒルの主張を、われわれが現在考えるようなグローバル農業を強化するように少し歪曲しながら、真剣に受け止め、取り込むだけなのだろうか。急速に変化し、絶えず自己破壊的である世界の中で、この区別に意味はあるのか？　たぶん持続的な食料安全保障には、ラオスの世帯主、フランスのハイテクビジネス、南アフリカの管理されたモパネの森、ウガンダの集約的ヤシゾウムシ生産、北アメリカ市場向けにコオロギを育てる自営農家、養殖魚の飼料を生産する廃棄物処理企業の競合する複雑な関係が、もっとも役に立つのかもしれない。

# 第15章　メニューに載った昆虫たち
## ──A COOK WITH KALEIDOSCOPE EYES

君のフランになりたい。

### なぜ昆虫食は嫌われるのか？

二〇一四年に出版された『昆虫料理の本：持続可能な惑星のための食べ物』は、ペルー、中国、メキシコ、日本発のレシピを、ヨーロッパ料理の発想にどのように順応させるかの例を見せている。序文の一節では、国連前事務総長コフィ・アナンが、二〇一四年からの一〇年間、アルゼンチンやオーストラリアが牛肉を輸出するようにして、タイは昆虫をヨーロッパをはじめ各地に輸出するのだろうかと述べている。この本に収録されたレシピは、ワカモレ、チョコレートカップケーキ、ピザから、バッタケバブ、苦虫コロッケ、コオロギ入りケールサラダまで多岐にわたる。中には、混ぜ込んだ虫を『ウォーリーをさがせ！』のようなゲーム感覚で探すレシピもある。そうかと思えば、虫を前面ど真ん中に出して、その複眼がうつろにこちらをにらんでいる料理もある。甲虫をあらゆる場面と好みに合わせて。著者の想像力が欠けていると非難することはできない。推薦の言葉は熱烈であり、説明は明瞭、レシピは魅力的だ。それでも、シェークスピアの印象的な台詞を借りれば「あの婦人は言葉が多すぎるように思う」のだ〔訳註：『ハムレット』三幕二場より〕。熱意と派手なレシピは、本当に昆虫食を主流に乗せるのだろうか？

二〇一二年に起きたスターバックスがからむある事件は、昆虫を食べない台所へ昆虫を導入するには、単に面白いレシピ以上のものが必要であることを示している。その年、このコーヒーショップチェーンは、ストロベリークリームフラペチーノの赤い色が、コチニールカイガラムシ（*Dactylopius coccus*）由来のものであることを公開し、多くの客が恐慌状態に陥った。苦情の一部はビーガンからのものだった。ある者は宗教的理由から、コチニールカイガラムシはカーシェール〔訳註：ユダヤ教における適正な食べ物〕ではないと抗議した。

この主張は科学に関心を持つユダヤ教徒にとって興味深い難問となった。一九二〇年代末、イスラエルの昆虫学者F・S・ボーデンハイマーは、四〇年にわたりイスラエルの民の糧となったいわゆるマナの本質について、野外調査を指導した。「いっさいの疑いもなく、マナを作ったのはアブラムシである」というボーデンハイマーの結論は、難解な研究をたちまち世界のトップニュースに押し上げた。アブラムシはコチニールカイガラムシと同じ亜目に属する。華麗な赤い染料を作り出してアステカやスペインの統治者を深紅色の衣に包み、のちにスターバックスに大変なやっかいごとを引き起こした例の昆虫だ。カーシェールと考えられないとすれば、イスラエルの神は、民が食べることを固く禁じられた昆虫を食物として与えてからかっていたのかという疑問が湧く。あるいは、最初にみずからを名前のない「我は有て在る者なり」と告げた炎は、そうしたあらゆる規則と、それが引き起こす意識に対してあいまいな態度を取っていたのかもしれない。

フラペチーノ愛好者の中には、モラルに反していたからでなく、（化石燃料由来のプラスチック容器で出される）飲み物に虫から作ったものを入れてほしくない――おぇー、気持ちわるーい――という理由で苦情を言った者もいる。

動機は何であれ、こうした非難はすべて、おそらくコーヒーの粉そのものに昆虫の断片が、フラペチーノより多く含まれているということを無視している。食品の安全性を規制する連邦機関のほとんどは、食品中の昆虫を美観の問題と見なし、測定できるが目に見えないレベルの昆虫の断片が食品に含まれることを許容している。

二〇一五年の春に本書を書き始めたころ、メニューに昆虫が載っていることを宣伝するレストランや、昆虫の養殖、昆虫と昆虫原料の製品の販売を行なう新興企業が、至るところに現れていた。南の発展途上国一帯とヨーロッパの数カ所で小さな潮だまりのように始まった昆虫食が、今や台所の津波となって全世界を席巻していた。だがすぐに新しい発想、革新的なクラウドファンディング、何らかの賞を受ける構想が出たものの、その多くは消えたり、もはや商品が手に入らなかったりする。

二〇〇八年、有名なインド＝カナディアン・レストラン、ビジズ・アンド・ランゴリの共同オーナーでシェフのメール・ダールワラは、コオロギをすり潰してコオロギパラタ（薄焼きのパン）にするという「ソフトな」形で自分のメニューに載せた。三年後、彼女は「補助輪をはずして」（本人の言）コオロギをトッピングしたピザを広告した。オンライン雑誌『ザ・タイイ』によるインタビューで、ダールワラは、コオロギには「草の香りや土の香りがして、ナッツに似た、トリュフのような風味」があると、よだれがでるほどおいしそうに描写した。[*91]

サクサクした食感を保てるので、私は焼いたコオロギが好きだ。コオロギは上品できめが細かいので、できるだけ使う油を少なくしたい。そこで調理法を考える。まるごと料理するときは、食感の点でナッツに似ているので、それなりに調理する必要がある……。

料理のとき、私はイメージを思い浮かべる。どうしたらいいかわからないときは、出発点を見つけることだ。基本フレーバーに足を据えることだ。私の場合、食べ物に関しては、足がかりはその食べ物がどこから来たかで、そこから手持ちのスパイスを合わせてみる。それが自分にとってもっとも自然な料理のやり方だ。基本フレーバーに足を据えて、次にそれを自分の好みや味覚に合わせるのだ。ローストやソテーしてから味を試してみよう。私はコオロギにクミンとコリアンダーとニンニクで味付けするのが好きだ。自分にとって何が合うか試してみよう。

このようなPRを見て、メニューの上のコオロギを愛さずにいられようか？　私はダールワラに手紙を書き、昆虫をメニューに載せてどうだったかを質問し、バンクーバーへ行って彼女の料理を食べたいと述べた。すると、一時的に昆虫を材料とする品をメニューから引っ込めているという返事があった。そうしたことの理由の一つとしてダールワラは、企業に支配された食文化が伝統的料理を侵略し置き換わるにつれて、世界中で直面する文化的ジレンマのようなものを挙げた。

インド人コミュニティが、コオロギの導入にあたってもっとも難しいものです——多くの人がそれを恥ずかしく「汚い」と感じるのです。シアトルではバンクーバーよりずっと好意的な反応がありました。かなり長いあいだアメリカに住んでいる若いインド人が大勢いるからです。二年間の有期就労ビザでアメリカに滞在してアマゾン社で働くインド人の大半は、私がインド料理店でコオロギを出すと聞いて仰天しましたが、多くの人が、私が六ドル九九セントで食べ放題のビュッフェをやっていないと聞いてもびっくりしていました。

メディアの反応は、バンクーバーでもシアトルでもすばらしいものでした。難しいのはお客様に料理を注文していただくことですが、これは間違いなく、若い人々のための新しい食べ物です。

追加のEメールとメディアのインタビューで、ダールワラは環境問題と持続可能性の問題をレストランのメニューに取り入れることの難しさについても強調した。客の多くは他とは違うカレー料理を求めており、その出所がどうなっているかにはあまり関心を持たない。天然のコオロギにはおそらく農薬が残留しているし、有機養殖コオロギはなかなか見つからない。この問題はインド料理店やインド人に特有のものではまったくない。私はキャベツのボルシチ、ロールケーキ、バレーニキ[*92]、ソーセージを食べて育った。両親がウクライナで食べていたものだ。原料がどこで栽培されたかは、料理の「真正性」ほどには重要でない。冬が長い温帯域に住む人間である私は、「ヘルシー」とか「サステイナブル」と謳っているが、メキシコかカリフォルニアでしか手に入らない「新鮮でオーガニックな」材料を必要とするレシピにたびたび出くわす。

## 昆虫食レストラン

バンクーバーのレストランの話は、熱心さだけでは昆虫食の時代はやってこず、料理の転換は、技術的推移を超えた複雑な文化的観点と動向に埋め込まれていることを気づかせる教訓話だ。

昆虫食が寿司の後を追って世界食になろうと進出している様子は、どこで見られるのだろう？　いくつかのレストランは昆虫をメニューに載せて、インターネット上で大評判になっており、さらに調査したところ、世界を放浪しておいしい昆虫料理を食べ歩いたら一生かかりそうだ。たぶん、私が四〇歳若く、独身で、働かなくてもいいくらい金持ちならやってみるのだが、どれ一つ当てはまらない。デンマークを拠点に流行を作る食通向けレストラン、ノーマに関する見出しを読んだことがある。「世界最高のレストラン・ノーマ、再び昆虫を皿に」（『フォーブス』）、「昆虫は世界の食料問題を解決すると信じるレネ・レゼピ・シェフ」（『イースター』）。だが、『ニューヨーク・タイムズ』紙のある評論家が「新しい北欧料理運動の名づけ親」と呼ぶ人物が率いているノーマは、ある意味で流行を作る価格を請求する。私がその料理を味見しようと思ったら、私は家をまた担保に入れて、二、三年前から夕食の計画を立てる必要があるような値段だ。

サンフランシスコのドン・ブギートは、「食用昆虫の屋台料理プロジェクト」を自称している。そのウェブサイトは、「スペイン征服前のメキシコにインスパイアされた、かなり変わっているけれどおいしいクリエイティブな食べ物と、地元産の材料を使った現代的な料理を提供します」と宣言している。

シルビア・キリングスワースによる『ザ・ニューヨーカー』誌二〇一五年八月二四日号掲載のレストラン

羽を持つ大きなハキリアリ、チカタナス

評は、別のメキシコ発祥の昆虫料理、レストラン「ブラック・アント・イン・ザ・イーストビレッジ」のワカモレについて記述している。レポートによれば、自家製ワカモレにはヒヨコマメ、フライドコーン、オレンジスライス、ヒカマ（クズイモ）、ラディッシュ、チーズまで入っているらしい。「しかし」と、キリングスワースは言う。「いつも仕上げにアリを使う。その付け合わせは、正確に言えば、サル・デ・オルミガ、つまり挽いたチカタナス――メキシコのオアハカ地方で年に一回収穫される、羽を持つ大きなハキリアリだ。その味はナッツ風味とバター風味の中間で、ケミカルな刺激があり、塩味に少しばかり旨味が加わっている」[*93]。キリングスワースは、ブラック・アントの陳列の技が伝える矛盾するメッセージ、たとえば、サルバドール・ダリの「不気味なアリ」を扱った絵についても述べている。

ネット上では、オーストラリアのシドニーにあるビリー・クォン・レストランも、ブラック・アントのオージー版のように書かれている。二〇一三年のインタビューによれば、シェフのカイリー・クォンは、多様でおいしい昆虫料理を、環境に優しいオーストラリア中華料理と融合することに熱中していた。そのインタビュー（昆虫恐怖症だったクォンが、持続可能でおいしい食物源としての昆虫の伝道師となるまでの道のりを強調するものだった）で彼女は、「今ではそれはみんな、ビリー・クォンのメニューの欠かせない一部だ」と言った[*94]。

私はそのインタビューから二年後にビリー・クォンを訪れた。一〇月の暖かい火曜日の晩だった。薄暗い店内は忙しそうだった。若く美しく、絶えず温かく親切なウェイターやバーテンダー、そのほかさまざまな従業員が、なめらかに舞うようにすれ違い、客のあいだをすり抜け、ワインセラーとバーを出入りし、オープンキッチンを通り過ぎ、決してぶつかることはなかった——黒服を着た優雅さと料理と酒のバレエだ。雰囲気は温かく友好的、こぢんまりしているが狭苦しくはなく、よそよそしさはないが押しつけがましくもない。メニューにはこう書かれていた。「当店ではできるかぎり持続可能、有機、バイオダイナミック、地元産の農作物を使うように努めています」

中華風多国籍料理には牛肉、エビ、豚肉、普通の米と卵、これまで見たことのないツルナ、ハマアカザといった「オーストラリアの在来野菜」数種が入っていた。昆虫はメニューに見あたらなかった。

「あら、すみません」と、虫について質問するとウェイトレスは答えた。「今は昆虫料理はないんです。他に何かご注文は？」

私はねばり強い、はた迷惑なほど。ウェイトレスはとうとう、シェフに確かめてきますと言った。そのあいだ、何かお飲み物でも？　ジントニックを二、三杯飲んで、さらにしつこく質問をすると、ウェイトレスは、彼女が言うところの「とてもいい知らせ」を持って戻ってきた。シェフが、コオロギを添えたパリパリ揚げワンタンのスイートソース掛けを作ってくれるというのだ。

たしかにワンタンはパリパリに揚げた生地にエビがくるまって、その上にコオロギのかけらがほんの少しかかっていた。それを見つけるために、私はｉＰｈｏｎｅを取り出して料理をライトで照らさなければならなかった。ふーむ、私は思った。本当に小さいうちに殺したんだな。ワンタンは、外はかりかり中はふわふわ（ゲーリー・ラーソンの漫画に出てくるシロクマも、イグルーのことをそんな風に言っていたっけ）と申し分のない取り合わせだった。私はエビ入りパリパリ揚げワンタンのコオロギ抜きを比較のために注文した。本当に、違いはワンタンの上に散らしたコオロギだけで、それとわかる味や香りの違いはない。シェフはいつもこんなふうに昆虫を調理するのかとウェイトレスに聞くと、こうした新しい料理をオーストラリア人に紹介するためには、微妙でなければならないのだそうだ。だからその通り、シェフはほんの少しだけしか加えていない。

カイリー・クォンの経験は、バンクーバーのメール・ダールワラのものにも反映している。『タイイ』のインタビューで、ダールワラはこう言っている。「バンクーバーでは、時が来たら昆虫をこっそりメニューに戻そうと思っている。人間が何かを嫌う理由について気にしすぎると、それが嫌いだという事実を潜在意識で強化してしまうような気がする」

「私は現在、バンクーバーで違う作戦を取ろうとしている。宣伝はシアトルでは効いたが、バンクーバーでは同じ効果はなかった。私たちには好意的なメディアの注目しかなかった。人々は、レストランのメニューにコオロギを載せるという発想を話題にしたが、バンクーバー市民はみんなこんな反応だった。『ああ、それは理屈としてはすばらしい発想だね、でも……自分では食べたいとは思わないかな』。今度は、私のメニューの一員として提示し、成り行きを見るつもりだ」

あとで、ビリー・クォンのウェイトレスは私に、ローストしたミールワームの小皿を持ってきてくれた——小さじほどの。それはカリカリして、言われているように少しナッツっぽい味がし、少しも油っぽくなかった——そしてそれを食べるために世界を旅するほどのものでもない。オンタリオ州のエントモ社が出している袋詰めでも同じことだ。

ブリスベンの高級バーレストラン、パブリックの料理長デイモン・エイモスは、レストランでの虫の扱いにまた違う見方をしている。それはル・フェスタン・ヌの「目の前に突きつける」やり方とビリー・クォンの「そこにあるとわからないような微妙さ」のあいだにあるものだ。パブリックは、天井の高い洗練された雰囲気の店で、二面に窓があって開けてくつろいだ気分がする。ビリー・クォンほど派手でなく、もっと抑えた感じだが、それでも三〇代から四〇代の裕福な都会人のささやきに満ちていた。ここでは昆虫ははっきりとメニューに載っているが、控えめで気を引くような文句で表現されている。「カンコン、ワーム」「サーモン、マヌカハニー、ブラック・アント」といった具合に。カンコンは空芯菜、ヨウサイ、エンサイの名でも、また植物学者には *Ipomoea aquatic* としても知られている。これはボウルに盛ったしゃきしゃきの葉物野菜にローストしたミールワームを添えたものだった。角切りの生のサーモン、フリーズドライしたマヌカハニー、カモミール・パールの上にふんだんに散らされたクロアリが、寿司のような多国籍料理に彩りと食感、刺激を加えている。

『ブリスベン・タイムズ』紙のインタビューで、デイモン・エイモスは、シェフとしての自分の役割は「人々の目を昆虫食の可能性に開かせ、好き嫌いを克服する手助けをする」[*95]ことだと思っていると言った。ブリスベンの大学教授で昆虫食愛好家のニール・メンジーズも同意している。同じ記事の中でメンジーズは、オーストラリアのような場所における昆虫の真の価値は、食品廃棄物を消費することと、家畜用の高品質なタンパク質として魚粉の代わりとなることだと考察した。

## 昆虫食文化の将来

ビリー・クォンとパブリックが生きる「新しい昆虫食」の世界は、われわれが一九六〇年代に経験した冷戦の状況よりも複雑だと想像できる。これらのレストランは――また新しい昆虫食者一般は――ポスト9・11のインターネットという仮想構造に住んでいる。危険、テロリズム、強欲な新自由主義と国家ビジネス、難民、戦争、極度の貧困に満ちた世界の内側と狭間で、われわれが住むその他多くの微小な世界が、時々刻々われわれの意識とものの見方に侵入し、それを変化させ、別の道や状況を提示する。若く美しい者、旅人や活動家、ニワトリとミツバチを飼う新しい都市農家、再興し再定義された先住民族がいる。

新しい昆虫食者が、進化するグローバル文化の混沌とした寄せ集めのどこに当てはまるのか、私にはまだはっきりしたことが言えない。こうしたあらゆる文化の周縁から出現する彼らには、いくつも居場所が見つかるだろう。ある者はコオロギが付け合わせになるところ、アリやカメムシがえも言われぬ風味を加えるところに、ある者は昆虫が主に他の動物のタンパク源であるところに。レストラン部門での特に目覚ましい成功物語が、たとえ近代に直面しても、昆虫が台所からすっかりいなくなりはしなかったところにあることは、私にとって意外ではなく、それどころかまったく妥当なことだ。

たとえば、二〇〇二年三月、三二歳になる元ディスクジョッキーのペイリン・タノムカイトと、そのパートナーで二九歳の元エビ養殖業者サタポル・ポルプラパスは、昆虫を提供するファストフード・チェーンをタイで立ち上げた。冒険心のある西洋人と比較的裕福な都会人にケータリングするインセクト・インターは、露店よりも高い代金を請求できるし、また現にそうしている。それは同社が顔の見える農家から仕入れ、無農薬であることを保証しているからだ。そのPR文で、同社は品質管理と特別なごま油を強調している。起業から二、三年のうちに、チェーンはタイ全土で急速にフランチャイズの数を増やし、中国や韓国への拡大と移転が話題になっていた。

ビリー・クォンでの虫食い体験のあと、私はしばらく窓辺にたたずんで、街を眺めていた。それ自身の輝きを背景に浮き上がるシドニーの輪郭、暗く優雅な橋の弧、オペラハウスの白い蛇腹の貝殻。昆虫料理が国際的あるいは仮想的には注目を浴びているのに対して地域的には、大半の人の日常生活では目立たず、ほとんど目に見えないことに私は当惑していた——そして今もしている。これは、ソーシャルメディアがしばしば世界の断片的な理解を強化することと関係があるに違いない。孤立した集団それぞれに、他の集団は同じビジョンと知識をもとに動いている、「一つの世界」と「一つの健康」があるという暗黙の——そして誤った——前提があるのだ。われわれヒトはすべて、丘の上に安息の場や城やエデンの園の蜃気楼が揺らめくのを見るかもしれないが、どうやってそこまで行くのか、着いたら何をするのかについて考えていることは同じではない。

昆虫を飼料とすることで、実現可能なグリーン経済を新たに作る機会が生まれる一方、昆虫をメニューにちりばめれば、文化的変容への道がより大きく開けるだろう。私はあれもこれもというタイプの人間なので、どちらのやり方にも環境に優しい料理の重要なニッチが見いだせる。それぞれが人間、虫、進化、環境、持続可能な健康についての、より複雑で世界規模の物語をつむぐうえで、独自の貢献をするのだ。

## 第６部

# REVOLUTION 1
# 昆虫を食べるために考えること

私たちはペットとして動物を愛する。そしてもし、動物性のものに歯を立てたいという根深い欲求を克服できなければ、私たちは動物を食べる。だがこのことは、倫理と権利、政策と規制、食料不足と廃棄物の過多の板挟みに私たちを追い込んでいる。

私たちはすでに、イヌ、ウシ、ニワトリとの倫理的な関係とはどういうことか想像するのさえ苦労しているのに、コオロギの福祉について話ができるのだろうか？　どうすればばかばかしい印象を与えずに、愛と虫の話を始めることができるのだろう？　この物語にはハッピーエンドがあるのだろうか？

私たちの行き先と、虫がメニューに載っていたら「デイ・イン・ザ・ライフ」はどんなものになるかを見てみよう。

# 第16章　倫理と昆虫と人間の責任
## ——IT'S SO HARD（LOVING YOU）

これからその重荷を背負っていくんだ。

### 動物福祉にまつわる問題

昆虫食の見込みを探究し、絶賛している人の大半は——私自身を含め——哲学者でも倫理学者でもない。私たちは農業、食料安全保障、健康増進、自然科学の専門家だ。だから倫理問題が昆虫食支持者にほとんど注目されないのは、驚くまでもない。大部分の研究者が認識しているこの難題は、ＰＲ、技術、規制に関わっている。

前に触れた二〇一五年のマタン・シェロミによる記事は、この問題のもっともありがちな表現の典型例だ。"Why We Still Don't Eat Insects: Assessing Entomophagy Promotion through a Diffusion of Innovations Framework"（「なぜまだ昆虫を食べないのか：技術革新の普及の枠組みによる昆虫食推進の評価」）と題したシェロミの記事は、絶えずつきまとう疑問へと立ち返っている。なぜ、何年もかけて延々と議論をしながら、われわれ

（ここではヨーロッパ人とその子孫）は未だに昆虫を食べないのか？　最後にシェロミは、こう結論する。「昆虫食の発展に関心のある」科学者たちは「昆虫を食べるよう他人を説得する方法よりも、昆虫の飼育と包装を重視すべきだ。安全で安定した供給を作り出せば」シェロミは自信満々に言う。「需要は自然に何とかなる」。また、技術革新の普及理論に基づいて、大規模な農家が規模の経済と大量飼育技術を手に市場に参入すれば、小規模農家はすべて廃業するだろうとも予測している。新規の商業生産者が、規模を拡大して食用昆虫製品の安定した流れを作れるようになる技術は、アグリフード産業を一変させる破壊的技術の代表的なものだ。食品安全と環境問題は、他の畜産事業とほぼ同じように規制・管理されるだろうと、シェロミは予測する。他の非西洋文化が伝統的な昆虫食習慣を維持・拡大するのを望む人たちは「経済的に周縁にある人口集団のあいだで、西洋的ライフスタイルへの文化変容が優位を持っている」ことを考えると、「他の文化が新しい、ファッショナブルな流行に対抗して昆虫を常食に加えるのが見られるかもしれない……それこそがわれわれがそもそも望んでいたものだ」。

シェロミのような著者（あるいはＦＡＯ会議出席者の多く）の言うことを額面通りに受け取れば、昆虫食は生物学、経済、栄養の面でもっともよく――そして時に唯一の――考慮されている問題のように思われるかもしれない。この観点では、グローバル化する昆虫食の問題に対する適切な対応は、自然科学研究および企業モデルを土台にした新技術の開発と広報プログラムだ。性と権力の不均衡ならびに経済的不平等は外在化され、農業の他の形と同じように必要に応じて政治家が対処する。基本的に、この考え方では、昆虫の大量生産システムとよりよい広告キャンペーンの組み合わせが「われわれ」を行きたいところに連れていってくれる。この文脈で「われわれ」が誰を指しているのか、これが本当に「われわれ」が目指しているものなのか、私にはよくわからない。

昆虫について話すときに、倫理や動物福祉の非技術的問題を単なる「アカデミックな」関心だと思わないように、イタリアのフィレンツェの事例を考えてみよう。ここでは昔から祝祭のため、毎年春に群集がアルノー川の岸辺に集まる。教会にとっては、これは昇天日、イエスが天に昇ったとされる日を祝うものだ。それ以外の多くの人にとっては、もっと単純にフェスタ・デル・グリロ、「コオロギ祭り」だ。祭りの意義は、歴史的に、人々がもっと農民の暮らしと密接に関わっていたころ、害虫のコオロギを減らそうとするものだったとも言われている。また、古代の異教徒による春の祝典が、この祭りのルーツだと主張する者もいる。起源は何であれ、人々は自前のコオロギを持ってくるか、色とりどりの木や籐や針金でできたかごの中で鳴いているものを商人から買っていた。ところが一九九九年、フィレンツェ市は「動物保護」法を可決した。これにより生きたコオロギを売ることは事実上違法になった。今では、コオロギのような音を立てる小さな電子玩具が売られている。これは進歩なのか、それともわれわれの生物的自己から、また一歩疎外されたにすぎないのか？　このような法律がコオロギ養殖業者に適用されたらどうなるのだろう？

もし、シェロミの記事に現われたものほど単純でなく、もっと現実的な含みがあり、注意深く体系的な倫理を基礎とした見方をすれば、昆虫食は単に小手先の技術で解決される「なぜ食べないのか？」などという問題ではない。こうしたより複雑な理解において、昆虫食が直面する倫理問題は、社会的関係（消費者だけでなく生産者も含めた人間の保健と福祉）、生物学的な網の目（動物としての昆虫の福祉と、われわれが共有する生態系の健康）に埋め込まれている。空想的な技術が残した、社会的・生態学的な混乱を整理しようとするより、「私たちが望む世界」をどのように表現するかを考え、その次に、私たちがそこに到達するようえで適当な技術を設計してもいいのではないだろうか。非技術的な問題について、より的確に話せるようになるために、昆虫食の議論の枠組みをどう作り直せばいいのだろう?

## 倫理規定を明確にする

この問題に取り組むにあたって、最初に脳裏に浮かんだ問題の一つが、私が道徳と倫理を混同していることだ。この二つは公の議論の多くで、交換可能なものとして扱われているように思われる。私は、グエルフ大学の哲学教授カレン・ハウルに、この二つの用語をどう区別するか質問した。彼女はこう説明してくれた。「道徳は、正しく生きるためのルールと考えられるものに関係している。伝統的に、こうしたルールは宗教的な言葉で語られてきた。汝するなかれ。汝せよ。だから道徳的な人とは(A)生きる指針とする一連のルールを持ち(B)それに従って生きる人ということになる」

時にそうしたルールは絶対的なものだ。たとえば私の父はこんな信条を抱いていた。殺すのは悪いことだ、以上。これは、死刑への反対はもちろん、あらゆる戦争に、どんなに正当な理由があっても反対するという強い姿勢に転じる。父の立場は、悪人の手にかかって死ぬほうが、彼らを殺すよりましだというものだった。絶対的な道徳律は安心を与えてくれることもある。いかなる場面でも、何をすべきか正確に、少なくとも理屈のうえでは常にわかっているからだ。ところが多くの場合――父の立場にとって二つの例が、第二次世界大戦と中絶だった――この種の絶対的な道徳的態度が、苦しい板挟みを生む。昆虫食については、非常にもつれ合い対立した歴史があるので、絶対的な態度は、それが解決しようとするのと同じくらい多くの問題を作り出す。アルベルト・シュバイツァーの哲学「生命への畏敬」は、たとえば、塀の支柱のために掘った穴の底でうごめいているものも含め、あらゆる昆虫を保護し、育成し、守るという主張に結びついた[*96]。これは単に殺すことへの嫌悪なのか、それともそれ以上の何かだったのだろうか？　自然界への、私たちが住む生態系への反抗なのか？　病気をばらまく昆虫を殺さないのは、事実上、子どもたちがマラリアで死ぬにまかせるのを選ぶことではないか？

私はハウルに倫理について尋ねた。「論理とは」と、彼女は言う。「ルールを作ったり、どのルールが当てはまるかを考えたりするどころか、把握することさえできないほど大きなものに取り組むことと関係している……。倫理的な人は、自分の、世界の、生命の中に自分の関心と注目、ありったけの知力を要求するものがあることを感知する。そしてこれが、まるっきりうまくいかないかもしれない。それでもやってみなければならない。やってみないことにはどうしようもない。それは、あらゆる段階で、ある種の生まれつき備わった根源的な関心を持つ能力と、喜びや苦しみを感じる能力、自分自身の中の違いを知る能力に基づいている。だから倫理的な生活は、地図なしで、途中自分が関心を持つあらゆるものを踏みつけないようにしながら、一歩一歩慎重に足を前に出す方法を見つけることで成り立つ。わかっているのは、自分に足があること、自分に感情があること、それはおそらく他人にもあること、少なくとも彼らに命があること、その命が組み合わさり、私たちが共有する一つの現実を作っていることだけだ。そして命は短い。よい（つまり悲しみや卑小さでなく喜びを感じる）人生を送る能力や、その美や奇妙なあり方によってそれなりに進んでいる諸々は、関心を持ちやってみることで、そうしないよりも何となく高まる。倫理的な人の反対は、無関心な人だ。彼らの内なる世界ですでに死んでいる人だ」

規制は社会の願望と理想を反映する。規制とその理想との関係が、道徳と倫理の関係だ。最良の技術は理想と規制を結びつける。これは、誰の理想を考慮するのかという疑問を生む。私の考えでは、技術は私たちが望む世界によって形成されるべきだ。だが「私たち」というのは誰だろう？　私たちが動物に適用する道徳律は文化に根ざしている。北米人はウシを食べるが、インドでは同じことをした人にリンチを加えてきた。一九九〇年代、私がネパールで働いていたとき、水牛を食べることは道徳的に受け入れられるが、ウシはだめだと言われた。私は、大変実直で道徳的に誠実な同僚と、中国食材マーケットでイヌやネコがかごに入れられていることについて話し合ったのを覚えている。同僚はそれが問題にされたことにさえ驚いたようだった。人々は空腹だ。イヌは食べるために育てられた。何が問題だ？

“Jurassic Pork: What Could a Jewish Time Traveler Eat?”（「ジュラシック・ポーク：ユダヤ人の時間旅行者が食べられるものは何か？」）と題する学術論文で、著者は「カーシェール古生物学」と呼ぶものについて考察している。彼らが見いだしたこの疑問への答えは、意見を求める宗教学者や解釈者だけでなく、リンネ式分類体系の最近の知見により左右されるというものだった。イナゴとコオロギはたぶん大丈夫なようだ。食あたりの可能性は考慮されておらず、また、聖書のマナはカイガラムシだと結論したボーデンハイマーの研究についても言及されていなかった。

「カーシェール」問題は、宗教的教典由来の道徳律（それ自体が倫理対道徳の特殊な事例である）に関連する問題の一例にすぎない。宗教と思想の専門家と権威者のあいだでは、創設の文書や聖典の意味するものと、その著者の意図について、したがって規則がどうあるべきかについて意見がまとまることはない。一見単純な倫理的立場——バイオフィリア、生命への畏敬、公益の推進——を人々が複雑で動的な世界に移そうとしたとたん、公の議論が矛盾した規則や規制に堕してしまう。提起された疑問は、さらに証拠を集めても解決できない。そうした矛盾は、昆虫食が二一世紀の都市社会の主流に加われば避けられると考えるなら、それは夢想にすぎない。コチニールカイガラムシ由来の赤い色素を使ってスターバックスのストロベリークリームフラペチーノを色づけすることに反対する声は、宗教的純粋主義者の懸念と同じくらいビーガン絶対主義者のそれに突き動かされていた。

だから、文化的・政治的・宗教的に定義されたいくつもの道徳律の沼にずぶずぶとはまり込むよりも、後ろに下がってそうした規則が発生するもとになった倫理規定に取り組むほうが、役に立つと私は思う。昆虫食は――よく考えて運用すれば――経済とジェンダーの関係、政治、政策、規制を混乱させうる問題だ。そのうえそれは、われわれと生物学的世界（その中で、人間は何万何億という生物の中にからみ合う一つにすぎない）との関係に疑念を突きつけるかもしれないし、ヒトとしての自己認識――そして理想の自己――に疑問を投げかけるかもしれない。この文脈で、私たちは何らかの広範な倫理規定に合意することができるだろうか？　できるとすれば、私たちは新たに昆虫食への取り組みを考え出すこともできる。それは、生態学的にも文化的にも適切で、私たちが別の規制の方法（つまり道徳律）を受け入れることを可能にするものだ。

## 自然に関心を持つ――昆虫との向き合い方

この霧に閉ざされた倫理の風景を、一部の人が愛と呼ぶものの観点で表したらいいと言う者もいる。著名な昆虫学者のＥ・Ｏ・ウィルソンはバイオフィリア、本能的な生命への愛について語る。愛という言葉は、もちろんそれ自体重いものを背負っている。マイケル・イグナティエフは『ニーズ・オブ・ストレンジャーズ』（昆虫は、われわれの大半にとって、疑いもなく他者《ストレンジャー》だ）の中でこのように述べている。「わたしたちが生きてゆくうえで最も深く必要とする物事の多く——なかでもまず第一に愛情——は、必ずしもわたしたちに幸福をもたらしはしない。もしわたしたちがそれらの物事を必要としているとして、それは、わたしたちの存在の深みにおもむくため、できるだけ自分自身について多くを学び知るため、そしてわたしたちが自分自身と周囲の人たちのなかに見いだすものと宥和するためなのだ[*97]」（添谷育志、金田耕一訳）

獣医師アルフレッド・ワイトはジェームズ・ヘリオットの名のほうでよく知られるが、その「実生活に触発された」フィクションの少なくとも一つは、著者が動物、特にイヌを愛しているであろうことを示唆している。北米人の多くは、自分が愛犬家、愛馬家、愛猫家であることを気おくれすることなく語る。だが、昆虫を——ブユを、蚊を、ナンキンムシを——愛していることを、あいまいな直喩や暗喩に陥ることなく話せるだろうか？　空想上の多元宇宙という落とし穴に落ち込むことなく、フェロモン、匂い、色、音、味、磁気など私たちのまわりでささやき、私たちを他の生きとし生けるものとつなげる生態学の言葉を包括し、超越する言語を作り出すことができるだろうか？

必ずしも幸福をもたらさない愛という認識は、カナダ勲章メンバー、トロント大学環境研究所名誉教授にして前所長のヘンリー・リギアーが提唱する、生態系の研究および管理手法と一致している。五大湖流域周辺の構想をどのように形作るかを検討するにあたり、リギアーは、評価と管理の統合に重要なものの多くを、愛は包み込んでいると主張している。愛は、この文脈におけるリギアーの定義では、自然現象に対する他の体系的な取り組み、たとえばエネルギー論、経済学、生態学を含み、超越する複雑な現象である[*98]。

ジェフリー・ロックウッドとハーベイ・レムリンは、私たちは昆虫について、恐怖と畏敬という矛盾する感覚、つまりロックウッドがエントマパティアと呼ぶ一種の相互不干渉な態度を抱いていると提唱している。昆虫と生態系一般ということでは、たぶんエントマパティアは、リギアーの言う愛、ウィルソンの言うバイオフィリアのような感じのするものだろう。ウィルソンとリギアーは、五大湖流域の管理から昆虫生息地の保全まで、その見方が現実にはどのようにはたらくかという例を示している。

私にとって、自分が自然界、特に昆虫についてどう感じるかに近い言葉は、ケア（care、関心）だ。そのゲルマン祖語の語源は、ドラマチックでないタイプの愛と共に、悲しみ、嘆き、哀悼のような概念を喚起する。私はあらゆる動物に関心を持つように、昆虫に関心を持つ。たとえ彼らが自分を悩ませるときでも。昆虫は、私が彼らとの避けがたい倫理的なごたごたを嘆いているあいだにも、さまざまな種が共生できる世界を実現する。

自然に関心を持つことは、よい出発点のように聞こえるが、こうしたバイオフィリアの観念を、生態系の中で食物としての昆虫の概念に当てはめると、事はたちまちややこしくなる。別の、昆虫食が関わらないヒトと動物の関係では、私たちは数世紀にわたって動物の意識、感情、福祉、権利、そしてより広い話として、ヒトは動物に対して義務を負っているか――負っているとすれば、その範囲はどこまでか――に関して議論を続けている。この領域における私たちの思考の進歩は、畜産や家畜の研究から動物園や自然公園まで、あらゆるものの計画と規制に大きく影響する。昆虫は、科学的な分類では、動物だ。われわれと、たとえばネコ、イヌ、ウシ、ブタとの相互関係を管理するために発達した洞察と法が、食用昆虫にも当てはまるのだろうか？　そうだとすればなぜ、どのようにして？

## 昆虫は苦しみを感じるか？

われわれが節足動物でない動物と関わった経験を基準とすれば、苦しみについて話すところから規制は始まる。動物に苦しむ能力があるなら、私たちには彼らに対して義務があり、それは法の制定と規制の公布の根拠となる。だが、どうしてそうなるのだろう？　なぜ苦しみを与えることがそのまま義務と規制につながるのだろうか？　獣医には他にあまりいないが、私は、ウィルソン、イグナティエフ、リギアーらが示唆したようなドラマチックでない愛し方（大衆文化では、それは愛と認識されることはないだろう）しかできない動物――そのほとんどはたしかに昆虫だ――と出合ってきた。

そこでまた関心へと戻る。私がある動物を好きでない、あるいは愛せないときでも、関心を持つことはできる。心の底では、私は他の動物や人間を苦しめたくない。関心を持っているからだ。最後の章でもう一度、なぜわれわれは関心を持ちたいのかを検討するが、とりあえず、私たちは関心を持ちたいのだということにして、関心を持つことの意味に移ろう。

昆虫食について私が調査する中で、倫理について、あるいはもっとなじみ深い道徳的親戚である動物福祉について、あからさまに語る人はあまりいなかった。専門の昆虫学者で現在ワイオミング大学自然科学・人文学教授のジェフリー・ロックウッド（蝗害との関係ですでに言及している）は例外だ。一九八七年と八八年に発表した二、三の論文で、ロックウッドは、昆虫はわれわれの道徳的配慮に値する、なぜならそれが――少なくとも社会性昆虫は――苦しみを感じることができるという十分な証拠があるからだと主張した。

ロックウッドは言う。「相当な経験上の証拠が、昆虫が痛みを感じ、感覚を知覚・認識するという主張を裏付けている。痛みが問題となる以上、昆虫は痛みを受けないこと、その生活が痛みにより悪化しないことに関心を持っている。さらに、意識を持つ存在としての昆虫は、みずからの生活について未来（ごく近いにしても）の計画を持ち、死はその計画を無にする。その感覚に、道徳的地位を与えるための倫理的に健全で科学的に実現性のある基礎があるように思われ、昆虫の自己認識、計画、苦しみの合理的可能性を証明する先の議論を考慮して、著者は以下のように最低限の倫理を提案する。われわれは、そうした行為を避けることでわれわれ自身の福祉にまったく、あるいはわずかな損失しか生じない場合には、昆虫を殺したり少なからぬ苦しみを引き起こしたりする行為を控えるべきである」[*99]

昆虫が苦しみを感じることができるというロックウッドの主張に、私は懐疑的だ。それでもここ数年（二〇一三年から）の科学報告書は、脊椎動物と昆虫の「脳」が相当に似ていることを記録している。『米国科学アカデミー紀要』に掲載された二〇一六年のある報告は、“What Insects Can Tell Us about the Origins of Consciousness”（「意識の起源について昆虫がわれわれに語ること」）と題されていた。著者は、「無脊椎動物は意識の研究において長いあいだ見過ごされてきた」そして「今こそそれを、主観的経験の進化の科学的・哲学的モデルとして真剣に受け止めるときだ」[*100]と主張している。英国工学・物理科学研究会議のグリーン・ブレイン・プロジェクトは、自分たちの研究が「計算論的神経科学モデリング、学習および決定理論、現代的並列計算法、ミツバチ（*Apis mellifera*）における認識について最新の神経生物学的実験で得たデータによるロボット工学を合わせたもの」[*101]だと公言している。

昆虫を、ヒトの意識の進化の研究と、計算モデル、ロボット、ドローンの構築に利用できるとすれば、昆虫が苦しみを感じるという認識は、結局のところそれほど荒唐無稽でもないように思える。とはいえ、これはどのような結果へとつながるのだろう？　ロックウッドの方向性は正しいのだろうか？

私はロックウッドの考えについてハウルに質問した。意外にも、彼女は冷淡だった。

これは正しい「道徳のレシピ」かもしれないが、誰も実際にはこの通りに料理できない。なぜか？　苦痛の経験があったという結論に至ることは、しかも見た（あるいは何とかかんとかで計測した）ものは逃げ腰の動作、つまり単なる本能（感覚の認識）だったなどという結論にしないことは、概念的にも経験論的にも大変な飛躍になるからだ。そのような飛躍をしようとすれば、馬鹿者（科学的でない、あるいは投影をしている、あるいはその両方）と非難される。あるいは、客観的なコルチゾン逃げ腰測定何とかみたいな設備を整えて「時間T５でコオロギに苦痛が発生」などと言うかもしれない。それからグラフの一つか二つの動きについて、「羽をもぐとそれが表れる」などということを堂々と言ってのける。

何が問題かって？　ヒトの意識およびヒトの苦しみと同じ実験倫理学的な土俵の「上」に乗せるためには、生物の中により高いオーダーの主観性を仮定することが必要になる。それは、昆虫には自己認識とその自己に向けられるある一定の生活の質を保って長期間存在するという意識があると仮定（もっといいのは、証明）する必要があるということだ。すでに、これがオランウータンやゴリラでは事実であると、疑いの余地なく証明する実験を計画・実行することが困難になっている。それを証明する実験によって得られた証拠を疑い続ければ、経験という特権を持つ者がもっとも理性的に見える。だから、もしこのレベルの確信と証拠、つまり、自己意識という目に見えない、一生継続する、内面のことについての証明がないなら、落ちてきた岩に当たって潰されても、痛いだけで、苦しみは感じない（らしい）。自分が、そもそもこんな目に遭いたくなかったとか、傷の具合はどうだろうとあとで考えている自己であることを認識しないからだ。ただ虫が潰れただけだ。

昆虫、イルカ、ネコ、ハツカネズミ、ウシを扱った研究の多くは、いわばどのような性質の「感覚の認識」を内面に持っているかを解明することに没頭している。私たちにできるのは症状（血液検査でのコルチゾン値の上昇、しかめた顔、叫び声）を読むことだけだ。それでも、多くの人がこう言う。ああ、これが痛みという原因に対する結果かどうか、はっきりとはわからないね。しかし、ロックウッドが述べていることを言うために動物は苦しんでいるとみなし、そうするために二次的人格を確立するという考え方には、途中にいくつもブラックボックスがある。

ハウルははっきりと、ロックウッドのような科学者がやろうとしていること――われわれがかわいい子猫に道徳的地位を与える経験的・科学的な基準を取り上げ、この論法は昆虫にも当てはまるかを問うこと――に敬意を抱いていると言った。だが彼女は、経験科学がその議論の中のあらゆるギャップを閉じ、何らかの確かな結論に達するということについては懐疑的だった。「こう考えてみよう」と彼女は言う。「あなたが何を感じているか、私にははっきりとわかりもしない。それは要領のいい、具体性に基づく、経験に裏打ちされた、統計的根拠のある当て推量に、疑わしきは罰せずという大きなそぶりがおまけについたものにすぎない。この最後の一節――疑わしきは罰せず（またの名を根拠なき信頼！）――に向かって何もかも滑り落ちていくのだ」

管理され殺される動物の苦しみを考えるだけでなく、私たちの中には、少なくともときどき、動物を育てて殺すことに伴う何らかの苦しみに荷担しているように感じる者がいる。私たちはそれを苦しく思う。殺す者は苦しむのか？　これを「苦しみ」と呼ぶのは適切なのか？　良心的な肉食者、家畜の持ち主、食肉処理場労働者なら知っていることだが、ハウルが私に言ったように「この苦痛は対象や目標に決して『収まる』ことなく、その空間に存在するすべての人間を通じて流れ、漏れ出す。生命は水を通す。生命は漏れる。人間の被験者はあらゆる方向に滑っていく人生を生きている。フェミニストによる関心の見方では、私たちはつながっていて、みんな互いの幸福に関心を持てるし、そうすべきだと言うだろう。頭で導くのでなく、心で導けば、感情（同情）が私たちの手に入り、殺す者もそのありのままの姿がわかるだろう――ごく普通の人だと」。

私は再び「人間の福祉へのささいな影響」について考えた。昆虫を食べることで多くの貧しい人々に食物が与えられ、したがってその苦しみが軽減され、世界が破滅から救われるからそうするというのは、ささいなことには思えない。それどころか大きくて重要な抜け道、苦しみを与える口実、たいてい自分を平和愛好者だと思っている多くの人のあいだにある、「正しい戦争」という認識と似たもののようだ。いざというときには、人間の飢餓が常にコオロギの福祉に勝るのではないか？　この抜け道を通り抜けたとき、私たちはそれより先に行けそうにないかもしれない。けれども、アルベルト・シュバイツァー的絶対主義は、抜け道がなかったら、特有の板挟みに、そして人によっては愚行と呼ぶものにつながらなかっただろうか？

## 人道的な殺し方

われわれと昆虫との関係が直面する未解決の、そしておそらく解決不能な倫理上の困難を認めたとしても、昆虫食者は依然、この小さな六本脚の動物を管理し殺すことについて、正しい判断をする必要がある――また、そうしたいと思う。何らかの形で私たちがある動物を食べ物として受け入れると、それをどのように殺すかという問題は、どんなに感情的に負担であろうが、もっと単純なようだ。ブタやウシのような家畜の人道的屠畜――食肉業界にいる者以外には奇妙な言い回しだ――は昔から議論を呼んできた。著名な自閉症の動物学者、テンプル・グランディンは、自分はウシのような動物が見るように世界を見ることができると言い切る。グランディンとその同僚たちの研究は、家畜の輸送と食肉処理のあいだに苦痛をできるだけ小さくするさまざまな改善策を生んでいる。

テンプル・グランディンの手法は、多くの昆虫養殖業者が昆虫の人道的な殺し方を議論していることと符合する。そうなると問題は、痛みを、そしてわかるかぎりにおいて苦しみを、できるだけ小さくする方法だ。コオロギにとっては茹でるのが一番早くて苦痛の少ない死に方だと言う人もいるだろう。しかし大量のコオロギをどうやって鍋に入れるのか？　ドライアイスを使う養殖業者もいる。しかし昆虫は低酸素への抵抗力が高いとも言われている。冷凍という手もある。だが凍らせても生き延びる昆虫もいる。急速冷凍はどうだろう？　私が話を聞いた多くの――全部ではないが――昆虫生産者は昆虫を大切にしており、痛みや苦しみを与えたくないと思っていた。昆虫の苦痛に関する科学的知識が不確かであることを考えると、ドライアイス（おそらく昆虫は死ぬだろうし、少なくとも意識を失わせることはできる）を使ったあとで煮るか焼くかする（これで確実に死ぬ）という念には念を入れた方法をとることになるだろう。

動物を人道的に殺すという文脈で、非ビーガンの中には、シカを狩ることはウシの屠畜よりも倫理的問題が小さいと主張する者もいる。狩られたシカは、命の半ばに突然の死を迎える。その本当についていない日を除けば、よい生涯だった。われわれもみな、そんな死を願っていないだろうか？　昆虫食者にとっては、この主張は養殖よりも採集を支持するものだ。昆虫を効率よく捕って生息地で速やかに処理すれば、彼らは「幸せな死を迎えた」ことになる。

しかし、そのような「倫理的に捕らえた」昆虫に対する消費者の需要が増え、多くの人間が需要を満たすために、森や草原や沼地に踏み入るようになれば、問題の性質は違ってくる。過密な昆虫食社会で採集を行なえば、生息地が破壊され、あるいは食用でないか「望ましくない」個体や種が捕らえられる。漁業では、これは婉曲に「混獲」と呼ばれ、戦争では「付随被害」と呼ばれる。自分は気分がよくなるかもしれないが、地域的・個人的な問題を解決する過程で、私たちはもっと大きなマイナスの倫理的足跡を残してしまうだろう。

私たちは、ウシやイヌやウマが苦しむのを見ると嫌悪感を覚える。これは何かが倫理的に問題であることを強く示唆するものだ。映画『黄色い老犬』や、もっと最近ではニュージーランドの冒険映画『ハント・フォー・ザ・ワイルダーピープル』のイヌが撃たれるシーンで、私たちは動揺する。殺すのはイヌの苦しみを止めるためで、したがって「正しい」ことなのだと、あるレベルではわかっていてもだ。それは多くの獣医師が、傷ついた動物を苦しみから救うために直面してきた板挟みだ。獣医師は嫌悪感を覚えながらも殺処分におよぶ。苦痛をできるだけ軽くするために。

ほとんどの人間にとって、昆虫を殺すことを考えたとき、特にそれが素早く目に見えないところで行なわれる場合には、嫌悪する要素が発生するとは思われない。私たちには、昆虫の身になって考える想像力が欠けているのだ。昆虫はあまりにわれわれとかけ離れている。他人の身にもなれないのに、コオロギの身になって考えられるだろうか？　嫌悪する要素は、それが皿の上に載ったときに発生する。しかし昆虫食の文献では、このサラダに入った昆虫への嫌悪は倫理的な問題ではなく、ヨーロッパ人の文化的偏見の一つ、よりうまい宣伝で克服できるものとして解釈されている。

だがそれは、もっと深刻なものではないのか？　何かがおかしいことを暗示する本能的な不安ではないのか？　生きるために命を奪う世界に生まれたことが引き起こす、不穏なジレンマの認識なのではないか？　それは常に問うに値する疑問だと、私は考える。

## 昆虫の価値――美・食料・人との協定

苦しみと嫌悪以外で倫理的配慮の基準となるのが、われわれが昆虫の命の価値をどう見るかに関わるものだ。昆虫食者による昆虫の評価が言外に含むものの多くは、虫が提供する生態系サービス、食べ物としての有用性、それが想像させる病気媒介の脅威などに関係している。だが私たちは、この世のさまざまなもの――友人、家族、芸術、音楽――に定量化できる結果と関係なく価値を見いだす。多くの場合、私たちは珍

アルブレヒト・デューラー「東方三博士の礼拝」。右下にクワガタムシがいる

しい、またはある意味で美しい動物を価値があると考える——ライオン、パンダなどのいわゆるカリスマ的大型動物だ。昆虫も美しいかぎりにおいては、われわれの中に倫理的感覚を呼び起こす。だが、昆虫の美を構成するものは何だろう？

時に人間は、宗教的または精神的なつながりを理由に美を見いだす。アルブレヒト・デューラーは、キリストと関係があることから、クワガタムシを一五〇四年の作品「東方三博士の礼拝」に描いた。また時には、経済的価値、プレイバリュー、美が複雑に絡み合っている。日本では、年間一〇〇万匹を超える七〇〇種のクワガタムシが、ペットや鑑賞動物として輸入される。中には五〇〇〇米ドルもの値がつくものもある。二〇〇四年に開催された第二〇回全日本カブト虫相撲大会には三〇〇人を超える参加者が集まった。二〇〇一年、日本に輸入されたカブトムシとクワガタムシだけで二五カ国から六八万匹を記録した。昆虫学者の中には、クワガタムシの生物多様性を見るのに一番いい場所は日本のペットショップだとまで言う者もいる。

またある場合には、商業的あるいは宗教的含みのない一種の唯美的な感覚がある。たとえば「The Unexpected Beauty of Bugs（虫の意外な美しさ）」[*102]や「Beautiful Bugs of Belize（ベリーズの美しい虫たち）」[*103]のようなオンライン・ギャラリーだ。科学者の中にさえ、自分の研究対象の美しさに畏敬の念のようなものを覚える者もいる。ヘルドブラーとウィルソンの二〇〇九年の著書『超個体』には「昆虫社会の美と洗練と奇妙さ」という副題がつけられていた。ミツバチは、宗教と関係のない理由で特に美しいと考えられることが多い。世界各地で、人々はミツバチとその親類の成虫や幼虫を食べている。ヨーロッパや北アメリカでは、昆虫食者はミツバチを食べるように勧めることをたいてい避けてきた。それはニューデリーで牛肉を売り込んだり、トロントでイヌやネコを皿に載せたりするようなものだ。私たちはミツバチが好きだ。それは菩薩であり、民主主義者であり、必要不可欠な花粉媒介者なのだ。オランダで出版された『昆虫料理の本』は、ミツバチを食べられる昆虫の一つに挙げているが、実際のレシピにはマジパンの飾りとして出てくるだけだ。

だから、昆虫を扱う際の倫理的配慮は、採集にせよ養殖にせよ、彼らが苦しみを感じる能力を持つかもしれないというものだ。私たちはまるっきり異なる美意識や価値観を持つ。私たちは関心について複雑な概念を持つ。そして、手の中のバッタから視線を上げて、個体群、種、多数の種と景観のダイナミックな網の目を見れば、私たちが「契約」とか「協定」と呼ぶようなものがある。

ハウルは言う。

私たちは多くの動物と何世紀にもわたり条約を結んできた。時には暗黙のうちに（互いに順応して）。時には明示的に。あなたを引き取ることにするわ。面倒を見るからうちの子になってという具合に。お腹がすいたからといって、約束を破って友達を食べるわけにはいかない……。この世界に生きるために、この世界に生まれるために、私たちはさまざまな継続的合意に参加していることに気づく。紳士協定（私道に誰が最初に車を駐車するか）、正式な合意（私は税金を納める、政府は払いすぎた分を還付する）、非公式な合意（私は自分のゴミを拾う、あなたは自分のを拾う、手ぶらで持ち寄りパーティーに行かない）、自然の合意（井戸の中や人の家の脇でウンチをしない、私の犬はこれを心得ている）、法的な契約（私の両親は、私が生まれる前に、死が二人を分かつまでと誓った。私はその契約の関係者だ）。

ときどき私は、倫理とは、自分が関わるそうした協定の網の目を見分け、なんであれそれらを認識するうえでふさわしいと思われることをする（それがあからさまな拒絶を意味するにしても）ことにすぎないと考える。それでミツバチだ。ミツバチは自分のやりたいようにやる。やりたいことを続ける。私たちはそこから無数のやり方で利益を得る。ある者（養蜂家）は、利益が得られるように直接介入する。またある者（超巨大養蜂業者）は、アーモンド会社のほうがより念頭にあるが、利益はハチ次第であることを心得ている。またある者（殺虫剤と除草剤のメーカー）は、換金作物を消毒しているときハチなど眼中にない。ミツバチは死ぬ。では、私たちとミツバチとの関係を協定としてはどうだろうか。相互承認と不干渉の協定だ。最低限の干渉。できれば支援を（水を出しておく、すみかを作る）。私たち全員がミツバチを、双務貿易協定を結んだ生き物として（そして彼らも私たちも、その存在が協定の尊重にかかっているものとして）見れば、きっとうまくいくことだろう。*104

二〇一五年の研究プロジェクトは、アリが毎年路上の大量の有機ゴミ——ホットドッグ六万個に相当する——をニューヨークの街路で片づけていることを報告した。このようなアリの多くはヨーロッパからの侵入生物と考えられている。そこで私たちは協定を結ぶ。ゴミを片づけてくれるなら、君たちはここに住んでもいい。これはつまり、貿易協定ということにならないだろうか？

私がそう言うと、ハウルは笑った。

いやいや、そんなにあわてて市場モデルに飛びつかないで！　私たちには昆虫が、精神的健康のためにも必要だ。さもなければ私たちは完全に気がふれてしまうかもしれない。動物は、それが私たちにとって他者であり、しかしすぐ近くの親しい隣人、共生動物であるかぎりは、よりよい人間であるためにどうすればいいかを教えてくれる……。それはヘビ、スズメバチ、ナンキンムシ、ユスリカではうまくいかないだろう。したがってここからわかるのは、鏡像段階——助け合い（公式にせよ非公式にせよ）——が有効ではあるが、それ以外の生き物とだけだということだ。そしてそれは双方向にはたらくのだろうか？　私はいつも疑問に思っている。それはこの種の倫理において必須なのだろうか？　答えはイエスでもありノーでもある。約束を守ったり、理解したりできそうにない人のためにする約束がある……。この協定という考えに関して、もう一つ考慮すべきことは、われわれが動物の害を受ける以上に、すべての動物はわれわれから害を受けやすいということだ。たぶんこの事実自体（権力の不均衡）が示すのは、弱者が不利な立場にいる状況で方策を立て、その状態につけ込むのは正しくないということだ（彼らに同じことはできないのだから）。

倫理のあらゆる領域においてきわめて一般的な思想は、弱者からの搾取は正しくないというものだ。あなたが兵士で、捕虜を監視しているとする。捕虜は一〇〇パーセントあなたに弱みを握られている。それをいいことに捕虜に何か（レイプ、侮辱、殴打など）をすれば、あなたの存在は悪とされる。子どもでも同じことだ。子どもの手の中の昆虫でも同じことだ。宅地造成のために干拓される湿地のミミズでも同じことだ。特定の状況での一方的な影響だ。悪とは、それがどれほどささいなものであろうと、自分の目的のために、とにかく他者に影響をおよぼすことなのだ。

では、もし目的が――持続的な食料供給、飢餓の緩和が――まったくささいなものなどではなかったら？

## 人と生物のトレードオフ

個別の動物の苦しみを見ることから距離を置いて、それが小さな構成員にすぎない生態系について考えると、私たちはまた別の問題に直面する。昆虫食を支持する主張で特に有力なのが、昆虫は従来の家畜に比べエコロジカル・フットプリントが小さく、飼育のために必要な資源が少なく、温室効果ガスの発生も少ないというものだ。だが、昆虫の養殖においては、それは何を餌にするかによって決まる。エンテラ社がブリティッシュコロンビア州でやっているように、廃棄物を餌にするなら、まあいいだろう。ニワトリのものをまねて飼料を配合しているなら、問題は大きくなる。

古いことわざにある「無駄なければ不足なし」は、昆虫食の文献、持続可能な開発の文献、大恐慌を経験した人々の知識に関する文献のすべてに流れている。効率は、われわれの社会的理想の一つになっている。私もそれに惹かれる部分がある。それは、ポットベリー・ピッグがバリで理想の食物であると、私が主張する理由だ。ポットベリー・ピッグは残飯を食べ、一頭潰せばたいてい一家の食事には十分だ。もしそれを北アメリカでペットにすれば、私の考えではブタに対して恩着せがましく無礼なことだが、主張は崩壊する。それでも私は、無駄がないことが倫理的行動の基準となることを心配している。それは、すでに問題のある農業システムだと私が考えているものの修正として、再構成される傾向にある。ニワトリの飼料効率を高めることはできるだろうか？　できる、低濃度の抗生物質を餌に混ぜれば。ウシをもっと効率的に育て、食肉処理場での廃棄物を減らすことはできるだろうか？　できる、くず肉やその他解体されたウシの切れ端など、タンパク質補助食品として子牛に戻したくないものを飼料にすれば。効率をよくして無駄をなくそうとする一途な願いは、目先の利益を、狂牛病や抗生物質耐性菌の蔓延のような不運な「副作用」も含めた何よりも優先するという考え方に、いともたやすく堕する。ハウルは言う。

「無駄」あるいは「過剰消費」の閾値《いきち》は、状況ごと、湖ごと、種ごと、層ごとに違ってくる。哲学者のジョン・ロックは、自然と季節が、何が手に入るか、どの程度の作業が行なわれるのか（投入と生産)、その結果各世帯はどれだけのものを受け取れるのかに自然発生的限界を設けたと記した。理想的には、そこにはバランスがあった。投入、生産、次の季節に取りかかる、よい土を維持する、種を食べてしまわないようにする、など。そこにはすばらしい未来へ向けた感覚がある。シベリアの人々が、飢えたときにも種子の蓄えを食べようとしなかったという話がある。それは未来を食べるようなものだからだ。

だがロックは、金がそのシステムをめちゃめちゃにしたとも記している。なぜならば、必要な量あるいは一シーズンに食べられる量の一〇倍を個人的に収穫できても、それを売ることができるので、理屈のうえでは「浪費」から解放されているからだ。もし売った相手が食料を腐らせても、もう自分の問題ではない。資本は生産部門にきわめて強い圧力をかけてきた。養魚、温室栽培、時季はずれのナスの収穫、土壌の酷使……だから、自然の限界はもはやほとんど私たちの意識の中にない。

したがって、食料農業システムの無駄を減らすため、昆虫を食料や飼料として利用するのは結構な目標だが、現状のシステムでの虫の利用は、環境社会学的文脈(そもそも無駄はこの中で発生し、倫理的問題はその文脈によって引き起こされる)を、よりいっそう広く深く理解することで制御されねばならない。

システムデザインエンジニアで生態学者の故ジェームズ・ケイは、われわれの住む世界の複雑さは常に不確実性とトレードオフを生むと主張した。ここでの問題は、何がトレードオフかよくわかっていない状況に、私たちが直面していることだ。何を食べるにも何をするにも、私たちはコストを要求する。ただ存在しているだけで、私たちは多くの昆虫、細菌、動物、植物の死を招く。採集と「野生食」に賛同するとしても、乱獲の問題は養殖よりも害が大きいことがある。動物を直接食べなくても、私たちは動物と同じ空間に住み、動物が食べられたかもしれない食べ物を食べているのだ。もちろん、私たちは他の生命を生かすこともできる。自分の腸内で、われわれが作り出す生物生息地で、死んだあと腐敗していく死体で。

エントモ社のような昆虫養殖業者は、水とエネルギーの使用、病気対策、飼料要求率、コオロギを快適で「幸福」に保つこと、彼ら自身の人間の家族に食事と家を確保することについて、トレードオフに直面している。オーストラリア、アンスパン養蜂場のマシュー・ウォルトナー＝テーブズは、自身の養蜂スタイルを、より一般的な人間中心的手方と考えられるものと区別して、ミツバチ中心――つまりハチの利益を一番に据える――のやり方と特徴づけている。しかし、そうした選択をしたあとでも、マシューはトレードオフに直面している。彼はウォーレ式巣箱を使うことにしたのだが、最新型の養蜂器具、たとえばしきりに宣伝されているフローハイブや、発泡ポリエステル製の巣箱のようなものも考えている。いずれの場合も、養蜂家の都合（採蜜の容易さ、巣の中にあらかじめ設置されたプラスチックの巣室）とハチの快適さ（断熱値、蜜蠟を使って自分で巣室を作る自由度）、マシューの子どもたちが育つ世界を左右する長期的な環境への影響（たとえば巣箱がリサイクルできるか）のあいだでトレードオフが存在する。

以上の論は私が、倫理と昆虫食の探究から得たものだ。われわれは苦しみ、価値、文脈、美、弱さ、進行中の多角的な参画、トレードオフについて考えることが必要になるだろう。こうした問題に取り組み、そしてそれがいかなる形でも最終的に解決できない――倫理的疑問から道徳律へと移行できない――ことがわかると、これは本当に問題の核心なのだろうかと疑い始めた。

昆虫の取り扱いと昆虫を食べることに倫理的原理を適用するという課題は、複雑な世界に生きることの現実と不確実さを認めつつ、原則と指針を明確に表すことになる。ある動物が私たちの保護下にあり、弱者にあたるとき、私たちは痛みや苦しみを与えないように振る舞おうとする。私たちは原則を持ち、関心を持つが、白黒はっきりした道徳律のようなものにはまり込まないようにする必要がある。それは責任を逃れる方法なのだ。他者の死を引き起こすことなく生きることは不可能だ。道を歩いていて踏んづけてしまったり、彼らの生きる糧となる植物を食べてしまったり、直接にせよ不注意にせよ彼らを食べてしまったりするからだ。私たちとすべての生きとし生けるものとの協定は、多言語、栄養、フェロモン、視覚、聴覚による会話の複雑な網の目の中で発生する。昆虫との倫理的相互作用は未解決の、そしておそらく解決不能な疑問に満ちている。十戒などないのだ。

私たちにできる最善のことは、十分気を配り、問いを発し続け、みずからの行動に責任を持つことだ。

# 第17章　昆虫食の安全対策——A LITTLE HELP

君は本当の解決法を知っているんだってね。
それじゃあそいつを、ぜひ聞きたいもんだ。

## 昆虫食の安全問題

中国で育った私の義理の母は、よく言っていた。「錠前は紳士のためのもの」〔訳註：悪意で侵入しようとする者は何とかして錠を開けてしまうという意味〕。同じことが規制と通商協定にも言える。他の種との倫理を土台にした相互関係を願い、より協同的で快適で持続可能な地球の存続を夢見ることが、人々を昆虫食へと引き寄せるのなら、政策と規制はその希望に満ちた愛に形と保証を与える婚前契約書だ。それは扉の錠だ。

私たちはすでに、昆虫を食べることに伴う栄養問題の評価については、科学的に一歩先を進んでいる。ところが食品安全問題は、まだ十分に研究されていない。それどころか、私たちが知っていると思っていることの多くは、違う綱の動物からの類推と推定をもとにしている。問題の多くは昆虫と地域に固有のもので、一般的なものはわずかだ。現時点では、「食品安全上のリスクは何か？」「どのように管理するのがもっともよいか?」という疑問への答えは、「よくわからない」「一般的な答えはない」というものである。

その条件で、私たちは、昆虫食推進者が考慮したほうがよさそうな問題を示すことができる。食品に関係する疾病には、食品自体に固有のものがある。たとえば、昆虫を食べたときのアレルギー反応や、昆虫と節足動物のような近い分類群との交差反応が報告されている。だが、節足動物全体を一般化できるかどうかという疑問は、まだ解決していない。別のタイプの食物アレルギーから、遺伝、曝露量、曝露した年齢、環境要因の範囲には複雑な関係があることがわかっている。アジア諸国では、都市部の欧米人に比べて、甲殻類(広く食用にされている)へのアレルギー反応の罹患率が高く、ピーナッツなどナッツ類(あまり一般には食べられていない)では罹患率が低いことが報告されている。中国では、年間一〇〇〇件超のカイコの蛹によるアナフィラキシー反応の事例が報告されている。やはりこれも、中国の人口規模と、他の国に比べ高いカイコ曝露量が作用しているようだ。

工業用化学薬品や重金属の残留物は、いったん食品に入ってしまえば、取り除くのはほとんど不可能だ。この意味で、それはアレルゲンに似ている。つまり、食物自体の不可分な一部になっているのだ。食物アレルギーを避ける最善の方法が、食品を完全に避けることだとすれば、重金属や農薬の危険性に対処する最善の策は、食物連鎖への浸透を防ぐ方法を考え出すことだ。昆虫については、これは普通、採集から養殖に移行するということだ。シャーロット・ペインらは、南アフリカで市販されているモパネワームに含まれる食塩とマンガンの量が問題であることを確かめている。別の研究者は、ある種のイモムシで銅、カドミウム、亜鉛の濃度が上昇しているのに気づいている。今世紀初頭、メキシコのオアハカ州から南カリフォルニアに輸出されたチャプリネス(バッタ)が、米国食品医薬品局(FDA)が安全とする濃度の三〇〇倍を超える鉛を含んでいたことが明らかになった。オアハカでの調査の結果、隣接する鉱山の選鉱くずから鉛汚染が土壌、植物、バッタに広がったとわかった。しかし、チャプリネスに含まれていた鉛の、もっとも大きな発生源は、鉛釉薬がかかったチルモレラ（スパイスを挽くのに使う小さなボウル）であるようだ。

食品安全問題は文脈で決まる。安全と食品の品質を確保するには、特定の昆虫に関して特定の問いかけをする必要がある。それはどこで、どのような生態学的・社会的・経済的条件の下で育ち、加工されたのか？タイのコオロギとスイスのウシが違うのと同じくらい、南アフリカのモパネワームとオンタリオのコオロギは違う。

本書を通じてすでに私は説明してきたが、昆虫の中にはたとえばカメムシ、糞虫、モパネワームなど、食べたものに問題があったり体内で毒素が作られたりして、そのままでは食べられないものがある。こうした昆虫は食べる前に適切な下処理が必要だ。アフリカの一部では、シアン配糖体を含むキャッサバとカイコ（シアン配糖体を解毒するのに必要な硫黄含有アミノ酸を含まない）を組み合わせた食事が、チアミン欠乏症を引き起こしているかもしれない。この食事を摂っている人々は急性運動失調症を患っている。

細菌学的には、養殖昆虫は他の家畜と似たリスク特性を持つと伝えられるが、これは類推的な解釈であり、裏付けとなる研究はほとんど行なわれていない。腐敗と病気の原因となる特定の細菌は異なっているが、双方のグループのリスクを管理するうえで、類似した方法に効果があることがある。細菌やウイルスによる汚染のほとんどは、虫を茹でれば除去できるが、芽胞菌はこの手順をすり抜けることがある。ワーゲニンゲン大学食品科学グループは、焼いて粉末にしたミールワームの幼虫、小麦粉、水を混ぜたものを乳酸発酵させると、細菌汚染を抑制してミールワーム・パウダーの保存期間を改善できると結論した。モパネワームの内臓を取り除いて乾燥させれば、その保存期間は一年近くにまで延ばせる。一方、乾燥させず保存状態も不適当だと、モパネワームはカビが生えやすくなり、その中には、肝臓がんを引き起こすとされる有害物質のアフラトキシンを生成することで知られるものもある。

　昆虫食の食品安全問題はどのように前に進めればいいのか？　たいていの場合、私たちは個別に安全な昆虫の処理法と食べ方を考え出す必要がある。食品産業の他の（昆虫でない）部門では、生産者と加工業者は危害分析重要管理点計画（Hazard Analysis Critical Control Point＝HACCP《ハサップ》）を作成することが多い。HACCP計画は、農場から食卓までの、危害要因が食品に入り込む可能性がある部分すべてを明らかにし、そのような危害要因を抑制または排除する手法を整えることを要する。たとえば、生きたコオロギは床のゴミ、鳥、従業員、訪問者を介して細菌で汚染されているかもしれない。しかし、建物がしっかりしていて訪問者が限られていれば、リスクは最小限のものとなる。それから、市販する前にコオロギを加熱調理すれば、細菌の危険性に伴うあらゆるリスクは、事実上取り除かれる。

　この種の計画は、何らかの監視システム、つまり考えられる汚染物質を探知する方法を必要とする。細菌や毒素を感知する電子センサーを使えばよいという企業がある一方、昆虫自身に手伝わせようという向きもある。アメリカとイギリスの科学者は、地雷、爆発物、食品毒、植物の匂い、ミバエの侵入を、目で見てわかるようになる前に検知できるように、ハチを訓練している。寄生バチのオオタバコガコマユバチ（*Microplitis croceipes*）は、揮発性の化学物質に対して電子の「鼻」より一〇倍敏感であることが証明されている。[*105] 研究者は菌食性の甲虫でも研究を行ない、食品についた病原性の菌類を探知するために使えるかどうかを確認中だ。

今のところ商品化されていない食用昆虫――つまり「非公式経済」において養殖・販売され、食べられているもの――については、そのような昆虫の養殖・処理にもっとも熟達した人々と相談すべきだ。その虫がもともと有毒でも、何らかの方法で処理すれば毒抜きできるのであれば、人が食べる前にそれを行なう必要がある。また、昆虫学者のアラン・イェンが強調するように「食べられない種を食べられるようにする方法の開発は、それを発見した伝統的社会においては重要な知的財産なのだ」。

前述のように、メール・ダールワラは二〇〇八年、自分が経営するレストランのメニューに、「ソフトな」やり方でコオロギを導入した。先に述べた反応は顧客のものだったが、飲食店検査員も割って入ってきた。店で味付け焼きコオロギ入りパラタを出したときのことを語りながら、彼女は言った。「ある晩、私たちは二十いくつかの注文に応じていた。すべてうまくいっていた。通報者が――誰だかよくわからないけれど――バンクーバー保健所に苦情を入れるまでは。私たちは新メニューに力を注ぐあまり、保健所に通知するのを怠っていた。完全に私たちのミスだった」

コオロギパラタはメニューから外された。保健所職員が未調理のコオロギ二匹[*106]で細菌の検査を行なったあと（どんな肉でもそうだが、細菌はいた）、丁重なやりとりがいくらかあり、そして、衛生指導員からコックへ生の昆虫肉の扱いと処理について指導が行なわれ、パラタはメニューに戻された。パラタは二〇一一年の秋まであったが、そのタイミングで再び外された。二〇一五年のインタビューで語ったダールワラの計画では、昆虫をまた導入するが、顧客が慣れるまで目立たせずにおくということだった。

## 不明確な食品規制

カナダ人とオーストラリア人が、客と保健所を驚かせないように、自分のところの商品を目立たなくしており、後者は特に否定的な反応に敏感だとすれば、ヨーロッパの昆虫食者はもっと複雑な課題に直面している。その中で特に大きなものは、まったく無関係と思われそうな歴史的な出来事に端を発している。

一九九四年、ヨーロッパを席巻した狂牛病（ＢＳＥ）騒動をきっかけに、欧州委員会は哺乳類由来の動物性加工タンパク質（ＰＡＰ）をウシ、ヒツジ、ヤギに与えることを禁止した。こうしたタンパク質——本質的には屑肉など食肉処理場から出る「廃棄物」——は第一胃が未発達で、したがってまだ干し草を消化できない反芻前の若い動物の飼料に加えられていた。余分にタンパク質を与えると成長が早まり、長期的には使う飼料が少なくて済む。ＢＳＥ発生以前は、この処理場廃棄物のリサイクルは、もっとも効率のよい産業エコロジーの代表と思われていた。

ＢＳＥ、正式には牛海綿状脳症と、関連する伝達性海綿状脳症（ＴＳＥ）が、感染した動物の肉、特に神経組織の摂取で広まったことが科学的に報告されると、病気の拡大を防ぐためにこうしたＰＡＰは当然禁止された。

二〇〇一年一月、畜産動物用の飼料と、イヌ、ネコ、その他非反芻動物用のものとが交差汚染するかもしれないという恐れから、規制は拡大され、すべての畜産動物からのＰＡＰが含まれるようになった。魚粉だけが例外だった。誰も昆虫のことなど考えていなかった。もっと大きな問題、たとえばウシの大量殺処分、貿易障壁、農民の自殺などで頭がいっぱいだったからだ。時には拙速であっても、決然とした――そして決然として見える――行動が必要とされていたのだ。

二〇一五年一〇月の時点で、ほとんどのEU加盟国は、まだ公式には昆虫を食品として販売することを禁止しているが、「明確な」規制は整備されていないらしい。規制があいまいな中、昆虫をオランダ（昆虫バーガーとナゲット）、ベルギー（バッファローワーム入りバーガー）、イギリス（丸ごとのミールワーム、コオロギ、バッタの袋詰め）のスーパーマーケットで目撃したというニュースが広く報道されている。二〇一五年三月には、デンマークの食料品チェーンでこの種のチェーンとしては世界で二番目に古いイヤマが、食用昆虫を販売すると発表した。昆虫が棚に並んでから二日後、それは撤去された。「この商品はもう販売しない。この種の製品を売ることに対する、当局の見解が明らかになったからだ」と、イヤマの広報担当マルティン・ハンセンは地元のラジオで語った。

パリで二〇一五年八月に私が聞いた噂では、イタリアの一部で当局がスーパーマーケットの棚から昆虫を撤去したという。だが、それが古いニュース（韓国産のカイコが二〇一二年に国境で拒否されている）なのか、それとも最近のものなのか、私には判断がつかなかった。イタリアからのニュースには、蜂蜜、ローヤルゼリー、プロポリス、コチニールカイガラムシの赤い染料だけがEU市場では公的に認められた昆虫製品だという説明がつけられていた。

ハエ（*Piophila casei*）のウジをペコリーノ・チーズ（羊乳チーズ）の中ではい回らせて作るサルデーニャ地方伝統の「珍味」カース・マルツゥや、ダニが変質させたドイツのヒツジかヤギのチーズ、ミルベンケーゼはグレーゾーンに入っており、特定の管轄区でのみ許可されているようだ。

ハエのウジを這い回らせて作るチーズ、カース・マルツゥ

二〇一四年、ベルギー連邦食品安全庁は、官庁としては思い切った冒険に出た。一〇種の昆虫を、人間の食用として安全であるとして認可したのだ。二〇一五年にベルギーは、食用昆虫は代替タンパク源として「大いに可能性があると思われる」と断言し、昆虫の繁殖と市販はEUの一部ではすでに許容されていることを認めた。

BSE騒動後の食品禁止措置は、アントワーヌ・ユベールとヨーロッパ昆虫生産者協会を大いに落胆させた。この禁止措置が意味するのは、インセクト社のやっていることは環境的にも経済的にも意味のあることだと同社は主張でき、それどころかFAOが奨励しているにもかかわらず、商業生産のための研究と試作へと必然的な一歩を踏み出すことを、法的に妨げられているということだった。またユベールは、エンテラ社がこの状況を利用して勢力を伸ばしていることに、感心しつつもいらだっていた。インセクト社自身のペットフード市場への進出と、シンガポールはじめ各地での共同事業は、同じくらい巧妙なビジネスセンスを示していたのだが。

農業食料分野の企業経営者には昔からの伝統がある。政府の規制を激しく非難し、阻もうとすることだ。しかし、われわれ食品に起因する病気のパンデミックを数十年来研究してきた者にとっては、たいてい規制は少なすぎ、遅すぎ、あまりに細切れで、企業の好意と術策を当てにしすぎている。企業の存在理由は、結局のところ「世界を養う」ことなどではなく、世界を養うという名の下に所有者と株主の利潤を生むことなのだから。

私は、インセクト社、エンテラ社、エントモ社の新進起業家たちに、タイソン・フーズ（食肉加工）やカーギル（穀物メジャー）やマクドナルドと同じ色をつけるつもりはない。が、食品のような身近な商品の規制にあたっては、用心に越したことはない。

ヨーロッパ昆虫生産者協会のメンバーはただ、明快な規制と公平な場、革新的でエコロジカルな技術の市場参入を促進するルールを求めていた。食品としての昆虫ビジネスに参加した者たちのほとんどは、アフトン・ハロランらと同意見だろう。ハロランらは、食品としての昆虫の規制という混沌としたジャングル、触ったただけで脳細胞を殺す精神寄生者がいる――確証はないが私はそう信じている――場所へ、勇敢にも乗り込んだ。そのジャングルから現れた著者ら――無傷で出てきて話をしているところを見ると、精神寄生者に対するワクチンが手に入ったに違いない――は、「食用昆虫部門の成長に対する最大の障壁は、食品と飼料のいずれとしても、昆虫の生産、利用、売買を管理する包括的な法律がないことである」と主張している。

それは公平な描写のように私には思える。ＥＵの規制は、冷静に考えた末でなくパニックに駆られた状況のさなかにあわてて導入されたもので、少なくとも振り返ってみれば、おそらく行きすぎだった。公平に言って、哲学者のシルビオ・フントウィッツとジェローム・ラベッツがポストノーマルサイエンス（ＰＮＳ）と呼ぶ、統合的・部門横断的・学際的な、拡大されたピア・レビューのような手法を実現するメカニズムは、まだ芽生えたばかりだ。ＰＮＳは、フントウィッツとラベッツの主張によると「事実が不確かで、価値が論争中で、利害が大きく、決断が迫られる」場合に必要となる。それはたしかにＢＳＥ騒動の状況に当てはまる。

もともとの決定をどう思おうと、農家は――昆虫を育てている者も含め――それを我慢せざるを得ない。目下の問題は、どのように進めるかだ。問題をもう少し細かく見る前に、そもそもなぜ規制が必要なのかを考えてみたほうがいいだろう。この考察は、私たちが理想社会と考え、ジャン＝ジャック・ルソーが社会契約と表現したもの、市民が全体として、そのニーズをコントロールするため、願望を制約するという状態の核心に迫るものだ。この文脈では、なぜ規制が必要かという問いへの答えは、以下のような具合になる。農家が商品を、地域、国、ゆくゆくは世界全体に分配するためのシステムに投入するなら、食事を友人たちと共にしようとする者たちは、その食べ物を食べても死なないこと、その食べ物を育てた土地や人が数世代にわたってちゃんと養われていることとの保証を、ある程度必要とする。土地と人を養うことには、農家への公正な報酬、動物が正しく扱われていることとの納得のいく保証、そして農家が私たちのために生産している動植物の病気が蔓延しないように守られていることなどが含まれる。

農家が近所に住んでいるか、作物を地元の店で売っているのなら、私はその農場を調べて、そうしたことにある程度の安心を得ることができる。そのような地域のシステムは信用の（そしてわれわれが抜かりなく気をつけていることの）上に成り立っている。よりグローバルなシステムも信用の上に成り立っているが、ビジネスには抜け目がないが生物学方面では愚かな企業リーダーたちが、繰り返し裏切っていることを考えれば、その信用は規制を通じて表現される必要がある。

## 世界を悩ませる病害虫とその拡散

食料システムの一部が急速に拡大しているとき、あらゆる種類の人々がビジネスに加わる。日和見主義者は手っ取り早い儲けを見つけることもある。ハンバーガー、出来合いのサラダ、健康にいいアーモンド、低脂肪・高タンパクのチキンは、すべて細菌あるいはウイルス性疾病——大腸菌、サルモネラ、鳥インフルエンザなど——の流行を伴った。昆虫が病気を蔓延させないと信じる理由はない。それどころか、これまでのところ昆虫に関する国内外の規制は、それがどのように病気を蔓延させうるか、それをどのようにして防ぐかを明らかにすることを完全に主眼としている。そのために昆虫を人間の食品として導入することには、大変難しい問題が発生している。

屋外カフェとパン屋を経営している私の友人は、キッチンにいるハエについての不安を抱いた保健所の調査員の訪問を繰り返し受けた。そいつがピザの上に降りたらどうする？　ピザはもちろん加熱調理されるので、見た感じは悪いが、公衆衛生上の危険はないだろう。だがもし、ピザ自体に昆虫のトッピングがされていたら？　過去数十年かけて不断の努力で築き上げたすべての基本的な公衆衛生と食品安全の規則に、どう影響するだろう？

農業と食品を管理する規制は、農業、保健、食品安全それぞれの提唱者――互いに話し合うことがあまりない集団――が作ったものだ。このような規制はさらに、地域、地方、世界が入り混じっている。規制の現状は、控えめに言ってもちょっとばかり混乱している。

二〇一五年八月一〇日、パリのル・フェスタン・ヌで幼虫とバッタを試した翌朝、私は数キロ歩いて国際獣疫事務局（ＯＩＥ）の事務所に向かった。カナダの前主席獣医官で、現在は同事務局の副事務局長、ブライアン・エバンズと面会を約束していたのだ。ＯＩＥは、その全存在の大部分を、昆虫以外の動物に影響する病気や害虫の防除、根絶に捧げてきた。その観点からは、昆虫は概して問題であって、解答とは思われていなかった。加盟国の中には、すでに昆虫の国外取引を行なっているところがあるので、私はエバンズに、食用動物としての昆虫――害虫や病気の媒介者でなく――に何らかの形で着目しているかどうか尋ねた。簡単に言ってしまえば、答えはノーだ。もう少し詳しく言えば、多少は。

「多少」というのはミツバチに当てはまることで、これは他の昆虫を規制するうえで先例となるかもしれない。養蜂はすでに一大産業になっている。主に単一栽培作物（アーモンドの果樹園、キャノーラなど）の受粉関連だ。蜂蜜はたいてい受粉の副産品だが、蜂蜜取引は一部で数億ドル規模になる。受粉サービスと関係ない、特に成長著しい市場の一つが、マヌカハニーのものだ。ギョリュウバイ（*Leptospermum scoparium*）の蜜を集めたハチが作り、その薬効のために売られている。

受粉と高級蜂蜜の世界的な市場規模を考えると、ミツバチにはほかの昆虫よりも優秀な広報担当がいて、それを自由に使えていた。ＯＩＥはたしかにセイヨウミツバチ（*Apis mellifera*）とトウヨウミツバチ（*A. cerana*）に影響する病気のリストを、陸生動物衛生規約に記載している。この中にはアメリカ（*Paenibacillus* larvae）およびヨーロッパ（*Melissococcus pluton*）腐蛆病菌や、さまざまなダニが含まれている。しかしミツバチについてさえ、規制の一般的システムは国と地方の規則のごたまぜであり、たいていは養蜂家の善意と、自分たちが疾病問題に遭った場合に、それを商売敵や近隣住民に進んで知らせることにかかっている。それがどのくらいありそうなことかは、読者のご想像にお任せしよう。

ミツバチ以外では、他の動物の研究から虫について推論するうえで、主に密談、圧力、駆け引き、なけなしの研究を要約した報告があったようだ。二〇一五年、FAOが昆虫を食料や飼料として生産・利用することを奨励しているときでも、OIEには、たとえばオーストラリアの研究者が二〇〇〇年に記述した致死性のコオロギ麻痺病ウイルスや、二〇〇九年に北アメリカのコオロギ養殖業者を壊滅させたイエコオロギデンソウイルス、あるいはミツバチの死亡率と関係があり、侵略的なアルゼンチンアリによって世界中に持ち込まれているアルゼンチンアリ・ウイルス1（LHUV-1）やチヂレバネウイルスのような病気に適用される規則がない。

FAOは食料と農業に関わっている。OIEは動物、主に畜産動物の病気に関わっている。では誰が食品安全と公衆衛生の問題を扱うのか？　理屈の上では、それはWHOが、食品安全部を通じて行なうことだ。しかし同部署は、人間に病気が発生したときにその流行を追跡して、食物媒介の病気の重大さを事後に評価することに傾きがちだ。食料としての昆虫に関する世界的な問題を所管しているのが明確なところは、国際食品規格委員会（コーデックス）だろう。コーデックスはFAOとWHOが一九六三年に「統一された国際的食品規格を定めて、消費者の健康を保護し食品の公正な貿易慣行を推進する」ために設置した。一八七の加盟国からなる委員会が勧告する規格、ガイドライン、実務指針の遵守は任意だが、それはたとえば、世界貿易機関の協定に引用されるなど、一定の強制力を持つ。

二〇一二年、第一七回コーデックス・アジア地域調整部会で、ラオスは、カンボジア、タイ、マレーシアの支持を受けて、食用コオロギの食品規格を定めることを提案した。だが、この提案は承認されなかった。本書執筆の時点（二〇一六年後半）では、昆虫はコーデックスの中で、他の食品中に含まれる昆虫や昆虫の部分の許容量がある場合においてのみ触れられている。

コーデックスの昆虫の扱いは、その加盟国の公式な慣行と、ＦＤＡのような機関の意向を反映している。ＦＤＡは「人間向け食品に含まれ、健康に影響のない自然の、あるいは避けられない瑕疵《かし》の最大レベル」を定めている。ＦＤＡは、リンゴジャムのような品目名を含めたリストを公表していて、一〇〇グラムのリンゴジャムではまるごとの昆虫五匹以上かそれに相当する量（ダニ、アブラムシ、アザミウマ、カイガラムシは勘定に入れない）とされている。冷凍ブロッコリーでは一〇〇グラムあたりアブラムシ、アザミウマ、ダニのいずれかあるいは全部で六〇匹以上、コーヒー生豆は、数にして平均一〇パーセント以上に虫がいるか虫食いの状態だ。ウェブサイトによれば「ＦＤＡがこのような限界レベルを設けているのは、自然由来の避けられない無害な瑕疵が、まったくないように生鮮食品を栽培・収穫・加工することは、経済的に非現実的だからです。消費者に有害な製品は、限界レベルを超過しているか否かにかかわらず規制措置が取られます」[*107]。ＦＤＡにはＧＲＡＳ（Generally Recognized as Safe、一般に安全と認識される）と呼ばれる食品カテゴリーがある。二〇一五年末の時点で、この名称で認可された昆虫原料の食品はなかった。それでも、マサチューセッツ州公衆衛生部は食料品店でのコオロギチップスの販売を認可し、ＦＤＡは、天然物でなく養殖されたものでありさえすれば、昆虫を人間の食用として売ることを許可している。

二〇一五年、規制に少しずつ地殻変動が起きていた。欧州食品安全機関（EFSA）はEUの諮問機関である。二〇一五年一〇月八日、EFSA科学委員会は「食料および飼料としての昆虫生産および消費に関するリスク・プロファイル」を発表し、その中でこう結論している。「生物学的、ならびに化学的危険性については、特定の生産方法、使用される基質、収穫の段階、昆虫の種類と成長段階は、その後の処理方法に加えて、すべて昆虫由来の食料および飼料の生物学的・化学的汚染の発生とそのレベルに影響するだろう。環境に関係する危険性は、他の家畜生産システムとの類似が予想される」[*108]

その直後、EUがこの報告書に沿って動くことを見越して、スペイン当局は、食用として昆虫を販売することを解禁する予定だと発表した。二〇一五年一一月一九日、EUは、革新的な食品に関する規制を導入した。そこには昆虫、藻類、クローン肉が含まれていた。それでも新しい規制は、そうした「斬新な食品」の生産者が、EU当局に書類一式を提出し、その製品の利点を示すことを求めていた。

アントワーヌ・ユベールは、食料・飼料用昆虫国際プラットフォーム（IPIFF）を代表して、斬新な食品に新しい規制を適用するには、資金繰りの苦しい昆虫養殖業者のために「事務的な負担やコスト」を減らす方法を考える必要があると述べた。[*109]二〇一五年に私が訪問したとき、ユベールの最善のシナリオは、単純にEUが昆虫を、魚粉が受けている免責条項に加えるというものだった。「斬新な食品」はいわば次善の策だった。それでも、それは扉を開いたのだ。

昆虫の病気を取り巻く問題を考えながら、OIEのブライアン・エバンズと私は、より一般的な問題、新興感染症と呼ばれるものに話題を移した。数十年来の研究をもとに、人畜を苦しめる疾病を出現させる原動力は誰もがわかっており、答えは土地利用、経済格差、都市計画、エネルギー利用といった問題に取り組み、食料の生産と分配の方法を再考することにあるということで、私たちは一致した。また、ほとんどの国際機関はこうした病気の「政治的」な原因について考えたがらず、ワクチン、薬、その他短期的な金儲けの手段に注目したがるという点でも、私たちは同じ意見だった。同じ問題が、昆虫食品と飼料を通じて拡散する病気の予防と管理についても当てはまる。

EUでの規制論争により、加盟国の中で食品安全と品質保証のガイドラインが設定されようとしている。それでもなお、そこには貿易と、世界貿易機関およびコーデックス内部のルールに対する影響がある。この影響は、昆虫を食料システムに取り入れる経済的かつ現実的な方法を探そうとする企業にとって、非常に重要である。この件について私には一切異論がない。

しかし、きわめてはっきりしてきたと私が思うのは、われわれが設計する昆虫食の規制の枠組みが、どれほど明快で柔軟であろうと、それ自体では、持続可能な昆虫ベースの世界的農業食料システムを約束することはないということだ。それは必要か？　その通りだ。では十分か？　十分ではない。規制と政策は、私たちに共通の問題をはっきりさせるのに役立つという意味で重要だ。それはまた、本当に重要な、抜け落ちているもの、ジェンダー、公正、動物福祉、思いやり、そしておそらくその中のどこかにある、歌の文句ではないが「変わらぬ愛」のようなものにどう対応するかを考えるよう、われわれを駆り立てる。

規制と政策は、無節操あるいは無知な生産者や食品販売業者に対抗するセーフティーネットだ。それは官僚が出す婚前契約書のようなものだ。しかし結婚は婚前契約書で定義されるものではない。

# 第18章 ヒトと昆虫との契約を再交渉する
## ——ALL YOU NEED IS LOVE?

ダンスするだけで幸せ？

### 持続可能性を見据えた昆虫生産

昆虫への愛や規則づくりについて語るのは大いに結構なことだが、私たちが住む世界では、人と虫の関係は、フェイスブックの言う「複雑な」というカテゴリーに入るかもしれない。物事がうまく動くようにするために、私たちは制度的な取り決めと長期にわたって関わり合う。たとえそうした取り決めを壊したいとか、少なくとも変えたいと思っていてもだ。食料システムの中の昆虫に関わる多くの問題は、食品安全と疾病管理の規制を修正することで対応できるが、生態学的問題の扱いはそう簡単にはいかない。私たちが今いる風景は、規制のフェンスとヒトおよび生態系の可能性、つまりわれわれが法的に必要だと思っているものと、われわれが望んでいるものとの緊張で特徴づけられている。これは、昆虫の養殖方法というやっかいな問題が頭をもたげて脅しをかけてくる場所でもある。たとえば、私が序文で述べた大まかな分類——自然での採集、半養殖、集約的な養殖――についてもう一度考え、食用昆虫の候補者がそれぞれどこに当てはまるかを見てみよう。

ある種の昆虫は機会（セミ、イナゴ）や季節（シロアリ、バッタ、ブユ）に応じて集められており、これから先もそうだろう。アメリカとマダガスカルの蝗害が引き起こす問題を検討した場合、それを食料として利用するのを妨げる主原因は、採集・加工・保存・貯蔵するための適切な方法がないことだ。シロアリはおそらく、新しいテクノロジーを正当化するほどの数が手に入らないだろう。周期ゼミは見込みとしては興味深く、アンダーソン・デザイン・グループなどいくつかの新興企業の成功は、正しく採集・加工・保存する技術があれば、一三年あるいは一七年という途方もない周期が、毎年の珍しくて高価なごちそうへと変わることを意味している。私の知るかぎりでは誰もブユを採集していないが、その数の多さを考えれば、食品業界の起業家にとってはチャンスに違いない。

半養殖の――つまりわれわれの文明が滅びたあとでもおそらく生き残り、繁栄さえするかもしれない――昆虫について欠けているものは、このような昆虫と生息環境との相互作用に関する十分な理解、それが持続的で健康な食料源を確保できるようにするインフラストラクチャだ。こうしたものにはモパネワーム、ヤシゾウムシなどがいる。ミツバチをここに含めてもいいが、その人間社会での地位は、ほかの二つに比べてあいまいで、半家畜化された種としての歴史は、家畜化の限界についての教訓を与えてくれる。

ナミビア、南アフリカ、ボツワナ、ジンバブエなどアフリカ南部の数カ国では、モパネワームの需要が増加して、生存のための食物から価値の高い換金作物へと変貌した。南アフリカでは年間約二トンを捕獲し、総額は数千万ドルに達する。ボツワナは大量のイモムシを南アフリカに輸出し、多くはそこでパッケージされて売られるか、家畜飼料に加工される。このほとんどすべては採集された天然のイモムシであり、そのため持続可能性に深刻な懸念が生まれている。

モパネワームの個体数は降水量と利用できるモパネの木（*Colophospermum mopane*）に左右される。よい値がつき需要が多いので、採集人の多くが幼虫だけでなく蛹まで大量に収穫するようになり、将来の蛾の個体数を――したがって収穫量の持続可能性を――危険にさらしている。この乱獲に、建材や薪としてモパネの木が伐採されていることが拍車をかけている。ボツワナの一部ではモパネワームがまったくいなくなり、ジンバブエでは武装したギャングが採集人を襲撃して、モパネワームを奪っているという。

天然のイモムシの乱獲に対する一つの回答が、生産の集約化と意図的な管理――つまり場当たり的な採集から養殖への移行だ。四〇〇〇ヘクタールの飼育場は、理論上年間約二〇〇トンのイモムシを養える。ナミビアのウークヮルーディ管理委員会では、伝統的指導者が採集時期に関する規則を守らせてきた。採集人は一人ひとり共同体指導者に料金を支払い、おそらく共同体の長期的な利益を守るためにいる指導者は利益を得る。これは、正確にはコミュニティエンゲージメントとは言えないが、その第一歩ではある。

ウークヮルーディ管理委員会が使っている手法の集約化を進め、ヤシゾウムシの幼虫に見られるような管理へと移行することもできるだろう。そうした手法には、保護された生息地の創出と、昆虫のライフサイクルのさまざまな段階に応じて、必要な餌と空間をよく理解することが要求される。蛾の個体数の規模が予測できず、地理的な分布が均一でなく、価格と天候が不安定であることで、これはリスクの大きな事業になる。何と言ってもそれは野生動物なのであり、限定された生態系の復元力に全面的に頼っているのだ。これがわかっているから、タイの農家はコオロギ、ヤシゾウムシ、ミールワームの養殖に手をつけたのだ。

社会的公正と環境の持続可能性の問題は、民族やジェンダーの平等と共に、採集から養殖への移行にさらなるやっかいごとを作り出す。世界的に、女性と子どもが昆虫の主な採集者である傾向にある。ラテンアメリカとサハラ以南のアフリカでは、女性と子どもが男性よりも多くの時間を採集に費やし、昆虫は彼らの食事に大きな割合を占める。たとえば、アマゾン先住民ヤノマミ族の二つの共同体に属する女性は、脊椎動物のタンパク質の入手が限られる（主に男性が食べている）のを、より多く昆虫を食べることで補っている。アマゾン北部に住むトゥカノ族のあいだでは、動物性タンパク質の摂取に占める昆虫の割合が、女性は男性の約二倍となる。男性は魚や鳥獣をはるかに手に入れやすいのだ。サハラ以南のアフリカでは、昔から収入の足しや栄養状態の向上のために、農村の女性と子どもがモパネワームを収穫していたが、次第に若い失業男性に押しのけられるようになった。一般に、このような採集者は——男性も女性も——貧しく、市場の情報や輸送手段を持たないため、高く売ることができない。

以前、営利企業と開発機関が、家庭の栄養と健康状況を改善するプログラムを、かつて「開発途上国[*110]」と呼ばれており、現在私が昆虫食国と呼ぼうとしている地域で作っていたとき、もともとの大義名分は、貧しい農村の女性と子どもを援助するためというものだった。同じ大義名分が、昆虫の養殖でも振りかざされているのが見られる。多くの場合、こうしたプログラムをまとめる人たちは、専門技術やマーケティングの手腕に優れている。彼らは、どうすればニワトリを早く成長させ、健康を保てるかを知っている。しかしこの同じ専門家が、社会的・生態学的な認識の欠如をあらわにすることがままある。このようなプログラムの中には、小規模養鶏のように、順調に規模を拡大して営利事業へと発展して、男性が実権を握るようになり、女性と子どもは重労働の見返りをほとんど得られなくなっているものがある。同じようなパターンは、昆虫の養殖でもすでに発生している。『マザーボード』誌二〇一六年四月号に掲載された、昆虫の養殖と女性のエンパワーメントに関する記事（第4章で触れた）で、マット・ブルームフィールドはそれを認めて、こう述べている。「昆虫市場の高価格帯から利益を得るのは、男性だ。ジンバブエの研究では、女性がバザールやバスターミナルやビアホールでモパネワームを売る一方、実入りのいい卸売りは男性の領分だ。女性は大量のイモムシを全国に輸送するのに必要なインフラを利用できない。加えて、男性はイモムシを大口で買う資本を持っているので、一キロあたり九〇ジンバブエドルしか払わない。一方、女性は一六〇ジンバブエドルを払っている」

## 生態系への深刻な影響

食用昆虫への需要が急速に高まるにつれて、採集による環境への影響の懸念が、東南アジアと日本で発生している。昆虫はタイの一部、主に北東部で昔から食べられてきた。ここ一〇年、都市と観光地での需要が爆発的に増えたことで、深刻な環境ストレスが生まれている。環境への影響が一国の国境内にとどまっていれば、国は規制と管理の施策を取ることができる。昆虫が輸入されると、規制はもっと複雑になる。

昆虫食の世界では、輸入は環境（そして社会的）コストを消費国から生産国へ外部化する短期的な解決法だ。消費者の需要を満たすため、タイは現在、カイコの蛹、コオロギの一種、葉食性のバッタ、ケラ、タガメを輸入している。タイとカンボジアの国境にあるロンクルア市場の卸売業者は、年間およそ八〇〇トンの食用昆虫をカンボジア、ミャンマー、ラオス、中国から輸入する。ここには中国からのカイコの蛹約一七〇トン（これは天然物ではない）、カンボジアからのバッタ一七〇トンが含まれている。こうした昆虫の輸入が、輸出国の環境に与える影響は野放しのままで、ほとんど調査されていない[*三]。

日本では、いくつもの要素が事態を複雑なものにしている。シャーロット・ペインらが明らかにしたところでは、日本では一一七種ほどの在来種が昔から食べられているが、消費される昆虫の多様性と量は大幅に減っているという。蜂の子、イナゴ、カイコは日本の一部地域で今もかなりの量が食べられているが、在来種の数は世界各地の例にもれず減っている。日本での昆虫食のパターンは他と同じで、世界的な大衆文化における食習慣の変化の一部だが、それは一方で農薬の使用や、福島第一原子力発電所のような産業災害に影響され、もう一方で、消費者が昆虫を食べ物としてだけでなく、娯楽やペットとして求めていることに影響されている。日本は昆虫をタイ、韓国、中国、ニュージーランドから輸入している。原産地での慎重な生態学的管理がないので、これは明らかに持続的でない。

エドワード・ハイアムズは、その金字塔的な著作 *Animals on the Service of Man: 10,000 years of Domestication*（『人に仕える動物：家畜化の一万年』）の中で、昆虫についてはカイコ、ミツバチ、コチニールカイガラムシの三種しか取り上げていない。ハイアムズがコチニールカイガラムシを入れたのは、この昆虫は品種改良されていないが、人間がシェラックと染料の製造のため、宿主植物を栽培してこのカイガラムシを意図的に呼び寄せ、餌を与えてきたからだ。それは二一世紀の食物論争の要素であり、またかつて中東で砂漠の部族を養ってはいたが、一般には新しい昆虫食に含まれるとは考えられていないので、その養殖については詳しく述べるつもりはない。

カイコの生産は、採集から養殖への移行の前例として有益だろう。絹を作る多種多様な蛾の幼虫は、中国

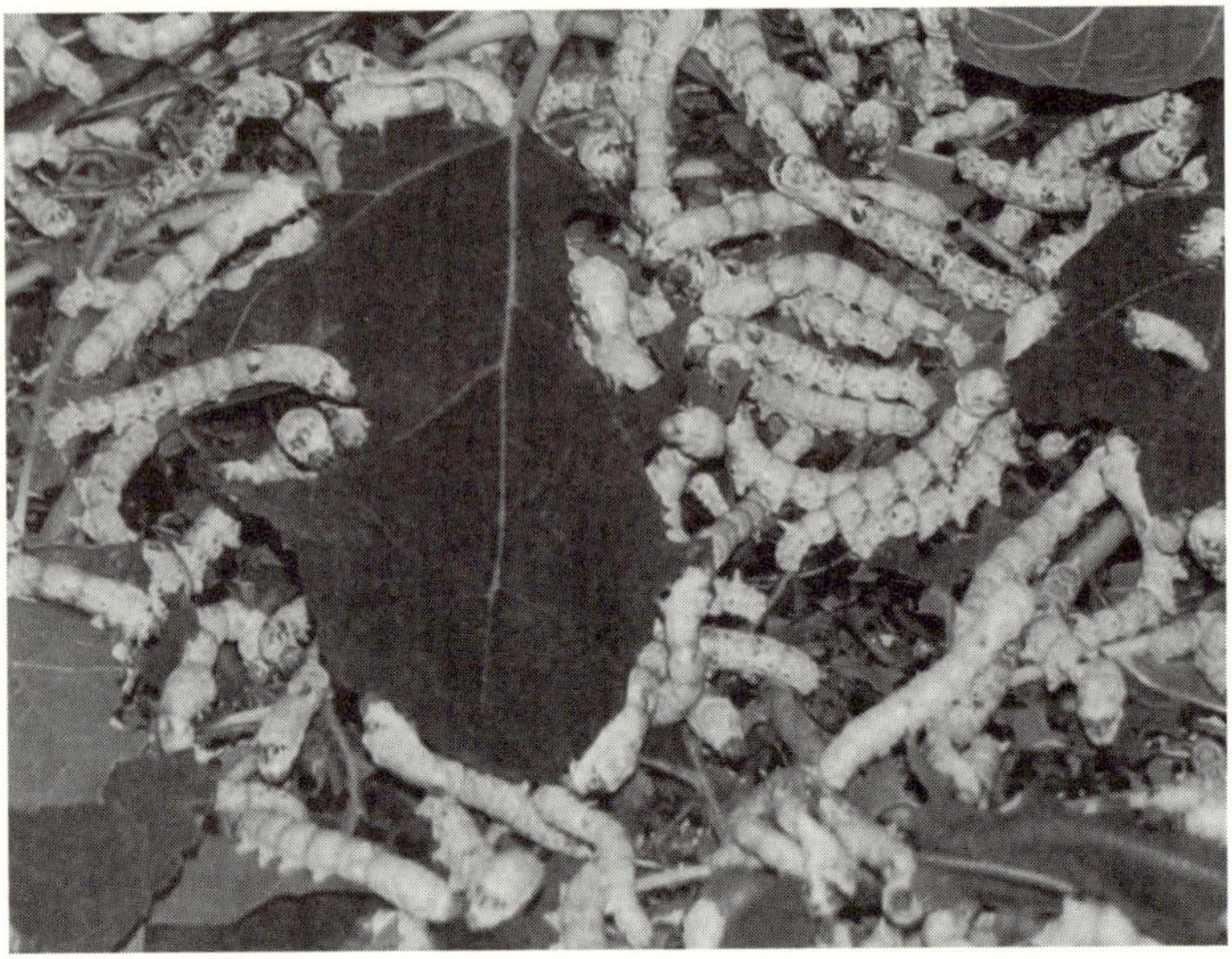

クワの葉を食べるカイコ

では紀元前三〇〇〇年紀から、インドではその約一〇〇〇年後から、ギリシアのコス島では紀元前五～四世紀から家畜化されている。経済的および政治的理由で、カイコガ（*Bombyx mori*）の品種改良を基礎とする中国の養蚕が、歴史的に世界の絹生産で幅を利かせてきた。ヤシゾウムシやモパネワームのように、一般的な絹生産で使われる蛾の幼虫は、特定の木の葉を餌として必要とし、したがってその木の維持または栽培、あるいはその両方に左右される。三〇日から四〇日の期間で、カイコは孵化時の体重の一万倍に成長する。そのあいだに、三〇グラムのカイコは一トンを超える摘みたてのクワの葉を食べる。だから、家畜化されなければ、養蚕は生態系に深刻な悪影響をもたらすだろう。

特定の蛾と特定の木のあいだにある関係と、中国の環境文化史を見ると、モパネワームやヤシゾウムシのような他の食用昆虫について考える際に、興味深いケーススタディとなる。世界の他の地域では、絹の生産は農耕の文化的起源と蛾の生態学的特徴を認識し、尊重しているので、仮に養蚕が、たとえば養鶏に似たやり方の一般的な昆虫生産システムとして扱われた場合に比べて、その利益はより広く分配される。生態学的背景を理解せずに養蚕を導入しようとすることの問題は、一九世紀にアメリカを絹の大生産国にしようとした最初の試みによく表れている。昆虫学者のギルバート・ワルドバウアーによれば、一八四二年のニューイングランド・シルク・コンベンションの集会で提出された決議には、このように書かれている。「アメリカと中国にクワの木の天然林がある以上、それはこの国が中国と同様、絹生産大国となることを予定した神の摂理の明白な表れであることを決議する」[*112]。アメリカの初期の絹愛好者は、カイコガが中国のトウグワ（ホワイトマルベリー、*Morus alba*）を、アメリカのレッドマルベリー（*Morus rubra*）よりもはるかに好むことを知らなかった。ワルドバウアーはこう付け加える。「おそらく決議の著者は植物の知識に乏しく、神の摂理を読み間違えたのだろう」。モパネワーム、ヤシゾウムシ、コオロギを集約的に養殖するうえでの一つの課題は、生物学、文化、そしてその二つの関係が強固であることをはっきりと理解することだ。

一般に、食用昆虫の需要が増えるとき、この移行期間に社会的・経済的関係への注意が慎重に払われるなら、自然保護地域やサンクチュアリーの管理が、野生での採集をもっとも持続可能にする選択であるようだ。イギリスで最初の「食料・飼料・昆虫会議」（二〇一五年）の報告が、複雑な世界のやっかいな問題を解決しようとする努力に明確に取り組んでいることに、私は勇気づけられた。たとえばシャーロット・ペイン、アンドリュー・ミュラー、ジョシュア・エバンズ、レベッカ・ロバーツらは、昆虫食運動をわれわれが住む不平等で複雑な農業食料システムの文脈に当てはめて、再び政治化することを参加者に促した。あるいは、「われわれ」が「彼ら」を養うと言うとき、それは誰を意味しているのかを問う者もいた。大学院生――私の経験では、それはたいてい最先端の学者だ――のダリヤ・ドーバーマンは、サハラ以南のアフリカの一部で、ビールを醸造したあとの雑穀の殻を使ってコオロギを育て、雑穀主体の食品をコオロギ粉で栄養強化してはどうかと提言した。これは環境問題、地域文化、公衆衛生、栄養学に配慮した戦略の代表的なものに思われる。

コオロギ、ミールワーム、ミズアブ、おそらくはカイコなど集約的に養殖される昆虫について、私たちは、集約的に管理される他の動物ですでに定着している研究、管理手順、規制を適用することができるだろう。過去二、三〇年に、飼料資源の効率利用、飼料要求率(FCR)、環境汚染の管理を中心に据えた多くの畜産研究が行なわれており、その研究の中には昆虫養殖に有益なものもあるだろう。それでもまだやっかいなことはある。一つには、昆虫が多くの場合、他の畜産活動で認識された問題、たとえば温室効果ガスの放出、汚染、漁業資源の枯渇、ダイズ栽培のための熱帯雨林皆伐などの解決策として導入されることだ。あらゆるやっかいな問題に予想されることだが、「昆虫による解決」は古い問題を解決しながら、新しい問題を作り出す。しかし、環境、ジェンダー、経済問題に配慮することで、養殖は昆虫を私たちの食卓に載せる「ソフトな」入り口となりうる。

## ミツバチに見る福祉と経済

食用やその他有用な昆虫との関係を、その家畜化への過渡期にあたってどのように保つかについて、養蚕が一つの考え方を見せてくれるとすれば、ミツバチは、野生でありながら集約的に管理されているというそのあいまいな立場によって、家畜化の限界と新技術の予期せぬ結果に関わる、役に立つ類推と深刻な警告を共に与えてくれる。

革新的な技術の導入に加え、ミツバチが繁栄する生態学的ニッチと付加価値商品の多様性という点で、ヒトとミツバチの関係の歴史からは得るところが大きい。食用動物の飼育と作物の栽培はリスクの高いビジネスであり、一つの生存戦略が、複数の、多様な、付加価値の高い製品を開発することだ。酪農では、これはヨーグルト、多種多彩な牛乳とチーズ、子牛肉（雄の子牛から）、ひき肉（年取った雌牛から）を意味する。そしてすべての牛乳が同一ではないように――ジャージー牛の乳は脂肪を多く含み、したがってホルスタインのものとは異なる価値を持つ――すべての蜂蜜の価値は同じではない。

蜂蜜の価値を決めるものに、ハチが食べた特定の種類の花粉と花蜜がある。たとえばギョリュウバイ（マヌカ、*Leptospermum scoparium*）は、その蜜を集めたハチが作る蜂蜜の薬効によって、一〇億ドル規模の産業の礎となっている。抗菌物質メチルグリオキサールを豊富に含むマヌカハニーは、普通の蜂蜜の一〇倍もの高値で売れる。想像されるように、これがきっかけとなって他の国々も、自前のメチルグリオキサールが多い蜜源をあわてて探し始めている。人間は特定の植物をハチの餌にして経済的利益を上げたいと思うが、ハチは、私たち人間と同じように、食餌に多様性を必要とする。

ミツバチが食べる花粉は、生理的発育に必要なタンパク質を含み、それは植物の種類や季節ごとに――四パーセント未満から四〇パーセント超まで――さまざまだ。したがって、ハチの手に入る花粉の量と多様性は、まわりに花があるという事実と同じくらい重要なのだ。

このように、手に入る花粉と花蜜の資源に多様性が必要であることは、ミツバチが農業に欠かせないものになった大きな要因であり、工業的なモノカルチャー農業にうまく適応できない理由を部分的に説明するものでもある。ミツバチは、さまざまなタンパク質が豊富な花粉を集められるように人間が世話をする場合だけ、家畜として繁栄する。近代養蜂史上もっとも劇的で、究極的には問題をはらんだ革新が起きたのは一八五一年、フィラデルフィアでのことだ。L・L・ラングストロース牧師は、取り外し可能な巣枠を収めた箱を重ねた巣箱を設計した。巣枠には金網とプラスチック製の巣礎が固定され、巣室の大きさと巣の構造を画一化している。ラングストロース式巣箱には女王が入れない独立した区画があり、そのため蜂蜜と幼虫が混在することなく、純粋な蜂蜜が詰まっている。巣箱がいっぱいになると、新しい箱を上に重ねる。この設計により、楽に作業を自動化できるようになり、養蜂が農業の工業化の立役者という現在の役割に参入する土台が作られた。ミツバチはラングストロース巣箱の中で問題なくやっているが、この巣箱は人間の都合のために考えられたものであって、ハチの福祉のためではない。ラングストロース巣箱の中で、ミツバチは、自分たちが蓄えた蜂蜜を取りに行くのに難儀しているかもしれず、巣の中のすぐそばに蜂蜜があるにもかかわらず、干ばつ時や冬のあいだに飢え死にすることもある。

ラングストロース巣箱によって、多くの先進工業国で大規模な移動授粉産業が存在できるようになった。おびただしい数の巣箱がトラックに積み込まれ、モノカルチャーが行なわれる農園（アーモンド、サクランボ、ブルーベリー、キャノーラなど）から農園へと移動する。モノカルチャー作物の花が咲いたあと、どこかよそに運ばれなければ、ミツバチは、彼らにとってほとんど砂漠のような場所で、自力で生き延びようとするに任される。いったんこのシステムに組み込まれてしまうと、花粉媒介者たちはにっちもさっちも行かなくなる。トラックで次の場所に運ばれるか、帰ってより多様な花粉源を探すかだ。大規模な授粉ビジネスは、正常な損失で二〇パーセント、蜂群崩壊症候群が発生した場所ではその最大二倍になると報告されている。養蜂家はみな、ミツバチが飢え、寒さやさまざまな病気で死んだりいなくなったりするのを経験している。それでもなお、近年の群れがいなくなってしまう率の高さは、私たちが工業的農業について「普通」と考えるようになったものの、もう一つの兆候——生肉のサルモネラ症のように——なのだ。

再生は周縁から始まるというカヒルの思想に戻れば、一方でわれわれがミツバチと結んでいる契約上の取り決めをまだ認めながら、現状のラングストロースが幅を利かす業界のどこで対抗策を探せばいいのだろう？　アダム・ゴプニックは、ヨーロッパ人がミツバチの女王と王をどう考えてきたかの歴史に関するBBCの解説で、ハチの巣は「女性君主国」であるというチャールズ・バトラーによる一六〇九年の観察・発表について語った。ゴプニックは自分の説明をこのように締めくくった。「ミツバチの物語の一つの教訓は、もちろん、常に世間のアリストテレスよりもバトラーを信用せよということだ。ハチについて持論があっただけの古代ギリシアの哲学者より、ハチを見ている人間を信用せよと」[*113]

それを頭の隅に置きつつ、私は、まさに自分の家族にいる「ハチを見ている人間」、息子のマシューに意見を求めることにした。自身のウェブサイトでマシューは、自分がウォーレ式巣箱を使うのは「ミツバチが木のうろに巣を作るやり方を模倣しようとしているからです……新しい、空の箱は巣箱の底に足され、蜂児は常に上部の断熱層で守られます。女王は常に、新しい巣に卵を産む選択権を持ち、羽化したハチはその巣に蜂蜜を蓄えることができます。巣箱の最上部には断熱箱があって、巣箱の内部の温度を一定に保ち、巣箱の壁は厚い木でできていて断熱効果を高めます。冬、ハチは巣箱の中を上下に自由に行き来して、蜂蜜を探します。ストレスが少なければ、ハチは他の問題（病気、害虫、季節による変動、環境毒性）に対処することができます。この構造は総合的に見て一カ所に定置するのに向いています」と主張する。

マシューは、ウォーレ式養蜂家の通常のやり方に従って、手製の箱を巣箱の最下部に足している（継箱）。そのためには重い巣箱を持ち上げる必要がある。また、蜂蜜の収穫量はラングストロース式よりも少ないが、そうした職人技による蜂蜜を、大規模な養蜂家の量産品より高値で売っているとマシューは強調する。「結果として」とマシューは言う。「より質のいい蜂蜜と、より幸福で健康なハチが手に入るのです。この利益はコストをはるかにしのぐと、私は考えます！」

農業食料システムの中で昆虫を拡張し、多様化させ、より注意深く管理することを考えるにあたって、養蜂の技術革新が招いた予期せぬ結果から学べることはないだろうか？　コオロギを、ミールワームを、ヤシゾウムシを、モパネワームを、私たちとの関係と、その中で共有する利益を尊重するように管理することができるだろうか？　養蜂の歴史から学ぶことのできるはっきりとした教訓は、持続可能で倫理的な管理をコオロギ、ミールワーム、ヤシゾウムシ、モパネワームに行なうには、ありとあらゆる社会と環境の条件と、FCR、賞味期限、消費者の態度にとどまらない相互関係に配慮することが必要になるというものだ。研究室から一歩足を踏み出せば、それまで観測可能な、独立した「事実」に見えていたものが、フェロモンから歌、磁気から視覚まで多種多様な言語を話す柔軟な話者になる。研究室の事実は、ダイナミックに変化するコミュニティのネットワークに、二、三語を付け加えるにすぎない。

## 科学者がとるべき指針

世界を変えたいと願う技術専門家や科学者は、その利他的な取り組みの受益者となるコミュニティと協同しなければならないという発想は目新しいものではないが、それは定期的に繰り返し、補強し、再構築する必要があるように思われる。この相互作用の反復が必要なのは、一つには、このような科学界と世間一般との関係に重大な緊張があるからだ。科学者は世界について普遍的な主張をしたがる。健康のために喫煙は悪い、コオロギはいい、農薬は悪い。農薬は良好な栄養と健康に必要だ、商業生産されたモパネワームはタンパク質栄養失調を解決するだろう、昆虫は世界に食料安全保障をもたらすだろう。しかし、アメリカ国立科学財団すら二〇〇三年の報告書で述べているように、生態学と人間の福祉との相互作用から生じる問題は、しばしば「場に根ざした科学」を要求し、重力や光速度の法則とは違って、生態学と健康に関わる事実は普遍的なものではない。科学者と、科学者が連携するコミュニティは、まったく異なる指針と展望を持っている。コミュニティは内部が均質でなく、歴史に基づいた独自の権力構造、ジェンダーの力関係、経済活動、生態学的制約、あまり明言されることのない願望と目標の組み合わせがある。

この、私たちが普通の問題解決型の科学と考えるものと、私たちが住む世界の複雑さとの緊張は新しいものでもなければ、昆虫食に特有のものでもない。今私たちには、理にかなったやり方で混乱を切り抜けるための、数十年にわたる理論および応用研究がある。

このような難問と緊張を取り扱い、切り抜ける方法がある。一九九〇年代、自然界とヒトが作った世界とのバランスを取ろうとして、生物物理学的環境をチョウの片方の羽、社会経済学的環境をもう片方の羽とする「健康のバタフライ・モデル」と呼ばれるもので、この種の調和をイメージした者が私たちの中にいた。[*114] イメージは便利な発見的方法、備忘録だ。実際には、私たちは「ニューサイエンス」「ポストノーマルサイエンス」と呼ぶ科学的基礎から取り組んでいた。ＢＳＥの話で触れたものだ。昆虫食の分野にいるあらゆる応用科学者と基礎科学者に、その論文を調べてみるように言いたい。結論を言えば、基礎科学的な視点（質の高いエビデンスを得ること）からも応用科学的な視点（そのエビデンスを世界を何らかの形に改善するために使うこと）からも、査読グループは、ある問題について経験と情報を持つ幅広い人々、また、その情報に基づく行動に影響を受ける人々を含めるように拡大される必要がある。保全あるいは管理される地域に住む人々が、適応計画の策定、実行、評価に完全に参加するという手法は、相互に影響する多数の目標を達成するのに効果的であることが、実績として記録されている。このような目標には現在、保健と栄養、生態学的復元力と生物多様性の保全、倫理、福祉などが含まれる。人間の福祉を改善しようとしたこれまでの試みの、功罪入り混じった遺産を基礎に、経済的政治的安定、民族と性の平等、そしてヒト・動物・生態系の健康を統合する最近の試みが提起するさらに難しい問題を、私たちは付け加えることができる。このような統合的なアプローチには、エコヘルス、ワンヘルス、レジリエンスなどがある。

近年、アムステルダム大学の人類学者エミリー・イェーツ=ドーアは、特に昆虫食関連研究がどのように組み立てられ、その結果が普及されるかについて、このような多くの問題を提起した。彼女の二〇一五年の論文 "The World in a Box? Food Security, Edible Insects, and 'One World, One Health' Collaboration"（「箱の中の世界？　食料安全保障と食用昆虫と『一つの世界、一つの健康』の提携」）で、実験科学者の問題の考え方（直線的で、ひとまとめにでき、再現可能で、世界中どこへでも輸送できる）と、複雑で地域的・歴史的・文化的かつエコソーシャルな力関係からの食習慣と嗜好の表れ方との緊張を検討した。四半世紀にわたって食物媒介および水媒介性の疾患を教えてきたなかで、私は毎年、人間は栄養のためだけに食べるのではないと繰り返す必要を感じていた。われわれがある食品を特定の方法で調理して食べるのは、歴史の気まぐれからであり、楽しみのためであり、アイデンティティの源としてなのだ。

イェーツ＝ドーアは論文をこう締めくくる。「科学者の研究結果が示すのは、何であれ、ある食料安全保障構想を成功させるためには、『一つの世界』あるいは一つの健康のあり方にとどまらず、複数のそれらを研究の枠組みに組み込まねばならないということだ。『世界』の食料供給に影響を与えるには、多様な世界に関心を向けることが必要なのだ[*115]」

一つの世界＝一つの健康＝エコヘルス界隈を思い出したくもないほど何度も回っている私は、イェーツ＝ドーアに同感の上、その枠組みの再構成を研究だけでなく人生にまで広げたいと思う。私たちが生きる世界の一体性は、「幾万幾億」もの多様な生物、人間、景観、文化の複雑な関係から生まれ、またそれがあるからこそ存在しうる。昆虫食者としての――そしてヒトとしての――私たちの課題は、多様性をはぐくみながら一体性に思いを巡らすことだ。

# 第19章 昆虫食はどこへ行く？——WE WERE TALKING

コオロギとこの男は
ダイヤモンドを持っているか？

## 昆虫食は人を規定するか

トロントからロンドンまでのフライトのあと、ヒースロー・エクスプレスと混んだ地下鉄を乗り継ぎ、リージェント・パーク近くの小さなホテルにたどり着いた私は、痛みと軽いむかつきを覚えていた。おおむね正午だった。私はアーキペラゴ・レストランに一時三〇分にランチの予約を入れていた。[*116] 昆虫を売りにした料理を含め、異国情緒あふれる選りすぐりのメニューで知られる店だ。明るい日差しの中で公園を一時間ほど散歩し、軽い虫料理を食べれば、おぼつかない足元もしっかりするんじゃないかという気がした。

アーキペラゴに入るのは、ちょっと一九世紀の骨董店に足を踏み入れるようだ。そこはクジャクの羽根、仏像、緑、赤、ピンク、茶色の木、ガラス、布、真鍮がコラージュになったインドネシアの木製操り人形ワヤン・ゴレでいっぱいだった。

予約の際に教えられた合言葉を告げると、私は窓際の席を勧められた。赤っぽい半透明の身体に灰色の頭、金色の巻き毛のガラスの仏像が食事相手だ。仏像は何も言わないが、雰囲気を楽しんでいるようだった。レストランにはもう一人いた。イングランドで考古学の研究をしている、こざっぱりした三〇代のアメリカ人だ。彼も虫料理を全部試していて、生まれ育ったミシガン州の小さな町でたぶんただ一人の、食べ物で冒険する人だという感じがした。昆虫料理は気に入ったかと私が尋ねると、大いに気に入ったと答えた。

私のランチは夏の夜《サマー・ナイツ》（フライパンで焼いたチャルモラソース味のコオロギ、キヌア、ホウレンソウ、ドライフルーツ）、愛虫《ラブ=バグ》サラダ（ベビーリーフにぴりっとしたカリカリのオリーブオイル揚げミールワーム、トウガラシ、レモングラス、ニンニクの皿を添えたもの）、ブッシュマンのキャビアもどき（カラメル・ミールワーム、ブリニ、ココナッツクリーム、ウオッカゼリー）、中世風蜂の巣《メディーバル・ハイブ》（焦がしバターアイスクリーム、蜂蜜とバターのカラメルソース、雄バチの子）、イナゴのチョコレートがけ（ホワイト、ミルク、ダーク）が、甘口の白ワインの小さなグラスと共に供された。昆虫は料理と一体化し、カリカリとした食感と微妙な風味を加えていた。

私は料理を運んできた男性と話をした。以前はシドニー・オペラハウスのイベント・オーガナイザーで、さらに最近はイギリスとヨーロッパを巡るツアーを案内していたオーストラリア人だった。自身も視野の広い世界旅行者である彼は、ここになじんでいた。このレストランを始めた南アフリカ出身の人物は、何か「エキゾチック」な肉——シマウマ、ワニ、ニシキヘビ——が第二の故郷に必要だと考えた。昆虫は最初からメニューにあった。だからアーキペラゴは「ニューウェーブ」の一部ではないのだ。

アーキペラゴのメニューには、私がよそで見たことのない昆虫ベースのスイーツがあり、蜂蜜、カラメル、ナッツ（ブッシュマンのキャビアもどきに入っていた）、チョコレートの歯ごたえやサクサクした食感と控えめな風味があいまって、私を驚かせ、喜ばせた。昆虫はたしかに入っていたが、あからさまではなかった。料理は、ル・フェスタン・ヌや内山さんの東京路上劇場に比べると、のんびりした気分で、ブリスベーンのパブリックにあった会話のきっかけになる流行や、シドニーのビリー・クォン・レストランのぱらぱらと散らした昆虫よりも折衷的で「普通」だった。

ランチのあと、私は二〇一五年の旅行で訪問しなかったレストランの一つについて考えた――コペンハーゲンのノーマ、レネ・レゼピ・シェフが厨房スタッフを飴と鞭で率い、ミシュランの二つ星と数度の「世界のベストレストラン」を獲得した店だ。前に述べたように、ノーマは昆虫食の推進者としても支持されている。その後、二〇一六年にピエール・デュシャンのドラマチックで啓発的な記録映画『ノーマ、世界を変える料理』を観たあとで、私はタイトルに隠れた意味をもう一度注意深く考えた。レゼピはたしかに昆虫をメニューに取り入れたが、昆虫食の推進はその行動方針に大きな部分を占めるものではない。「北欧料理」の普及を目指す者として、レゼピの使命は、北欧であれどこであれ地元の生態系の中にあって食べられる――そして美味な――動植物を料理人に見つけさせることだった。目的は、料理人と客の両方に、自分が生きている自然生態系を意識させることにあったのだ。[*117]

シドニーのビリー・クォンで経験したことの意味が、急にわかった。彼らはホットで「ロックスター」のような世界的シェフに従い、昆虫を強調せず、その土地で季節ごとに手に入る食材を重視していた。いずれも結構なことだが、昆虫料理を普及させようというのではない。これは、日本の串原で「きこり」のダイスケさんが言ったこととも共鳴する。それは地域の食べ物であり、なるほど、たしかにスズメバチを狩り、食べることもあるが、それが彼らが何者であるかを定義するわけではない。二〇一六年の一〇月、私はバンクーバーのシェフ、メール・ダールワラに、昆虫の再導入はどのように行なわれるのかを尋ねた。それは懸案となっており、今のところ進んでいないと、彼女は言った。それどころか、ダールワラは少し前に「食物の未来」会議で講演しており、そこでの演題は「昆虫、海草、培養肉」だった。つまり、混雑して資源問題を抱えた惑星で、食物の選択を生み出す多様な反応の一部としての昆虫だ。

未来の「西洋」料理における昆虫の役割を考えるとき、私が思い出すのは、三歳になる孫娘のことだ。目の前でエントモ社の袋をいくつか、テーブルの小さなボウルに空けると、一瞬も躊躇しなかった。ただむしゃむしゃと食べつくし、ボウルを傾けて最後のかけらまでさらってしまった。どれが気に入ったか聞くと、またも躊躇なく、ミールワームが好き、脚が歯に挟まらないからと言った。また、孫の一人がやはり三歳くらいのころ、クリスマスの靴下を掘り返してエントモ社のスナックの袋を二つ引っ張り出したときのことを、今でもはっきり思い出せる。彼の反応はどうだったかって？「コオロギ！　おいしい！　ミールワームだ！わーい！」

## 昆虫を食べる理由

いろいろ考え合わせた結果、昆虫が、地球上にせよ宇宙でにせよ、[*118] 人間の食餌にもっと中心的な地位を占めるかどうか、私はそれほど気にしていない。食通のあいだのホットで新しいトレンドとしての昆虫ブームを乗り越えるだろう。消費側ではパブリックやアーキペラゴのようなレストランが基準となり、生産側ではインセクト社からエントモ社、エンテラ社まで幅広い多様性がある。これから二、三〇年で、さらに数十億人が意図的に昆虫を食べるようになるだろう。

意図的にというのは、単にすでに食べているコーヒーやベーグル、レンズ豆や茶、バーガーやケチャップに混ざった昆虫の破片という形でなく、自ら選んで食べるようになるということだ。誰もが昆虫を食べるわけではないし、さまざまな食餌の一部としてときどき食べるだけの人もいるだろう。私は旅行の最中たまにエビを食べるが、海の近くにいるときだけで、大陸を越えて私の食卓までエビが旅してきたことはない。私にとってエビは、冒険して食べるものでもなければ、新しいものでも驚くようなものでも、気味の悪いものでも世界を救うものでもない――これらのレッテルはどれも昆虫食に貼られたものだ。自宅では、私はエビを食べない。わが家は海から遠く離れているし、妻はエビなど甲殻類にアレルギーを持っているのだ。昆虫を食べる人と食事や間食を共にするとき、私は昆虫を食べる。二一世紀が進むにつれて、昆虫を重要なタンパク源として、複雑な世界の多様な食餌の一部として、虚勢を張る手段として、昆虫を食べ続ける人がいるだろう。また、危機的な人々、たとえば難民キャンプ収容者の栄養を向上させるために昆虫が使われる状況もあるだろう。それでもやはり、つましい生活の手段として昆虫を食べる人々もいるだろう。

ある種の昆虫が、スーパーマーケットや食卓の選択肢として現れる見込みがあることを、私は喜ばしく思う。そのプロセスがどのように発生するのか、そしてそのプロセスをやり損なったときの予期せぬ結果のほうが私には心配だ。新しい昆虫食運動のもっとも熱心な指導者たちは、私たちが人間として自らを養う方法を再考し、私たちの行為が環境によい慣習に基づくように徹底するのを手助けしている。廃棄物をリサイクルし、魚粉とダイズを昆虫製品に置き換えて、農業食料システムの循環を閉じるために働いている者がいる一方、ある者はわれわれの農業食料慣行を一から考え直す方法を探している。
狩猟採集から農耕への歴史的な移行のあいだ、われわれの祖先は、現在われわれの食料システムにすっかり溶け込んでいる動物たち――ウシ、ブタ、ヒツジ、魚さえも――が忍び込むのを、ほとんど考えなしに受け入れた。このとき、最近の歴史で人類は初めて、手に入るかぎりの最善の情報をもとに、どのような動物と慣行が人口過密な世界で食料供給に役立つかについて、何らかの意識的な決定を下す可能性に直面した。もしこれを、単なる技術的問題として、またはわれわれの食べ物にもう一品付け加える手段として、あるいはエコロジカル・フットプリントを減らす手段としてでも考えるなら、私たちはこの一〇〇〇年に一度のチャンスを捉え損なってしまうだろう。

トレス海峡諸島民のケリー・アラベナは、政治史と生態史を超越・融合する視点から、われわれはすべて世界の先住民なのだと主張する。[*119] 私たちの想像力と身体の再生は、先住民族・地域住民の知識体系と、エコソーシャルな複雑さに関する西洋の学問の特徴である多彩な知識、経験、調査との豊かな混合物を利用して、この先住性の再発見によりもたらされるだろう。この観点では、再生は、私たちを作り支えてきた何百万という節足動物をディープエコロジー的に理解し再発見することによってもたらされるのだ。

これがつまり、新しい昆虫食運動に対する私の願いだ。新しい品目を皿の上に載せるだけでなく、昆虫の世界をもっと細かく見ることで、私たちは新しい形で世界を見て、自分自身を思い描くのだ。おそらく、食物としての昆虫の可能性を模索する中で、私たちは自分自身をより複雑に理解するようになるだろう。

私は、昆虫食が普通の献立になればいいと思う。多彩な人間の文化と、われわれが住む生態系の多様性に私たちの目を開かせ、それを共有する何万何億という他の動物たちに囲まれたわれわれのすみかを再構成し、この不可解で驚くほど神秘的な世界にわれわれが先住性を共有していることにいっせいに目を開かせるものとして、それを見たいのだ。

こんなにもすばらしい惑星に、時間の余裕はわずかだ。意欲ある昆虫食者への私からのアドバイスは、外に出て、達人から学ぶことだ。昆虫を食べる地域に住む人たち、注意深い人たち、商品の向こうにあるものを見る人たち、懸念を持つ人たちから。声を探そう。それに耳を傾けよう。文化を超えて物語を共有しよう。繰り返し繰り返し語ろう。普通を定義し直そう。まだ世界を変えることはできる。

第7部

# REVOLUTION 9
# 昆虫食の哲学

昔の小説、たぶんグレアム・グリーンかサマセット・モームあたりでは、仲良く食事かセックスをしたあと——その二つは結局のところよく似ており、ただ相手が違うだけだ——男か女は、あるいは二人とも、タバコかブランデー、あるいはその両方を嗜み、今しがたあったことの意味を考える。

19世紀からこちら、昆虫はヨーロッパ人に、ダーウィンのように、そのもっとも根本的な宗教的信念に対して疑問を抱かせてきた。われわれはコオロギとミールワームを食べて、人生の意味について語れるだろうか？　皿の上の昆虫は、長寿に役立つだけでなく、いかに豊かに生きるかを教えてくれるだろうか？

ジョン・レノンが言うように、天国はこの地上にあると想像してみよう。

# 第20章 昆虫と昆虫食と人生の意味——IMAGINE

「想像してみよう、天国などないんだと」

——ジョン・レノン

## 科学と神と昆虫食

「地獄のスローガン——食うか食われるか。

天国のスローガン——食い、そして食われる」

——W・H・オーデン *A Certain World: A Commonplace Book*

紀元前一〇〇〇年頃、中東で養蜂がすでに長い歴史を持ち、預言者が、ハチから略奪した甘味の補助としてトビバッタのタンパク質を食べていた時代、荒々しく、苛烈で、激しやすい吟遊詩人はこう告げた。「天は神の栄光を物語り、大空は御手の業を示す」（詩篇一九：一『新共同訳聖書』）。それは、神が後ろ盾にいると思い込んだ、血に飢えた戦士の空威張りだったのかもしれないが、ヨーロッパの多くの博物学者や自然哲学者がのちに同意していた感情でもある。たとえば一七三八年、フリードリッヒ・クリスティアン・レッサー――医師でドイツ自然科学者アカデミー会員――は、*Insecto-theology: Or a Demonstration of the Being and Perfections of God, from a Consideration of the Structure and Economy of Insects*（『昆虫神学：または昆虫の構造と経済の考察からの、神の存在と完全性の証明』）を出版した。

この同じ感情は今日、もっとも強硬な無神論者であるネオダーウィン主義者にさえ表れている。彼らは、昆虫の種の多様性は自然そのものの影響を反映すると公言している。一般論としては、自然を理解することでわれわれは、「汝自身を知る」べきであるという古代のデルフォイの箴言を追求するだけではなく、自分自身を何らかの形で社会的・道徳的に向上させているのだ。サミュエル・ジョンソン博士が、自分の伝記を書いたジェームズ・ボズウェルに向かって、その鼻を這っていた虫を救い出してから表明した有名な言葉のように。「人のようなちっぽけな生き物にとって、小さすぎるものなどない。小さなものを研究することによってこそ、われわれは、不幸をできるだけ小さく、幸福をできるだけ大きくする技術を獲得することができるのだ」

これはまったく結構なことのように聞こえるが、実際のところ日常生活にどのような意味があるのだろうか？　ヨーロッパの博物学者は、子どものころの私を指導した教師やキャンプカウンセラーのように、自然を、説明として、教訓として見ていた。彼らにとって、自然はそれ自体として理解され、評価されうるという考えは、芸術はそれ自体で価値を測られるという認識と同様、なじみのない概念だった。自然は道徳的教訓、食物、建築資材のほとんど尽きることがない貯蔵所だと考えられていた。自然は何かのためにならねばならないという考えは、二一世紀のものの見方に深く埋め込まれ、持続可能な開発に関する言説の多く、そしてもちろん『エコノミスト』（その強い環境保護姿勢はあまり知られていない）のような雑誌に行き渡っている。二一世紀の『昆虫神学』は、生物圏は水、食料、娯楽のような生態系サービスを提供するものと考えると、もっともよく理解できると断言する――それは、自然におけるおむつや手術着の洗濯サービスのようなもの、あるいは、比喩と哲学思想を作り出すオープンソースソフトウェアを提供するプラットフォームのようなものだ。

最近の昆虫食支持者も似たような議論をしている。昆虫食は、われわれのエコロジカル・フットプリントを小さくし、温室効果ガス放出量を減らし、持続的に健康な食べ方をし、環境に優しい社会を作る手段だと知らされている。ある程度、これは有望で興味深く、時には刺激的だと私は思う。だがもっと深層では、私は心配している。ノーベル賞科学者、ジョシュア・レーダーバーグは、*Haldane's Daedalus Revisited*（『ホールデンのダイダロス再考』）の序文でこのように述べている。「何よりも科学は、義務論を失っている。なぜ人は科学でもそれ以外の何かでも関心を持つべきなのかという問いに、科学は答えられない[*120]」

昆虫食者はこうほのめかす。われわれは持続可能な生活様式を作り上げたいはずだ、なぜならわれわれはそれに関心があるからだ。私も同意するが、なぜ同意するのかと自問する。関心は、すでに述べたように、昆虫の苦しみに対する倫理に基づいた反応の根本だ。だが、そもそも、なぜわれわれは世界に関心を持つべきなのかという問いに科学が答えを出せないなら、なぜ関心を持つべきなのかという理由をどこから探し始めたらいいのか？　昆虫食者が、ダニエラ・マーティンの言葉を借りれば「地球を救う最後の大きな望み」であるなら、なぜ私は関心を持たなければならないのか？　私たちが殺し合い、景観を破壊し、生物種を絶滅に追いやっても、誰が関心を持つだろうか？　この惑星はいつか――数十億年後か明日には――消滅するのだ。だからここを捨ててとっとと出ていけばいい。なぜ関心を持つのか？

進化生物学者には、われわれには何となく互いによいことをすべきだという常識的な認識があると言う者がいる。だがもう一度問う。なぜ？　そうすることで誰よりも多く繁殖し、進化競争に勝てるからか？　そんなことはわかっているし、すでにやっている。私たちの中には繁殖年齢を過ぎてからそこに到達し、安心と幸福を感じている者もいる。

自然は有用――ここでは説明として有用――だという例の態度の要素は、J・B・S・ホールデンに関する（たぶん偽りの）逸話の中にある。J・B・S・ホールデンは、その話によれば、あるとき神学者に囲まれていた。被造物を調べることで創造主の性質をどう推論することができるかと問われて、ホールデンはこのように答えたとされる。「並はずれた甲虫好き」

ホールデンの精神に従えば、甲虫を食べることについて本を書く理由の一つは、創造主とされるものの意志を理解することであり、それから一部のナチュラリストにとって聖餐、過越の祭り、イド・アル＝フィトル〔訳註：ラマダーンの終わりを祝うイスラム教の祝日〕のような、彼を食べる（あるいは、比喩の好みによって彼女でも、性別のないすべてを含む大いなる存在でも）共同の祝宴でもある。

私はここで、あえて何かをやろうとしているが、昆虫食を、生命の多様性と乱雑な関係性の進化を通じた物語の流れとして考えるにあたり、「いかにして」が常に「なぜ」と混同されるデカルト学派の研究室に引きこもろうとするのは、臆病者か心の狭い人間だけだ。ある時点で、五歳児がしつこく繰り返す「どうして？」への答え――DNAのせいだよ、重力のせいだよ、フェロモンのせいだよ――は空々しく聞こえ始め、こう言うしかなくなる。どうしてって、そうだから！　これはもちろん、何かが欠けていると認めることだ――

それが知性か、勇気か、想像力か、私はまだ確信が持てないが。
複雑に入り組んだ世界をこうして探索してきた今、甲虫を並はずれて愛好する万物の創造者という話題について、何が言えるだろうか？　物質的構造と機構、進化、昆虫食についてあれこれ考えたあと、意味について語るのは、ドーキンス主義者が「聡明《ブライト》」を自称する傲慢さと同じように、ひどく厚かましく思われないだろうか？　たぶん思われるだろう。私はそれを末期の虚勢と呼ぶ。カナダの小説家マーガレット・ローレンスが言うように、私たちは年を取るほどラディカルで大胆になり、現代社会を大きくむしばむ知的な臆病さに対しては不寛容になるべきなのだと、私は信じている。
「この方程式に生命を吹き込み、この方程式で記述される宇宙をつくるのは何だろうか？」と、物理学者のスティーブン・ホーキングは著書『ホーキング、宇宙を語る：ビッグバンからブラックホールまで』の中で問う。「科学が数学的モデルの構築に用いる普通のやり方では、そのモデルで記述しようとする宇宙がいったいなぜ存在しているのかという疑問には答えようがない。宇宙はなぜ、存在するという面倒なことをするのか？」。ホーキングは次のように結論する。「もしわれわれが完全な理論を発見すれば、その原理の大筋は少数の科学者だけでなく、あらゆる人にもやがて理解可能となるはずだ。そのときには、われわれすべて──哲学者も、科学者も、ただの人たちも──が、われわれと宇宙が存在しているのはなぜか、という問題の議論に参加できるようになるだろう。もしそれに対する答が見いだせれば、それは人間の理性の究極的な勝利となるだろう──なぜならそのとき、神の心をわれわれは知るのだから」[*121]（林一訳）
何十年にもわたる物理学者としての思考の制約を受けたホーキングの誤りは、理論が生命をもたらすと期待していることだが、それこそが問題なのではないだろうか？　現実が言葉を超えたところにあるように、生命は理論を超えたところにある。重力、クァークとクォークのあいだの空間、恒星、惑星、ブラックホールの神秘的な力背後に生命を想像することは、予測を導く理論的構成概念の役に立たない。問題は、どのようにわれわれが、何万という他の動物の中で、自分たちを珍しい存在として理解することができるかだ。あるいは、たぶんより正確には、たとえば進化理論家のリン・マーギュリスのようにわれわれが細菌から進化し、それどころか協力しあう細菌の複雑な共同体なのだと言う人たちによれば、私たちは数兆の別の、より小さな生物で構成された一つの動物なのだ。

## 困難な言語化

人生で大切なことの多くがそうだが、実は私たちは、このことについて語る適当な言葉を持たない。前述の『ホールデンのダイダロス再考』の同じ序文でレーダーバーグは、生物学は「すでにきわめて事実負荷的なので、論理学と言語学の進歩が、個別事項の統合を容易にするのを待っていて身動きが取れなくなる危険がある」と断言している。そして、アルベルト・アインシュタインの名言にあるように、「問題を作り出したときに使ったのと同種の思考を使って、問題を解決することはできない」のだ。しかし私たちの言語にはすべて、知的制約、社会的重荷、偏見と共に、それが発生した文化を見えなくするものといった「同種の思考」がつきまとう。

するとある程度、この意味の探究は言語の探索だ。ある者は英語、広く使われている、絶えず混交を重ねてきた小さな島の言葉を、有望なものとして提案してきた。またある者は別の、宗教的あるいは政治的に重要な言語、おそらくはラテン語、あるいはアラビア語、中国語、ロシア語を考えているかもしれない。初期のデカルト学派は、普遍的に理解できるエスペラントのような言語を、科学が与えてくれるのではないかと夢想した。またある者は、数学を共通言語として提案した。これは数学者や物理学者にとっては好都合だ。だが、そのうちの一つとして、「哲学者、科学者、普通の人々がなぜという疑問についての討論に参加できる」ようにしてくれる言語というホーキングの夢を実現しない。

旧来の言語はよく略称を使う。それはしばしば物語と結びつき、それぞれ出発点として（そして多くの場合、終点として）枷《かせ》になる。そうしたものが何百とある。なじみ深いものにはゴッド、アッラー、ヤハウェ、ブラフマー、アフラ・マズダなどが含まれるだろう。またあるものは、名前の文化的根深さを回避して、特質に注目させることを意図している。光、善、愛、火、力などがそれだ。こうした名称はすべて、言葉の背後にあるもの、目に見えない枷を認識することを切望している。それどころか、私たちはみな、自分たちの使う言葉はそれが指し示すものではないことを、不断に思い出す必要がある。名前は意志を伝えるための簡略な手段であり、それは人間として、私たちが受け入れる必要のあることだ。すべての言語は隠喩的であり、私は個人的に、それを喜ばしく思う。問題が持ち上がるのは、学術書の著者が、その中立的記述とされているものを縛る文化的制限を知らずに、断定的な主張をするときだ。

ダーウィンは、ある種の寄生バチの行動を、ビクトリア朝式の神への信仰を捨てる理由として見た。一八六〇年にアメリカの博物学者エイサ・グレイに宛てた手紙で、ダーウィンはこのように書いている。「私は、われわれ双方の設計と恩恵の証拠を、余人のように素直に見ることが、そうしたいとは思いながらもできないことを告白いたします。世界にはあまりに悲惨なことがあふれているように思われます。ヒメバチ科が生きたイモムシを体内から食べるという明確な意図を持つように、あるいはネコがネズミをもてあそぶように、恵み深い全能の神が意図的に創造されたとは自分を納得させることができません」。ダーウィンが捨てた「神」は――ホーキングの「神の心」を理解しようという願望のように――神一般のことではない。ダーウィンが拒絶したのは、ある特定の種類の神、政治的・経済的に有力な家長や王や実業家からは明らかな彼らの味方として、自称物知りや革命家気取りからは格好の標的として人気がある気難しい老人だ。ホーキングの話にあるのは、また別のものだ。だがそれは何か?

ハーバード大学の古生物学者で、われわれおよびわれわれの科学をその内に生んだ、自然と文化の複雑さを鋭く観察していた、スティーブン・ジェイ・グールドは、寄生バチが提起する道徳上の難問らしきものについて、われわれは「自分自身の文化的英雄譚の神話構造に捕らわれて、戦いと征服のメタファー以外に言語を使うことが、基礎的な記述においてさえ、まったくできないようだ。われわれは博物学のこの一角を、物語としてしか伝えられない。その物語は、ぞっとするような恐怖と魅力というテーマを両立させ、たいていイモムシへの同情よりヒメバチの有能さへの賞賛で終わるのだ」と述べた。[*122]

この中心にはすさまじい矛盾がある。一方で、自分自身を少なくとも合理的で時には理性的だと考える私たち人間は、自我を持った進化であり、自分がいかに生まれたかを突然理解したのだ。その一方で、知っての通り、実際のところ私たちがここにいるのは、自然および人為的な選択圧や、彗星の衝突から地震、水質汚染、草原の砂漠化までさまざまな災害と影響しあう、ランダムな突然変異のプロセスによってである。このプロセスの結果で唯一問題となるのは、自分の子孫が繁殖できるまで生きられることだ。今ここにいるわれわれ――化学物質と微生物と虫を詰めた水袋、脳を持った悩めるキュウリ――は、理解したと言うが、私たちを生み出したまさにそのプロセスは、そのような理解の根拠があると信じる理由を与えてはくれない。私たちが持っているであろうどんなあやふやな自信も、試行錯誤、物語の共有、構造化された実験、観察、数学的モデル、不断の競争から生まれ、それらは世界には少なくとも悪意や詐術はないという、確証のない信念の下にある。こう言ってはなんだが、これは信仰——望むものの存在を強く信じること——を別の言葉で言い換えたものだ。

## 生命の未来を考える

二〇世紀の前半、科学者、古生物学者、地質学者にしてイエズス会司祭のピエール・テイヤール・ド・シャルダンは *The Phenomenon of Man*（古くさい家父長制的な言葉はさておき）という本を著し〔訳註：英題では「人間」の意味でマンという単語が使われていることを言っている。邦題『現象としての人間』〕、イギリスの進化生物学者サー・ジュリアン・ハクスリーが序文をつけた。われわれの身体感覚を通じて知覚される現実世界へのダーウィンの博物学的視点に、テイヤールは、古生物学と進化生物学の証拠をもとにした、内部の複雑性と人間性の発生の物語を加えた。テイヤールは、現在われわれが精神と、そして人間社会の創造性と呼ぶものに取り組もうとしていた。テイヤールのデータ解釈は、宗教と科学両方の権威を脅かした。カトリック教会はテイヤールの存命中に本の出版を許さず、ピーター・メダワー、スティーブン・ローズ、リチャード・ドーキンスのようなイギリスの科学的教義の守護者は、テイヤールをはったり屋、できの悪い詩的科学とインチキの供給元と呼んだ。

『現象としての人間』の序文で、ハクスリーはこう述べている。「われわれは、あらゆる物質系における潜在精神の存在を、人間的局面から生物学的局面への逆外挿によって推論しなければならない」。イヌが苦痛を感じることができるとかゾウが感情を示すかもしれないとか想像するのは馬鹿げており、そんなものははっきりと観察されようとも擬人化であると考えるような伝統の中に現れたこの発言は、力強い主張だった。現在ではもちろん、われわれが世界として見ているものは観測者と被観測者の双方による作用であること、われわれが他の動物の中に意識、感情、苦しみ、文化として考えるものは単なる擬人化ではないことに、理性的な学者の大半が同意している。それどころか、近年行なわれている、昆虫における初歩的な意識と苦しみの可能性の調査は、物質世界と経験世界をまとめようという初期のテイヤールの試みと一致している。[*123] 聖職者だったテイヤールは、「宗教と科学——それは……認識という二つで一対をなす完全な行為の別々の面もしくは相である」（美田稔訳）と述べた。

二〇世紀の偉大な哲学者にして作家のアーサー・ケストラーは、この主題について、複雑性理論とシステム理論に基づいた非宗教的な立場を取った。その著書『機械の中の幽霊』と『ホロン革命』でケストラーは、私たちが考えることができるもの——原子から節足動物、エコソーシャルな人間社会に至るまで——はすべて、二面性を持つホロンによって記述できると主張した。ホロンとは、より小さな要素からなる全体でありながら、同時により大きなものの部分でもあるものだ。ホロンとして見ると、私たちは細胞（おそらくもともとは単細胞生物であったもの）でできた個体であり、また植物、動物、土壌、社会的共同体を含むエコソーシャルなシステムの成員でもある。

トマス・ハクスリーの一八九三年の著作『進化と倫理』が中国語に翻訳された際、evolution の訳語（天演）

に使われた漢字は「天の行ない」と解釈できる。実体が明らかになりつつある世界について語るのに、これ以上のものがあるだろうか？　これはジョン・レノンの「イマジン」の言い換えだ。進化の記録は、世界は複雑さを増していて、その中への私たちの出現は、重力によって、強い核力と弱い核力によって結合され、曲げられ、リギアーの愛やウィルソンのバイオフィリアのようなものに至るという証拠を示している。テイヤールの言葉では「世界を完成させるために、世界の構成分子たちは愛の力に駆られながら相互に求め合っている」。

証拠についてこのように考えると、われわれがなぜ、科学だけでなく、地球上の生命の進化についても関心を持つべきなのか、考えられる理由の説明がつく。方程式を可能にする生命は、宇宙の始まりであり終わりでもある。進化が始まるところであり、その最終的到達点だ。それに加えて、生命は私たちの中にあり、私たちは生命の中にあるので、「われわれは、あなたと私は一体であり、共に苦しみ、共にあり、永遠に命を与えあうのだから」。意識は進化の過程の一部として発生したので、生命は創造の過程にある。この生命の炎は世界のあらゆるものの中にあるので、私たちはみな、未来の世界を創り出すのに参加しているのだ。

人間の難問にこのような枠組みを与えることは、ジョン・レノンの「想像してみよう、天国なんかないんだと」という美しいが単純な断定よりも、オーデンのビジョン（この章の冒頭に掲げている）に近い。この生態学を土台とする理解は、ミケランジェロが描きダーウィンが否定した実在しそうにない気難しげな老人とも、レノンが拒否した天国とも簡単には両立しそうにない。もっともミケランジェロの老家長のイメージは、存在する唯一のものではない――そしておそらく、科学的にも神学的にも一番面白みのないものだ。

紀元前五世紀の原子論者は、原子が散らばり異なる組成に再構成される多重宇宙論の空間モデルを想像した。二、三世紀後、ストア派は、消えては再構成されるつかの間の宇宙を想像した。一五世紀にはニコラウス・クザーヌスが、宇宙に中心はないと宣言した。宇宙のすべては常に動いている。このため、自分がどこにいても中心は自分自身であり、他のすべてがまわりを動いているのだ。宇宙は無限に近く、無限である神よりほんの少し小さいだけだと、クザーヌスは主張した。一世紀ののち、ジョルダーノ・ブルーノは何たることか、宇宙と創造主は共に無限だという結論を下した。これはジャイナ教のヨーロッパ版だ。そのちょっとした「何たること」の違いが教会の長老たちに目をつけられた。その違いこそが、クザーヌスが枢機卿になり、ブルーノは火刑に処せられるという結果を生んだ。思想間の小さな違いの自己愛が、昆虫の種間の違いと同じくらいに、重大な成り行きとなることがあるのだ。こうした議論に聞き覚えがあるとすれば、それは実際そうだからだ。「神」の部分を除けば、現代物理学の文献は時間、空間、無限に関する論争と、それらをどうまとめるかで沸き返っている。私の知る限りでは、決定的な実験やモデルは見えていない。

『ニュー・サイエンティスト』誌二〇一五年一二月年末特別号で、ウェズリアン大学宗教学教授メアリー＝ジェーン・ルーベンスタインはこのように述べている。「人が取り立てて神に似ていないとすれば、神も取り立てて人に似ているということもない。神は空にいる威厳ある老人の姿をしていない。それは宇宙のような姿をしているのだ」。ルーベンスタインは、クザーヌスやブルーノのような形の汎神論を「無神論よりもさらに大きな神学上の脅威である。まさにそれは、神であることの意味を変えるからだ。世界を超越した人類の創造者ではない、世界の内にある創造の力に」とみなし、こう付け加えている。このような思想はわれわれに「創造、力、再生、庇護のような神にまつわる語が意味するものを再考」させるだろう。「現代の宇宙論が私たちに、宗教を捨てるのでなく、それが人生に何をもたらすか、聖なるものとは何か、われわれはどこから来たのか——そしてどこへ行くのか——について考え方を変えるように求めることは、ありうるのだろうか？」

　昆虫食は私たちに、同じ疑問を持つように要求する。これは単に、より持続可能な食料源や、昆虫から「学ぶ」ことあるいは昆虫が提供するサービスに感謝することではない。私たちが昆虫から「学ぶ」ことを要求する人たちの多くは、教師になる資格のある昆虫について選り好みが激しい。たとえば協力を促進しようとしているときにはミツバチ、勤勉や技術的業績について学びたいときにはアリ。サシガメやヒメバチは？そうでもない。節足動物の進化と、私たちが生態学的に複雑な惑星の真ん中に出現したことを考えると、どのように自然から「学ぶ」ことができるのか、私にはよくわからない。普通、この学ぶという意味は、自分たちがあらかじめ持っている信条を、選び抜いた種に当てはめることだ。私たちは自然の中にあり、私たちは自然であり、私たちが学ぶことは生きるための基礎であり、生きる世界であり、自分の身体を構成する数兆の細胞を意識するときに学ぶことと違いがない。ある者は進化を見て、分子、生物、群れのあいだの競争を見いだす。想像の望遠鏡の目でズームインとズームアウトを何度か繰り返せば、それがすべてわかる。だが、それ以上に驚くのが、私たちが見ているのは、自分たちが、分子と生物と景観が重層的にもつれ合うように進化している世界の一構成要素であるということだ。私たちは内なる自然であるので、より大きなパターンと物語が——マンデルブロ・フラクタルのように[*124]——私たちの中に埋め込まれている。私たちは自分が住む宇宙によって創られ、絶えずそれを創り替えているのだ。

　ティム・フラナリーが言うように、私たちがその中を生きている遺産は協同的である。何者も、他者との関係の中にしか存在しないのだ。大英帝国の優越感と人種主義、父権主義的メンタリティに根ざす一九世紀の博物学者が、苦しみと競争、死の前に繁殖するための戦い、創造力の深遠さまたは欠如として見ていたものに私が見る世界は、人間が生きるために他者の命を、直接食べるにせよ餌を奪ったりすみかの所有権を主張したりするにせよ、取ることを必要とする世界だ。生命が存在する余地を彼らが見なかったところで、私は創発的現実の中に生きている。それは自分がその中で進化し、その形成にしばらくのあいだ手を貸し、いつか帰っていく場所だ。私の義務は、なるべく害をおよぼさないように控えめに食べることだが、同時に、結果的にはアリやシロアリやヒメバチのように、自分を創発的な生物圏の共同体に戻して、他の者たちが食べ、生きられるようにすることでもある。昆虫食は、私にとって、聖餐のナチュラリスト版だ。自分が今食べているものが、いつか自分を食べることを祝福する一手段なのだ。

## サンクチュアリーを目指して

私が甲虫から――すべての昆虫から――そしてその協同の遺産（それは私たちの中に、私たちのＤＮＡの中に存在し、また私たちが存在する世界である）から理解したのは、不変の宇宙を創造した力には顔がないことだ。創造力は個々のもの（原子、細菌、植物、昆虫、哺乳類、人間）にあるのではない。重力が宿る粒子や、心が住まう臓器（ルネ・デカルトは松果体だと信じた）、あるいは人間の気分に影響する腸内細菌を探すことは、物事の意味という問題に関しては、的はずれだ。

われわれのあいだにあるダイナミックで緊張した、発展途中の関係と対話の中に、力と生命は宿る。ディラン・トマスの比類なき詩にある「緑の導火線を伝い花を咲かせる力」は、数兆というさざ波で、われわれがレンズとして多様な色を感じる連立像眼の中にあって、さまざまな声を持ち、型通りの発言によってではなく、磁気、重力、化学分子、光の粒子と波動の言葉で話す会話の中に現れる。この会話はオーロラのように見え、バイオフィリアのように感じられ、巣蜜のような味がする。そしてわれわれに食べることを求めながら食べられる栄誉を与え、未知の終点まで――それは恒久的な終点ではなく、ある一点まで収縮すると膨張して新たな宇宙となるのかもしれない――創造が続くようにする。

このように理解すると、私はうれしくなった。暗く断片的に思われることの多い宇宙で、それは私たちに、祝福し、深く考えることのできるものを――われわれは何者になれるか、それはなぜかというビジョンを、私たちに互いと地球に関心を持たせるモチベーションとなる力と共に――与えてくれる。原子核物理学者のレオ・シラードは、楽天主義者とは未来が不確かだと信じる人のことだと言った。その意味では私も楽天主義者だ。これからの世界がどのようなものになるかを決める発言権を、私たちは持っている。私にとってそれは、日々の大きなモチベーションだ。私たちが望む天国のような世界を創造する――あるいは、ガンジーの言葉のように、私たちが求める「変化になる」――協同的遺産を土台とした。

それでは、短い人生の中で私たちは、生物圏の中の共同体における個人として、どのように最善の集団的自己をはぐくむことができるのだろうか？　ジェフリー・ロックウッドは、一九世紀アメリカにおける壊滅的な蝗害の起源と消滅に関する自分の研究に考えを巡らせながら、こう言った。「ロッキートビバッタ〔訳註：二〇世紀初頭に北アメリカで大規模な蝗害を起こしたのち絶滅。一三九ページ参照〕にとって、山がちな西部の肥沃な谷は、理想的なサンクチュアリー、必要なものがいつでも見つかり逆境を乗り切ることができる生息地だ。人間にもそんな場所がある。聖なる森、巨石、木々に囲まれた大聖堂に加え、教会、モスク、寺院、シナゴーグなどだ。こうした聖なる場所は地表の一〇〇万分の一にも満たないが、毎年世界人口の四分の三を収容し、われわれの幸福に欠かせないものだ」

昆虫食に関して採集と養殖の選択肢を検討するとき、私はこのことを考える。私にとって教会、モスク、シナゴーグをサンクチュアリーにするのは落ち着かない。それらは簡単に軍事要塞に転用でき、不安に満ちているからだ。だがそれは私のこだわりかもしれないし、あるいはいかなるサンクチュアリーであっても、環境保護区であっても、誤った戦争において地域の民兵の基地になりうるという一般的な注意事項なのかもしれない。私にとっては、創造の情熱はどこにでもあり、物や建物の中ではなくそれらの関係性のあいだに存在するという、よく言われ、たいてい忘れられている考えのほうがなじみ深い。私のサンクチュアリーは、広い水面を見渡し、虫の小さな群れがほんの数十センチ先をふわふわと取り囲んでいるが、沖へ向かって吹く風のおかげで、それが私にたかって刺すことがないところだ。

昆虫を食べ物として考えるにあたって、昆虫も自分たち自身も共に尊重され、関心を持たれるサンクチュアリーを私たちが創り、育て、守ることを私は願っている。私たちが友人や仲間と、食べたことのない食べ物を楽しめることを、そして互いの、敵への、私たちを生み、私たちが共に創造している惑星への関心を臆せず表明する未知が見つかることを願っている。

# 訳者あとがき

五年前『排泄物と文明』で、私たちが身体から出すものにあらゆる角度から光を当てたデイビッド・ウォルトナー゠テーブズが、今度は私たちが口に入れるものを持ってやってきた。人によってはそれは、排泄物以上に抵抗がある話かもしれない。なにしろそれは虫なのだ。

昆虫食は、ここ数年さまざまな形で注目されている。あるときはちょっと変わったニューウェーブとしてテレビや雑誌で取り上げられ、またあるときは環境に優しい次世代の食料源として喧伝される。牛や豚は飼育に多量の水を使い、一キロの肉の生産に数倍の飼料が必要で、廃棄物と温暖化ガスも大量発生させる。一方で昆虫は効率よく持続可能で環境に優しい動物性タンパク源だ。

多くの昆虫食の本は、昆虫食の支持者が、こんな虫が食べられる、こんな料理がおいしい、昆虫食にはこんないいことがある（環境に優しいとか健康にいいとか）と勧めている。それは当然だし、有意義だ。けれど本書の著者は、少なくとも執筆を開始した時点では、昆虫を食べる習慣があったわけでも昆虫食の普及に使命感を持っていたわけでもない。その立場は、昆虫食に（興味はあれど）踏み込めない私たちと同じだ。その意味で本書は、昆虫食を考える本として異色の存在と言えるかもしれない。

好奇心と嫌悪感と懐疑と思索のあいだで揺れながら、著者は昆虫と昆虫に関わる人を求めて世界を飛び回る。あるときはパリやシドニーのレストランで洒落た昆虫料理を注文する。あるときはラオスの地元住民向けの市場で食材を買う。日本の山や河川敷を駆けスズメバチやバッタを追いかける。ヨーロッパや北米の昆虫養殖場で重役たちにインタビューする。昆虫と昆虫食の進化史、生態学、歴史、文化について学術論文、国際機関の報告書からベストセラーまで、多彩な文献を猟渉する。ジャーナリスティックな行動力と科学者・獣医師としての学識と洞察、作家としての感性は、前作の排泄物同様、昆虫と昆虫食を今までにない多彩な視点から描いている。

訳者として私が注目したのは第6部の昆虫食と倫理の章だ。えっ？　そんなことまで考えなきゃいけないの？　おいしく食べられればそれでいいんじゃないの？

しかし、農業、畜産、食料を取り巻く現代の諸問題は、倫理を無視して解決することはできない。とすれば問題解決のために昆虫食を導入するにあたって倫理を検討しないなら、それはいずれ新たな問題を生むことになるかもしれない。その意味でこの章は、本書の最大の特色と言っても過言ではないかもしれない。

個人的な話をすれば、私にはあまり昆虫食の経験はない。本書に関わる以前に食べたことのあるものは、イナゴの佃煮くらいで、正直なところあまり好みではなかった。忌避感はないのだが、イナゴに限らずエビでもカニでも甘辛く味付けしたものは、くどすぎるように思うのだ。

本書で触れている東京の講演会には、私も参加した。講演の合間に回ってきたモロッコスパイス味のコオロギは、見た目は干からびたコオロギそのものだが、味は上々だった。これをつまみにビールがいくらでも呑めそうだ（といって、いくら呑んでもいいというものでもない）。たぶんそれ自体の味はごく淡泊なのだろう。実際、会場で買い求めた味の付いていないコオロギは、多少香ばしいものの味らしい味はなかった。昆虫食初心者としては取り付きやすかったが。

持続可能な動物性タンパク源としての昆虫食について、私は理論的な可能性は信じながらも、実現までの道のりは遠いと思っていた。気候変動で食料危機が起きたら、五〇年か一〇〇年後にはあるいは。だが、本書にある、寿司が周縁からグローバルな食べ物になったという指摘を見て、かなり考えが変わった。私が英語の勉強を始めた四十数年前の教材には、日本人が生で魚を食べることに驚くアメリカ人が描かれていた。それから十数年で、寿司や刺身は欧米でも珍しいものではなくなった。

なにかのきっかけで、短い期間に食習慣が大きく変わることもあるのだ。もしかすると数年か十数年後には、われわれは普通に昆虫を食べるようになっているかもしれないし、本書がそのきっかけの一部にでもなるとしたら、それは実にうれしいことだ。

末筆ではあるが、訳文に対して的確なアドバイスをくださった築地書館の黒田智美さんに、この場を借りて心から御礼を申し上げる。

# 写真クレジット

以下、すべて Wikimedia Commons より

P.14 Rhynchophorus ferrugineus/Luigi Barraco
P.27 Harvested Mopanes
P.56 Oecophylla smaragdina/Sean.hoyland
P.78 Meganeura monyi/Didier Descouens
P.87 Enlène, Grasshopper/HTO
P.103 CSIRO ScienceImage 218 Termite Mounds/CSIRO
P.139 Minnesota locusts/Jacoby's Art Gallery
P.167 Apis mellifera/Ivar Leidus
P.187 Rodolia cardinalis/gailhampshire
P.203 Insects food stall/Takoradee
P.224 Fried insects in Laos/Chaoborus
P.251 Chicatana comestible/Diana ponce navarrete
P.277 Albrecht Dürer-Adorazione dei Magi/Uffizi Gallery
P.293 Casu Marzu cheese/Shardan
P.308 Silk-worms/Magnus Lewan

ブン・ジェイ・グールドは、「なぜ」と「いかにして」という2種類の疑問を分別することを訴えている。グールドは、科学が教導するのにふさわしい疑問と、宗教が教導するのにふさわしい疑問があり、これらの教導権は独立した「重なり合うところのない」ものだと主張した。このため、こうした教導権の洞察を統合するためにどのように取り組むかという問題は未解決のままだ。

124. フラクタルについて詳しくは Benout Mandelbrot, *The Fractal Geometry of Nature*（New York: Times Books, 1982）B・マンデルブロ『フラクタル幾何学』上・下、広中平祐監訳、筑摩書房、2011年参照。

る。

106. 明らかに疫学者が計画した調査ではない。

107. *Defect Levels Handbook*. U.S. Food & Drug Administration (2016). http://www.fda.gov/Food/GuidanceRegulation/GuidanceDocuments/RegulatoryInformation/SanitationTransportation/ucm056174.htm

108. "Risk Profile Related to Production and Consumption of Insects as Food and Feed." *EFSA Journal*, 13 (October, 2016), 4257, doi:10.2903/j.efsa.2015.4257. https://www.efsa.europa.eu/en/efsajournal/pub/4257

109. O. Rousseau, "Industry Questions EU Insect Meat Food Law," *Meat Processing* (November 19, 2015). http://www.globalmeatnews.com/Safety-Legislation/Industry-questions-EU-insect-meat-food-law

110. 世界銀行はこの用語の使用を 2016 年にやめた。

111. これは昆虫だけでなく、世界的にほとんどの食料品輸入について当てはまる。

112. Waldbauer, 2009, *Fireflies, Honey, and Silk*, p 37. ワルドバウアー『虫と文明』。

113. "A Point of View: On Bees and Beings," *BBC News* (June 3, 2012). http://www.bbc.com/news/magazine-18279345

114. J. A. VanLeeuwen, D. Waltner-Toews, T. Abernathy, and B. Smit, "Evolving Models of Human Health Toward an Ecosystem Context," *Ecosystem Health* 5 (March, 1999): , pp. 204–219. この数字は拙著 *Ecosystem Sustainability and Health: a Practical Approach* でも検討している。

115. Yates-Doerr, 2015. "The World in a Box?"

116. http://www.archipelago-restaurant.co.uk

117. 2015 年 9 月、レゼピは、ノーマを 2016 年末に閉店し、季節感をより重視した都市農園として再開すると発表した。J. Gordinier, "Rene Redzepi Plans to Close Noma and Reopen It as an Urban Farm," *New York Times* (September 14, 2015). http://www.nytimes.com/2015/09/16/dining/noma-rene-redzepi-urban-farm.html?_r=0

118. Kanazawa et al., 2008. "Entomophagy: A Key to Space Agriculture." 昆虫はあまり場所を取らず、飼料が人間の食料と競合せず、カイコのように、衣服の材料を提供できさえする。適当な虫があれば、アンディ・ウィアー『火星の人』の主人公、マーク・ワトニーはもっと長く持ちこたえられただろう。あるいは搭乗員たちは昆虫を食べていたかもしれない。宇宙飛行士の食事がはっきりと表現されたという記憶はないが。

119. Arabena, 2009. "Indigenous to Universe."

## 第 7 部　REVOLUTION 9——昆虫食の哲学

120. Dronamraju, 1995. *Haldane's Daedalus Revisited*.

121. この捉え方がホールデンのものを反映していたことにホーキングが気づいていたかどうかはよくわからない。

122. Gould, 1983/1994. "Nonmoral Nature."

123. テイヤールより一世代後のスティー

式に同社の製品をニワトリ用飼料の原料として認めたことを発表した。

91. F. Tarannum. "Crickets the New Chicken? That's Chef Meeru Dhalwala's Mission." *The Tyee* (July 30, 2015). http://thetyee.ca/Culture/2015/07/30/Edible-Crickets/

92. ロシアのメノー派はピエロギをこう呼ぶ。

93. S. Killingsworth, "Tables for two: The black Ant." *The New Yorker* (August 24, 2015). http://www.newyorker.com/magazine/2015/08/24/tables-for-two-the-black-ant

94. J. De Graaff, "Dishing up Insects with Kylie Kwong," *Broadsheet* (May 1, 2013). http://www.broadsheet.com.au/melbourne/food-and-drink/article/dishing-insects-kylie-kwong-billy

95. J. Branco, "Entomophagy, a Pint of Science and the Men Who Want You to Eat Bugs." *Brisbane Times* (May 20, 2015). http://www.brisbanetimes.com.au/queensland/ento-mophagy-a-pint-of-science-and-the-men-who-want-you-to-eat-bugs-20150520-gh606x.html

**第6部　REVOLUTION 1——昆虫を食べるために考えること**

96. ノーベル賞をもたらしたシュバイツァーの「生命への畏敬」は、インドのジャイナ教の信仰に似ている。

97. Michael Ignatieff. *The needs of Strangers* (Toronto: Penguin, 1984), p.13. イグナティエフ, マイケル『ニーズ・オブ・ストレンジャーズ』添谷育志、金田耕一訳、風行社、1999年、P.24

98. Henry Regier, "Ecosystem Integrity in a Context of Ecostudies as Related to the Great Lakes Region," in *Perspectives on ecological integrity*, eds. L. Westra and J. Lemon (Dordrecht: Kluwer, 1995), pp. 88-101.

99. Lockwood, 1987. "The Moral Standing of Insects."

100. Barron et al., 2016. "What Insects Can Tell Us About the Origins of Consciousness."

101. "The Green Brain Project," http://greenbrain.group.shef. ac.uk/

102. K. Segedin, "The Unexpected Beauty of Bugs," *BBC* (May 1, 2015). http://www.bbc.com/earth/story/20150425-the-beautiful-bugs-of-earth-capture

103. "The Beautiful Bugs of Belize," *BBC* (March 16, 2015). http://www.bbc.com/earth/story/20150309-the-beautiful-bugs-of-belize

104. これは、マーク・ウィンストンの意見とも一致する。「われわれとミツバチとの関係で独特な点は、われわれがミツバチのサービスにきわめて依存していることだけはない。ミツバチの健康と生存が、その依存する環境をわれわれが良好に管理することにかかっていることにもある。われわれがミツバチと正式な契約を結ぶとすれば、その要旨は次のようなものになるだろう。ミツバチは人間に対し、蜂蜜、その他巣の生産物、受粉サービスを提供する。人間は、ミツバチが繁栄できる、有害な殺虫剤がなく多様な花の咲く植物に富む環境を維持する」。Winston, *Bee Time* 参照。

105. Rains et al., 2008. "Using Insect Suffering Devices for Detection." このテーマに関しては他にも論文があ

73. Cruz-Rodriguez et al., 2016. "Autonomous Biological Control."

74. 鞘翅目多食亜目テントウムシ科に分類される。

75. Lockwood, 2013. *Infested Mind*, p 171.

## 第5部　GOT TO GET YOU INTO MY LIFE――食料としての昆虫の可能性

76. Xu et al., 2013. "Insect Tea."

77. Cahill, 1995. *How the Irish Saved Civilization*, p. 217. カヒル『聖者と学僧の島』。

78. Horst and Webber, 1973. "Dilemmas in a General Theory of Planning." Brown et al., 2010 *Tackling Wicked Problem* も参照。

79. Flannery, 2010. *Here on Earth*, pp. 126-127.

80. SLAの名称は「symbiosis」に由来する。SLAの指導者ドナルド・デフリーズの定義によれば、これは「成員の最大の利益のために、深く愛のある調和と共同の中で生きる別個の人と生物からなる集団」である。すると、少なくとも抽象的な意味では、二つのSLAは似ているようだ。

81. http://www.aspirefg.com/

82. C. Matthews, "Bugs on the Menu in Ghana as Palm Weevil Protein Hits the Pan." *The Guardian* (January 3, 2016). https://www.theguardian.com/global-development/2016/jan/03/bugs-eat-insects-palm-weevils-ghana-protein

83. Kinyuru et al., 2013. "Nutrient Composition of Four Species of Winged Termites."

84. 日本人は名前のあとに「さん」という接尾語をつけることがある。これは男女の区別のない敬称で、おそらくミスターやミズに相当するが、もっと丁寧なものだ。この本では、私が話をした人たちや、その友人たちが一番よく使っていた名前や呼びかけを使っている。たとえばゆき子は、カナダで教育を受けており、書籍の国際取引業に従事していて、自分をファーストネームで呼んでほしいと言っていた。

85. ついでに私はコブミカンを見ることができた。その葉は家で料理に使ったことがあるが、実を見たことはなく、どんなものだろうと思っていたのだ。それはしわしわのライムのようで、小さなグァバに少し似ていて、石鹸やシャンプーなどの風呂用品を作るのに――炒め物やカレーのほかに――使われるらしい。

86. LAK=Lao kipは現地通貨だ。1000ラオスキップは約12米セントである。だから一回あたり10キロで8回収穫できれば、年に300米ドルと少し稼げることになる。多くはないが、ラオスでは暮らしていける。

87. http://www.theorganicprepper.ca/updated-prep-ping-for-an-ebola-lockdown-10022014

88. Tomberlin et al., 2015. "Protecting the Environment through Insect Farming."

89. http://www.enterrafeed.com/about/#history 参照。ウェブサイトでは触れられていないが、かつて地球を救う優れた畜肉の代替品として喧伝されていたダイズは、現在では南アメリカで森林破壊を進行させる主原因となっている。

90. 2016年7月20日、エンテラ社は、4年の試験と再検討を経て、CFIAが公

55. Quammen, 2003. *Monster of God*, p. 431.

56. 国際獣疫事務局は事情通からはOIEと呼ばれている。これは1924年にこの機関がOffice International des Epizootiesとしてパリで設立されたことの名残だ。

57. W. Grimes, "When Bugs Declared Total War on Wine," *New York Times* (March 26, 2005). http://www. nytimes. com/2005/03/26/books/when-bugs-declared-total- war-on-wine.html?_r=1

58. M. Gladwell, (July 2, 2001). "The Mosquito Killer," *Gladwell. com* (July 2, 2001). http://gladwell.com/the-mosquito-killer/

59. 病院で人工呼吸装置をつけた人の「プラグを引き抜く」〔訳註：装置を止めて安楽死させる〕のは「神のごとく振る舞う」ことだと言うことがある。実は、パヌルーが言うように、人間が「神のごとく振る舞う」のは「プラグを差し込む」ときなのだ。

60. たとえばO・J・シンプソン裁判など。もっと刺激的な詳しい話に興味のある読者は、エドワード・P・エバンズの*The Criminal Prosecution and Capital Punishment of Animals* (London: William Heinemann) を読むといいだろう。

61. こうした昆虫が媒介する感染症の複雑さを、私は*The Chickens Fight Back* (Vancouver: Greystone, 2007) で扱っている。

62. 食物連鎖中のヘプタクロルとアルディカーブについて詳しくは拙著*Food, Sex and Salmonella: Why Our Food is Making Us Sick* (Vancouver: Greystone, 2008) 参照。

63. "Bayer Agrees to Terminate All Uses of Aldicarb," United States Environmental Protection Agency (August 17, 2010). https://yosemite.epa.gov/opa/admpress.nsf/e51aa292bac25bob85257359003d925f/29f9dddede97cca8852577820059Open Document

64. http://www.aglogicchemical.com/about.html

65. A. Vowels, "Plan Bee," *The Portico* (September, 2015). https://www.uoguelph.ca/theportico/archive/2015/PorticoSum2015.pdf

## 第4部 BLACK FLY SINGING——昆虫の新たな概念を構築する

66. Holldobler and Wilson, 2009. *Superorganism: The Beauty, Elegance and Strangeness of Insect Societies*, p. 486.

67. "The Composer and Conductor Mr. Fung Liao," *Bolingo. org* (July 28, 2006). http://bolingo.org/cricket/mrfung.htm

68. *Cicada Invasion Survival Guide*. http://cicada- invasion.blogspot.ca/

69. L. Bridget, "Fleas Are for Lovers," *Ploughshares* (June 9, 2010). http://blog.pshares.org/index.php/fleas-are- for-lovers/

70. Raffles, 2010. *Insectopedia*, p. 343.

71. 実は、わかっている最後の*Patanga succincta*の大量発生は1908年にインドであったものだ。タイで引き起こされた被害は、したがって、むしろ「バッタのよう」だった。

72. Cerritos and Cano-Santana, 2008. "Harvesting Grasshoppers *Sphenarium purpurascens* in Mexico for Human Consumption."

論じたときにすでに述べた（http://www.bbc.com/news/science-environment-35061609）。

36. こうした課題、戦略、選択肢についてのより本格的な議論は、David Waltner-Toews, *Ecosystem Sustainability and Health*（Cambridge: Cambridge University Press, 2004）と David Waltner-Toews, James J. Kay, and Nina-Marie E. Lister, *The Ecosystem Approach*（New York: Columbia University Press, 2008）を参照。

37. Fernquest, J. "Eating insects: Sudden popularity." *Bangkok Post*（May 31, 2013）. http://www.bangkokpost.com/learning/learning-news/352836/eating-insects-sudden-popularity

## 第 2 部　YESTERDAY AND TODAY ——昆虫と現代世界の起源

38. 地球上のプレートが動くという考えは、20 世紀初めにアルフレッド・ウェグナーが初めて提唱した。これによりウェグナーは同業の科学者から馬鹿にされることとなった——その死後、1950 年代になってそれが正しいことが証明されるまで。

39. この昆虫の伝統にのっとり、私は歌を作曲して 1970 年のフォークフェスティバルで演奏した。その歌を捧げた美しく若い女性は、その後私との結婚を承諾した。それは因果関係ではなく相関関係なんだということはわかっている。でもね……。

40. Webster et al., 2014. "Selective Insectivory at Toro-Semliki Uganda."

41. W. Bostwick, "Boiled Alive: Turning Bees Into Mead," *Food Republic*（September 20, 2011）. http://www.foodrepublic.com/2011/09/20/boiled-alive-turning-bees-into-mead/

42. 本書で私はトンを、米トン（2000 ポンド）とメートルトン（1000 キログラム／ 2200 ポンド）の両方で使っている。昆虫と昆虫製品の生産量の数字は推定であり、しかも大部分は増加しているので、このくらいの違いは私がしている一般的な議論には影響しない。

43. Crittenden, 2011. "The importance of Honey Consumption in Human Evolution."

44. Flannery, 2010, Here on Earth: *A Natural History of the Planet*.

45. ラテン語で馬鹿という意味だが、すでにわかっていることだ。

46. リグノセルロース分解の難しさは、20 世紀のバイオ燃料業界が直面する大きな課題である。

47. http://michaelpollan.com/reviews/how-to-eat/

48. Berenbaum, 1994. *Bugs in the System*. ベーレンバウム『昆虫大全』。

49. www.unspunhoney.com.au 参照。

50. Winston, 2014. *Bee Time*, p. 222.

51. Rothenberg, 2013. *Bug Music: How Insects Gave Us Rhythm and Noise*, p. 8.

52. Dunn & Crutchfield, 2006. "Insects, Trees, and Climate."

53. Raffles, 2010. *Insectopedia*, p. 316.

## 第 3 部　I ONCE HAD A BUG ——人間はいかに昆虫を創造したか

54. 映画『アップルゲイツ』に見られるような、紋切り型をひっくり返した自己パロディ的ホラーでも、これは明らかだ。最初の本能的な反応があるからこそユーモアが成立するのだ。

## 第１部　MEET THE BEETLES!――昆虫食へようこそ

11. Yen, 2012. "Edible Insects and Management of Country."
12. Lockwood, 2011. "Ontology of Biological Groups."
13. この序列を暗記するために、よく次のような記憶法が使われる〔訳註：ただし英語の場合〕。Dear King Phillip Came Over From Great Spain（または For Great Sex、あるいは For Great Spaghetti、もしくは何かほかのＳで始まる単語）。
14. Cifuentes et al., 2014. "Preliminary Phylogenetic Analysis."
15. たとえば米国食品医薬品局の食品媒介性病原微生物と自然毒のハンドブックには『バッド・バグ・ブック』という題名がつけられている。http://www.fda.gov/Food/FoodborneIllnessContaminants/CausesOfIllnessBadBugBook/参照。
16. entomofarms.com
17. Bill Holm, *Boxelder Bug Variations: A Meditation on an Idea in Music and Language* (Minneapolis, MN: Milkweed Editions, 1985).
18. Durst et al., 2010. *Forest Insects as Food.*
19. Bukkens, 1992. "The Nutritional Value of Edible Insects."
20. Ramos-Elorduy et al., 2012. "Could Grasshoppers Be a Nutritive Meal?"
21. Payne et al., 2015. "Are Edible Insects More or Less 'Healthy' Than Commonly Consumed Meats?"
22. Cited in Durst et al., 2010. *Forest Insects as Food.*
23. Nowak et al., 2016. "Review of Food Composition Data for Edible Insects."
24. 南アフリカでは、モパネワームの内臓を抜くことを、「歯磨きのチューブを絞る」と表現している。
25. Payne et al., "nutrient Composition Data."
26. "How Eating Insects Could Help Climate Change," (December 11, 2005). http://www.bbc.com/news/science-environment-35061609
27. Pauletti et al., 2007.
28. 甲虫のように見えるがゴキブリの一種であり、シロアリと共にゴキブリ目に属する。
29. この活動を一歩進めて、2016年に17歳のカナダの学生ナターシャ・グリマードは、昆虫を添加した食品で難民キャンプの人々の栄養状況を改善することを提案し、文化的に適切な食品を作った。翌年、彼女はイノベーションに対する権威ある賞を国から贈られた。https://www.youtube.com/watch?v=ZCCytkR-YqE 参照。
30. "How Eating Insects Empowers Women," *Motherboard* (April 18, 2016). http://motherboard.vice.com/read/how-eating-insects-empowers-women
31. Lundy and Parella, "Not a Free Lunch."
32. コオロギのFCRを他の種と比較した報告については、昆虫養殖業者から強い異論が出ている。私が言いたいのは、利点は思われているほどはっきりはしていないということだ。
33. Bajzelj et al., "Importance of Food-Demand Management."
34. たとえば2006年に発表され、インターネット上で閲覧できるFAOの報告書 Livestock's Long Shadow 参照。
35. これについてはキチナーゼに関して

# 原註

この註の中で触れた著者と日付は文献目録に掲載してある。

## 序章　昆虫食に何ができる？——CRICKET TO RIDE

1. van Huis et al.
2. “brood” という言葉は子どものことで、ハチの場合は幼虫を意味する。ハチの幼虫は育てられている巣ごと食べることもあれば、巣から出して別に食べることもある。
3. Bugs in the system.（September. 16, 2014）. *The Economist*. Retrieved from http://www.economist.com/news/
4. ニワトリ、養殖魚など家畜用飼料に含まれている濃縮タンパク質の多くは魚粉である。これは、異常な産業システムによってペルー沖で乱獲されてすり潰されたカタクチイワシの婉曲表現だ。かつて環境に優しい肉の代替品として熱心に勧められ、飼料の濃縮タンパク質として使われたダイズは、現在ブラジルで熱帯雨林を皆伐して栽培されている。
5. 2015年まで、エントモ・ファームズはネクスト・ミレニアム・ファームズと呼ばれていて、私が訪問したときはこの名前だった。混乱を避けるため、本書ではエントモ社と呼ぶことにする。社名の変更は、北アメリカ文化における昆虫食の地位の変化を反映している。
6. この定義は Charles Doyle, *A Dictionary of Marketing*, 3rd ed.（Oxford: Oxford University Press, 2011）による。クリステンセン自身は、現在では破壊的技術（disruptive innovation）という用語を好んでいる。http://www.claytonchristensen.com/key-concepts/ 参照。
7. 昆虫の一般名を表記するにあたって、本書で私はアメリカ昆虫学会の勧告に従うようにしている。それによれば honey bee は2語で表記し、俗用にあるように honeybee と続けない。後者はジョン・スミスとすべきところをジョンスミスとするようなものだと、昆虫学会は言っている。詳しくは同学会の昆虫の一般名データベース http://entsoc.org/common-names 参照。
8. このよく引用されるホールデンの言葉は、本来は “life is not only queerer than we suppose, but queerer than we *can* suppose” である。この文脈で「奇妙な」という意味で “queer” を使っていることが、言語と文化の複雑性の変化を物語っている。
9. van Huis, 2014.
10. van Huis et al., 2013.

Quality Protein and Lipid." *Journal of Nutritional Science and Vitaminology* 56 (6): 446–448.

United States Food and Drug Administration. 1995. *Defect Levels Handbook*. Available from: http://www.fda.gov/food/guidanceregulation/uidancedocumentsregulatoryinformation/ucm056174.htm

van Huis, A. 2014. "The global impact of insects." Farewell address upon retiring as Professor of Tropical Entomology, Wageningen University, November 20. Available from: http://www.academia.edu/11840536/The_global_impact_of_insects

van Huis, Arnold, Henk van Gurp, and Marcel Dicke. 2014. *The Insect Cookbook: Food for a Sustainable Planet*. Translated by F. Takken- Kaminker and D. Blumenfeld-Schaap. New York: Columbia University Press.

van Huis, Arnold, Joost Van Itterbeeck, Harmke Klunder, Esther Mertens, Afton Halloran, Giulia Muir, and Paul Vantomme. 2013. *Edible Insects: Future Prospects for Food and Feed Security*. FAO Forestry Paper 171. Rome: Food and Agriculture Organization of the United Nations. Available from: http://www.fao.org/docrep/018/i3253e/i3253e00.htm

Waldbauer, Gilbert. 2003. *What Good Are Bugs? Insects in the Web of Life*. Cambridge, MA: Harvard University Press.

Waldbauer, Gilbert. 2009. *Fireflies, Honey, and Silk*. Los Angeles: University of California Press. ワルドバウアー、ギルバート『虫と文明　螢のドレス・王様のハチミツ酒・カイガラムシのレコード』屋代通子訳、築地書館、2012年

Waltner-Toews, David. 2004. *Ecosystem Sustainability and Health*. Cambridge: Cambridge University Press.

Waltner-Toews, David. 2007. *The Chickens Fight Back: Pandemic Panics and Deadly Diseases That Jump from Animals to Humans. Vancouver*, BC: Greystone.

Waltner-Toews, David. 2008. *Food, Sex, and Salmonella: Why Our Food Is Making Us Sick*. Vancouver, BC: Greystone.

Waltner-Toews, David, James J. Kay, and Nina-Marie E. Lister. 2008. *The Ecosystem Approach*. New York: Columbia University Press.

Webster, Timothy H., William C. McGrew, Linda F. Marchant, Charlotte L.R. Payne, and Kevin D. Hunt. 2014. "Selective Insectivory at Toro-Semliki, Uganda: Comparative Analyses Suggest No 'Savanna' Chimpanzee Pattern." *Journal of Human Evolution*. 71: 20–27.

Winston, Mark L. 2014. *Bee Time: Lessons from the Hive*. Cambridge, MA: Harvard University Press.

Wrightson, Kendall. 1999. "An Introduction to Acoustic Ecology." *Soundscape* 1: 10–13.

Xu, Lijia, Huimin Pan, Qifang Lei, Wei Xiao, Yong Peng, and Peigen Xiao. 2013. "Insect Tea, a Wonderful Work in the Chinese Tea Culture." *Food Research International* 53: 629–635.

Yates-Doerr, Emily. 2015. "The World in a Box? Food Security, Edible Insects, and 'One World, One Health' Collaboration." *Social Science & Medicine* 129:106–112.

Yen, A.L. 2012. "Edible Insects and Management of Country." *Ecological Management & Restoration* 13(1): 97–99.

Rothenberg, David. 2013. *Bug Music: How Insects Gave Us Rhythm and Noise*. New York: St. Martin' s Press.

Sánchez-Muros, María-José, Fernando G. Barroso, and Francisco Manzano-Agugliaro. 2014. "Insect Meal as Renewable Source of Food for Animal Feeding: A Review." *Journal of Cleaner Production* 65: 16–27.

Scientific Committee of the Federal Agency for the Safety of the Food Chain (SciCom) and the Board of the Superior Health Council. 2014. "Food Safety Aspects of Insects Intended for Human Consumption." Sci Com dossier 2014/04; SHC dossier n° 9160. Available from: http://www.health.belgium.be/en/food-safety-aspects-insects-intended-human-consumption-shc-9160-fasfc-sci-com-201404

Shaw, Scott Richard. 2014. *Planet of the Bugs: Evolution and the Rise of Insects*. Chicago: University of Chicago Press. ショー、スコット・リチャード『昆虫は最強の生物である　4億年の進化がもたらした驚異の生存戦略』藤原多伽夫訳、河出書房新社、2016年

Shelomi, Matan. 2015. "Why We Still Don' t Eat Insects: Assessing Entomophagy Promotion through a Diffusion of Innovations Framework." *Trends in Food Science & Technology* 45 (2): 311–318.

Skinner, Mark. 1991. "Bee Brood Consumption: An Alternative Explanation for Hypervitaminosis A in KNM-ER 1808 (Homo erectus) from Koobi Fora, Kenya." *Journal of Human Evolution* 20 (6): 493–503.

Smetana, S., A. Mathys, and V. Heinz. 2015. "Challenges of Life Cycle Assessment for Insect-Based Feed and Food." *INSECTA 2015 National Symposium on Insects for Food and Feed*. Available from: https://www.researchgate.net/publication/282085709_Challenges_of_Life_Cycle_Assessment_for_insect-based_feed_and_food

Strausfeld, Nicholas J., and Frank Hirth. 2013. "Deep Homology of Arthropod Central Complex and Vertebrate Basal Ganglia." *Science* 340 (6129): 157–161.

Szelei, J., J. Woodring, M.S. Goettel, G. Duke, F.-X. Jousset, K.Y. Liu, Z. Zadori, Y. Li, E. Styer, D.G. Boucias, R.G. Kleespies, M. Bergoin, and P. Tijssen. 2011. "Susceptibility of North-American and European Crickets to *Acheta domesticus* Densovirus (AdDNV) and Associated Epizootics." *Journal of Invertebrate Pathology* 106 (3): 394–399.

Thomas, Benisiu. 2013. "Sustainable Harvesting and Trading of Mopane Worms (*Imbrasia belina*) in Northern Namibia: An Experience from the Uukwaluudhi Area." *International Journal of Environmental Studies* 70 (4): 494–502.

Tomberlin, J.K., A. van Huis, M.E. Benbow, H. Jordan, D.A. Astuti, D. Azzollini, I. Banks, V. Bava, C. Borgemeister, J.A. Cammack, et al. 2015. "Protecting the Environment through Insect Farming as a Means to Produce Protein for Use as Livestock, Poultry, and Aquaculture Feed." *Journal of Insects as Food and Feed 1* (4): 307–309.

Tomotake, Hiroyuki, Mitsuaki Katagiri, and Masayuki Yamato. 2010. "Silkworm Pupae (*Bombyx mori*) Are New Sources of High

Takenaka, and Kenichi Nonaka. 2015. "The Mineral Composition of Five Insects as Sold for Human Consumption in Southern Africa." *African Journal of Biotechnology* 14(31): 2443–2448.

Pearson, Gwen. 2015. "You Know What Makes Great Food Coloring? Bugs." *Wired*, September 10. Available from: http://www.wired.com/2015/09/cochineal-bug-feature/

Pham, Hanh T., Max Bergoin, and Peter Tijssen. 2013. "*Acheta domesticus* Volvovirus, a Novel Single-Stranded Circular DNA Virus of the House Cricket." *Genome Announcements* 1(2): e0007913.

Plotnick, Roy, Jessica Theodor, and Thomas Holtz. 2015. "Jurassic Pork: What Could a Jewish Time Traveler Eat?" *Evolution: Education and Outreach* 8(17): 1–14.

Popescu, Agatha. 2013. "Trends in World Silk Cocoons and Silk Production and Trade, 2007–2010." *Lucrari Stiintifice: Zootehnie si Biotehnologii* 46(2): 418–423.

Premalatha, M., Tasneem Abbasi, Tabassum Abbasi, and S.A. Abbasi. 2011. "Energy-Efficient Food Production to Reduce Global Warming and Ecodegradation: The Use of Edible Insects." *Renewable and Sustainable Energy Reviews* 15: 4357–4360.

Quammen, David. 2003. *Monster of God: The Man-Eating Predator in the Jungles of History and the Mind*. New York: W.W. Norton.

Raffles, Hugh. 2010. *Insectopedia*. New York: Patheon Books.

Rains, Glen C., Jeffery K. Tomberlin, and Don Kulasiri. 2008. "Using Insect Sniffing Devices for Detection." *Trends in Biotechnology* 26(6): 288–294.

Ramos-Elorduy, Julieta. 2009. "Anthropo-Entomophagy: Cultures, Evolution and Sustainability." *Entomological Research* 39(5): 271–288.

Ramos-Elorduy Blasquez, Julieta, Jose Manuel Pino Moreno, Victor Hugo Martinez Camacho. 2012. "Could Grasshoppers Be a Nutritive Meal?" *Food and Nutrition Sciences* 3(2): 164–175.

Raubenheimer, David, and Jessica M. Rothman. 2013. "Nutritional Ecology of Entomophagy in Humans and Other primates." *Annual Review of Entomology* 58:141–60.

Regier, Jerome C., Jeffrey W. Shultz, Andreas Zwick, April Hussey, Bernard Ball, Regina Wetzer, Joel W. Martin, and Clifford W. Cunningham. 2010. "Arthropod Relationships Revealed by Phylogenomic Analysis of Nuclear Protein-Coding Sequences." *Nature* 463: 1079–1083.

Rinaudo, Marguerite. 2006. "Chitin and Chitosan: Properties and Applications." *Progress in Polymer Science* 31(7): 603–632.

Rittell, Horst W.J., and Melvin Webber. 1973. "Dilemmas in a General Theory of Planning. *Policy Sciences* 4:155–169.

Roffet-Salque, Mélanie, Martine Regert, Richard P. Evershed, Alan K. Outram, Lucy J.E. Cramp, Orestes Decavallas, Julie Dunne, Pascale Gerbault, Simona Mileto, Sigrid Mirabaud, et al. 2015. "Widespread Exploitation of the Honeybee by Early Neolithic Farmers." *Nature* 527: 226–230.

"The Economic Value of Ecological Services Provided by Insects." *BioScience* 56(4): 311–323.

Lundy, Mark E., and Michael Parrella. 2015. "Crickets Are Not a Free Lunch: Protein Capture from Scalable Organic Side-Streams via High-Density Populations of *Acheta domesticus*." *PLoS ONE* 10(4): 1–12.

Madsen, David B., and Dave N. Schmitt. 1998. "Mass Collecting and the Diet Breadth Model: A Great Basin Example." *Journal of Archaeological Science* 25(5): 445–455.

Makhado, Rudzani, Martin Potgieter, Jonathan Timberlake, and Davison Gumbo. 2014. "A Review of the Significance of Mopane Products to Rural People' s Livelihoods in Southern Africa." *Transactions of the Royal Society of South Africa* 69(2): 117–122.

Martin, Daniella. 2014. *Edible: An Adventure into the World of Eating Insects and the Last Great Hope to Save the Planet*. Boston: New Harvest, Houghton Mifflin Harcourt. マーティン、ダニエラ『私が虫を食べるわけ』梶山あゆみ訳、飛鳥新社、2016年

McGrew, William C. 2014. "The 'Other Faunivory' Revisited: Insectivory in Human and Non-Human Primates and the Evolution of Human Diet." *Journal of Human Evolution* 71: 4–11.

Nowak, Verena, Diedelinde Persijn, Doris Rittenschober, and U. Ruth Charrondiere. 2016. "Review of Food Composition Data for Edible Insects." *Food Chemistry* 193: 39–46.

Oonincx, D.G.A.B., and I.J.M. de Boer. 2012. "Environmental Impact of the Production of Mealworms as a Protein Source for Humans—A Life Cycle Assessment." *PLoS ONE* 7(12): e51145.

Paoletti, Maurizio, Erika Buscardo, and Darna Dufour. 2000. "Edible Invertebrates among Amazonian Indians: A Critical Review of Disappearing Knowledge." *Environment, Development and Sustainability* 2(3): 195–225.

Paoletti, Maurizio G., Lorenzo Norberto, Roberta Damini, and Salvatore Musumeci. 2007. "Human Gastric Juice Contains Chitinase That Can Degrade Chitin." *Annals of Nutrition and Metabolism* 51(3): 244–251.

Payne, C.L.R. 2015. "Wild Harvesting Declines as Pesticides and Imports Rise: The Collection and Consumption of Insects in Contemporary Rural Japan." *Journal of Insects as Food and Feed* 1(1): 57–65.

Payne, C.L.R., P. Scarborough, M. Rayner, and K. Nonaka. 2015. "Are Edible Insects More or Less 'Healthy' than Commonly Consumed Meats? A Comparison Using Two Nutrient Profiling Models Developed to Combat Over- And Undernutrition." *European Journal of Clinical Nutrition*.

Payne, Charlotte L.R.; Peter Scarborough, Mike Rayner, and Kenichi Nonaka. 2016. "A Systematic Review of Nutrient Composition Data Available for Twelve Commercially Available Edible Insects, and Comparison with Reference Values." *Trends in Food Science & Technology* 47: 69–77.

Payne, Charlotte L.R., Mitsutoshi Umemura, Shadreck Dube, Asako Azuma, Chisato

Lead Poisoning in Monterey County, California." *American Journal of Public Health* 97(5): 900–906.

Henry, M., L. Gasco, G. Piccolo, and E. Fountoulaki. 2015. "Review on the Use of Insects in the Diet of Farmed Fish: Past and Future." *Animal Feed Science and Technology* 203:1–22.

Houle, Karen. 2014. *Responsibility, Complexity, and Abortion: Toward a New Image of Ethical Thought*. Toronto: Lexington Books.

Hölldobler, Bert, and Edward O. Wilson. 2009. *The Super-Organism: The Beauty, Elegance, and Strangeness of Insect Societies*. New York: W.W. Norton.

Huang, H.T., and Pei Yang. 1987. "The Ancient Cultured Citrus Ant." *BioScience* 37(9): 665–671.

Kanazawa, S., Y. Ishikawa, M. Takaoki, M. Yamashita, S. Nakayama, K. Kiguchi, R. Kok, H. Wada, and J. Mitsuhashi. 2008. "Entomophagy: A Key to Space Agriculture." *Advances in Space Research* 41(5): 701–705.

Kinyuru, John N., Silvenus O. Konyole, Nanna Roos, Christine A. Onyango, Victor O. Owino, Bethwell O. Owuor, Benson B. Estambale, Henrik Friis, Jens Aagaard Hansen, and Glaston M. Kenji. 2013. "Nutrient Composition of Four Species of Winged Termites Consumed in Western Kenya." *Journal of Food Composition and Analysis* 30(2): 120–124.

Klunder, H.C., J. Wolkers-Rooijackers, J.M. Korpela, and M.J.R.Nout. 2012. "Microbiological Aspects of Processing and Storage of Edible Insects." *Food Control* 26(2): 628–631.

Lemelin, Rayland Harvey, ed. 2013. *The Management of Insects in Recreation and Tourism*. Cambridge: Cambridge University Press. Lockwood, Jeffrey A. 1987. "The Moral Standing of Insects and the Ethics of Extinction." *Florida Entomologist* 70(1): 70–89.

Lockwood, Jeffrey A. 2004. *Locust: The Devastating Rise and Mysterious Disappearance of the Insect that Shaped the American Frontier*. New York: Basic Books.

Lockwood, Jeffrey A. 2011. "The Ontology of Biological Groups: Do Grasshoppers Form Assemblages, Communities, Guilds, Populations, or Something Else?" *Psyche* 2011.

Lockwood, Jeffrey A. 2013. *The Infested Mind: Why Humans Fear, Loathe, and Love Insects*. Oxford: Oxford University Press.

Long, John A., Ross R. Large, Michael S.Y. Lee, Michael J. Benton, Leonid V. Danyushevsky, Luis M. Chiappe, Jacqueline A. Halpin, David Cantrill, and Bernd Lottermoser. 2015. "Severe Selenium Depletion in the Phanerozoic Oceans as a Factor in Three Global Mass Extinction Events." *Gondwana Research*.

Looy, Heather, Florence Dunkel, and John Wood. 2014. "How Then Shall We Eat? Insect-Eating Attitudes and Sustainable Foodways." *Agriculture and Human Values* 31(1): 131–141.

Looy, Heather, and John R. Wood. 2015. "Imagination, Hospitality and Affection: The Unique Legacy of Food Insects?" *Animal Frontiers* 5(2): 8–13.

Losey, John E., and Mace Vaughan. 2006.

2531.
Erzinçlioglu, Zakaria. 2000. *Maggots, Murder and Men: Memories and Reflections of a Forensic Entomologist*. Colchester, UK: Harley Books.
European Food Safety Authority Scientific Committee. 2015. "Risk Profile Related to Production and Consumption of Insects as Food and Feed." *EFSA Journal* 13(10): 4257. Available from: http://www.efsa.europa.eu/en/efsajournal/pub/4257.
Evans, Edward P. 1906. *The Criminal Prosecution and Capital Punishment of Animals*. London: William Heinemann. Available from: http://www.gutenberg.org/files/43286/43286-h/43286-h.htm エヴァンズ、エドワード・ペイソン『殺人罪で死刑になった豚　動物裁判にみる中世史』遠藤徹訳、青弓社、1995 年
Feng, Y., and X. Chen. 2003. "Utilization and Perspective of Edible Insects in China." *Forest Science and Technology* 44(4): 19–20.
Flannery, Tim. 2010. *Here on Earth: A Natural History of the Planet*. Toronto: HarperCollins.
Gemeno, César, Giordana Baldo, Rachele Nieri, Joan Valls, Oscar Alomar, and Valerio Mazzoni. 2015. "Substrate-borne vibrational signals in mating communication of Macrolophus bugs." *Journal of Insect Behavior*. 28(4): 482–498.
Glover, D., and A. Sexton. 2015. "Edible Insects and the Future of Food: A Foresight Scenario Exercise on Entomophagy and Global Food Security." Evidence Report No. 149, Institute of Development Studies. Available from: http://www.ids.ac.uk/publication/edible-insects-and-the-future-of-food-a-foresight-scenario-exercise-on-entomophagy-and-global-food-security
Golubkina, Nadezhda, Sergey Sheshnitsan, and Marina Kapitalchuk. 2014. "Ecological Importance of Insects in Selenium Biogenic Cycling." *International Journal of Ecology* 2014.
Gould, Stephen Jay. [1983] 1994. "Nonmoral Nature." Pp. 32–44 in *Hen's Teeth and Horse's Toes: Further Reflections in Natural History*. New York: W.W. Norton.
Goulson, Dave, Elizabeth Nicholls, Cristina Botías, and Ellen L. Rotheray. 2015. "Bee Declines Driven by Combined Stress from Parasites, Pesticides, and Lack of Flowers." *Science* 347(6229).
Halloran, Afton, Nanna Roos, and Yupa Hanboonsong. 2016. "Cricket Farming as a Livelihood Strategy in Thailand." *Geographic Journal*.
Halloran, A., P. Vantomme, Y. Hanboonsong, and S. Ekesi. 2015. "Regulating Edible Insects: The Challenge of Addressing Food Security, Nature Conservation, and the Erosion of Traditional Food Culture." *Food Security* 7(3): 739–746.
Hanboonsong, Y., T. Jamjanya, and B. Durst. 2013. *Six-Legged Livestock: Edible Insect Farming, Collection and Marketing in Thailand*. Bangkok: Food and Agriculture Organization of the United Nations. http://www.fao.org/docrep/017/i3246e/i3246e.pdf
Handley, M.A., C. Hall, E. Sanford, E. Diaz, E. Gonzalez-Mendez, K. Drace, R. Wilson, M. Villalobos, and M. Croughan. 2007. "Globalization, Binational Communities, and Imported Food Risks: Results of an Outbreak Investigation of

*Rise of Medieval Europe*. New York: Doubleday. カヒル、トマス『聖者と学僧の島　文明の灯を守ったアイルランド』森夏樹訳、青土社、1997年

Campbell, Christy. 2006. *The Botanist and the Vintner: How Wine Was Saved for the World*. Chapel Hill, NC: Algonquin Books of Chapel Hill.

Cerritos, René, and Zenón Cano-Santana. 2008. "Harvesting Grasshoppers *Sphenarium purpurascens* in Mexico for Human Consumption: A Comparison with Insecticidal Control for Managing Pest Outbreaks." *Crop Protection* 27(3): 473-480.

Cerritos Flores, R., R. Ponce-Reyes, and F. Rojas-García. 2015. "Exploiting a Pest Insect Species *Sphenarium purpurascens* for Human Consumption: Ecological, Social, and Economic Repercussions." *Journal of Insects as Food and Feed* 1(1): 75-84.

Chen, Xiaoming, Ying Feng, and Zhiyong Chen. 2009. "Common Edible Insects and Their Utilization in China." *Entomological Research* 39: 299-303.

Cifuentes-Ruiz, Paulina, Santiago Zaragoza-Caballero, Helga Ochoterena-Booth, Miguel Morón Rios. 2014. "A Preliminary Phylogenetic Analysis of the New World Helopini (Coleoptera, Tenebrionidae, Tenebrioninae) Indicates the Need for Profound Rearrangements of the Classification." *ZooKeys* 415: 191-216.

Codex Alimentarius Commission. 2010. Development of Regional Standard for Edible Crickets and Their Products: Agenda Item 13, Seventeenth Session, Bali, Indonesia, November 22-26, 2010. Comments of Lao PDR. Food and Agriculture Organization of the United Nations and World Health Organization. Available from: ftp://ftp.fao.org/codex/Meetings/CCASIA/ccasia17/ CRDS/AS17_CRD08x.pdf

Crittenden, Alyssa. 2011. "The Importance of Honey Consumption in Human Evolution." *Food and Foodways* 19(4): 257-273.

Cruz-Rodríguez, J.A., E. González-Machorro, A.A. Villegas González, M.L. Rodríguez Ramírez, and F. Majía Lara. 2016. "Autonomous Biological Control of *Dactylopius opuntiae* (Hemiptera: Dactyliiopidae) in a Prickly Pear Plantation with Ecological Management." *Environmental Entomology* 45(3): 642-648.

Dronamraju, K.R., ed. 1995. *Haldane's Daedalus Revisited*. Oxford: Oxford University Press.

Dunn, David, and James P. Crutchfield. 2006. "Insects, Trees, and Climate: The Bioacoustic Ecology of Deforestation and Entomogenic Climate Change." Working Paper No. 2006-12-055. Santa Fe Institute, Santa Fe, NM.

Durst, B., V. Johnson, R.N. Leslie, and K. Shono, eds. 2010. *Forest Insects as Food: Humans Bite Back*. Bangkok: Food and Agriculture Organization of the United Nations.

Durst, P.B., and Y. Hanboonsong. 2015. "Small-Scale Production of Edible Insects for Enhanced Food Security and Rural Livelihoods: Experience from Thailand and Lao People's Democratic Republic." *Journal of Insects as Food and Feed* 1(1):

# 文献目録（抜粋）

本書のための調査として、私は600を超える学術書、一般書、論文、ウェブサイトを通読、または部分的に参照した。参考文献のより完全なリストは私のウェブサイト（www.davidwaltnertoews.wordpress.com）で見られる。以下のリストには、直接引用したもの、または私見では特に注目に値すると思われるもののみが含まれている。著者名のアルファベット順に掲載した。


Arabena, Kerry-Ann. 2009. "Indigenous to the Universe: A Discourse on Indigeneity, Citizenship and Ecological Relationships" Thesis, Canberra: Australian National University. Available from: https://digitalcollections.anu.edu.au/handle/1885/9264

Bajelj, B., K.S. Richards, J.M. Allwood, P. Smith, J.S. Dennis, E. Curmi, and C.A. Gilligan. 2014. "Importance of Food-Demand Management for Climate Mitigation." *Nature Climate Change* 4 (10): 924–929.

Barron, Andrew B., and Colin Klein. 2016. "What insects can tell us about the origins of consciousness," *Proceedings of the National Academy of Sciences* 113 (18): 4900–4808.

Belluco, Simone, Carmen Losasso, Michela Maggioletti, Michela, Cristiana C. Alonzi, Maurizio G. Paoletti, and Antonia Ricci. 2013. "Edible Insects in a Food Safety and Nutritional Perspective: A Critical Review." *Comprehensive Reviews in Food Science and Food Safety* 12 (3): 296–313.

Berenbaum, May Roberta. 1995. *Bugs in the System: Insects and Their Impact on Human Affairs*. Reading, MA: Addison-Wesley. ベーレンバウム、メイ・R『昆虫大全　人と虫との奇妙な関係』小西正泰監訳、白揚社、1998年

Berenbaum, May Roberta. 2000. *Buzzwords: A Scientist Muses on Sex, Bugs, and Rock' n' Roll*. Washington, DC: Joseph Henry.

Berenbaum, May Roberta. 2009. "Insect Biodiversity–Millions and Millions." Pp. 575–582 in *Insect Biodiversity: Science and Society*, edited by R.G. Foottit and P.H. Adler. Hoboken, NJ: Wiley-Blackwell.

Bodenheimer, Friederich Simon. 1951. *Insects as Human Food: A Chapter of the Ecology of Man*. The Hague: W. Junk.

Brown, Valerie A., John A. Harris, and Jacqueline Y. Russell, eds. 2010. *Tackling Wicked Problems through the Transdisciplinary Imagination*. London: Earthscan.

Brune, Andreas. 2014. "Symbiotic Digestion of Lignocellulose in Termite Guts." *Nature Reviews Microbiology* 12 (3): 168–180.

Bukkens, Sandra F. 1997. "The Nutritional Value of Edible Insects." *Ecology of Food and Nutrition* 36 (2–4): 287–319.

Cahill, Thomas. 1995. *How the Irish Saved Civilization: The Untold Story of Ireland' s Heroic Role from the Fall of Rome to the*

**【た行】**



**【な行】**

# 索引

著者紹介

**デイビッド・ウォルトナー=テーブズ**（David Waltner-Toews）

カナダ・グエルフ大学名誉教授。獣医師、疫学者、作家、詩人と多彩な顔を持ち、「国境なき獣医師団」創設者として、動物と人間の健康、コミュニティの持続可能な開発、貧困の解消に取り組んでいる。その著書はノンフィクション、小説、詩など多岐にわたる。邦訳書には『排泄物と文明』（築地書館）がある。

福島第一原子力発電所での事故直後の2011年4月には、著書*Food, Sex, and Salmonella: Why Our Food is Making Us Sick*の1章「チェルノブイリ後の食物連鎖における放射性物質汚染」が、サイエンス・メディア・センターによって邦訳・公開されている（http://smc-japan.org/?p=1620）。

訳者紹介

**片岡夏実**（かたおか　なつみ）

1964年、神奈川県生まれ。主な訳書に、デイビッド・モントゴメリー『土の文明史』『土と内臓』（アン・ビクレーと共著）『土・牛・微生物』、デイビッド・ウォルトナー=テーブズ『排泄物と文明』、スティーブン・R・パルンビ+アンソニー・R・パルンビ『海の極限生物』トーマス・D・シーリー『ミツバチの会議』（以上、築地書館）、ジュリアン・クリブ『90億人の食糧問題』、セス・フレッチャー『瓶詰めのエネルギー』（以上、シーエムシー出版）など。

# 昆虫食と文明

昆虫の新たな役割を考える

2019 年 7 月 11 日　初版発行
2020 年 10 月 21 日　2 刷発行

著者　デイビッド・ウォルトナー=テーブズ
訳者　片岡夏実
発行者　土井二郎
発行所　築地書館株式会社
東京都中央区築地 7-4-4-201　〒 104-0045
TEL 03-3542-3731　FAX 03-3541-5799
http://www.tsukiji-shokan.co.jp/
振替 00110-5-19057
印刷・製本　シナノ印刷株式会社
装丁　秋山香代子

　ISBN 978-4-8067-1585-6